化学反应过程与设备
（第2版）

主　编　左常江　朱　政

中国海洋大学出版社
·青岛·

图书在版编目(CIP)数据

化学反应过程与设备 / 左常江,朱政主编. — 2 版.

— 青岛：中国海洋大学出版社，2024.5

ISBN 978-7-5670-3771-7

Ⅰ. ①化… Ⅱ. ①左… ②朱… Ⅲ. ①化学反应工程

— 化工设备 — 高等职业教育 — 教材 Ⅳ. ①TQ052

中国国家版本馆 CIP 数据核字(2024)第 026435 号

HUAXUE FANYING GUOCHENG YU SHEBEI (DI 2 BAN)
化学反应过程与设备(第 2 版)

出版发行	中国海洋大学出版社
社　　址	青岛市香港东路 23 号　　　邮政编码　266071
网　　址	http://pub.ouc.edu.cn
出 版 人	刘文菁
责任编辑	孟显丽
电　　话	0532 - 85901092
电子信箱	1079285664@qq.com
印　　制	青岛国彩印刷股份有限公司
版　　次	2024 年 5 月第 1 版
印　　次	2024 年 5 月第 1 次印刷
成品尺寸	185 mm×260 mm
印　　张	15.5
字　　数	337 千
印　　数	1～2000
定　　价	58.00 元
订购电话	0532 - 82032573(传真)

发现印装质量问题,请致电 0532 - 58700166,由印刷厂负责调换。

编 委 会

前　言

　　本教材为 2022 年职业教育国家在线精品课程"化学反应过程与设备"和高等职业教育煤化工技术专业教学资源库建设项目配套教材,基于产业发展方向和岗位职业能力要求,以学生核心能力成长为目标,根据化工技术类专业人才培养规格,将化工总控工职业技能等级证书标准纳入课程考核标准,结合"化学反应过程与设备"课程标准和课程特点,在总结多年的实践教学经验及行业企业充分调研的基础上由校企合作编写而成。本教材充分体现了课程内容与职业标准对接、教学过程与生产过程对接、学历证书与职业资格证书对接的设计理念,符合典型职业岗位工作过程的知识、技能和素质的要求,有助于保障典型化学反应器操作与控制能力目标的达成。本教材收录了新技术、新工艺、新规范,并引入了工厂、工程的概念;注重知识体系构建的实用性;选取了大量企业实际的设计、安装、操作与控制、事故判断与处理等工业典型生产案例。党的二十大报告中提出推动制造业高端化、智能化、绿色化发展,本教材有效融入绿色节能、安全环保、人工智能等新发展理念,从立德树人的角度出发,有效融入化学化工方面的"课程思政"元素,注重培养职业素养和职业技能,努力培养造就更多大国工匠、高技能人才,更好地服务于人才强国战略。

　　本教材包括认识化学反应过程与设备、釜式反应器的操作与控制、固定床反应器的操作与控制、流化床反应器的操作与控制、气液相反应器的操作与控制、管式反应器的操作与控制和新型反应器的操作与控制七个教学项目,通过介绍化工生产中典型反应器的选择、操作与控制的实际生产过程来展示工业反应器的基本规律。

　　本教材既可以供职业院校化工技术、制药、环境和生化等专业学生使用,也可以供化工企业员工岗位培训使用。

　　本教材由青岛职业技术学院左常江教授、枣庄职业学院朱政教授担任主编,全国石油和化工职业教育教学指导委员会副秘书长、潍坊职业学院高庆平教授担任主审。本教材在编写过程中得到了潍坊职业学院、石家庄职业技术学院、山东化工职业学院、河北石油职业技术大学、山东科技职业学院、扬州工业职业技术学院、湖南化工职业技术学院、青岛市化工职业中等专业学校、万华化学股份集团有限公司、青岛海湾集团有限公司、青岛惠城环保科技集团股份有限公司、山东潍坊润丰化工股份有限公司、东方仿真科技(北京)有限公司和北京欧倍尔软件技术开发有限公司的大力支持和帮助,在此一并表示感谢。

限于编者的水平,书中难免存在疏漏和错误,恳请广大读者批评指正。

编　者

2024 年 5 月 10 日

目　录

项目一
认识化学反应过程与设备

知识目标

☞ 理解化学反应的分类；

☞ 理解化工生产过程；

☞ 掌握化工生产过程工艺指标的计算；

☞ 理解化工生产过程操作的控制要点；

☞ 理解化学反应速率的定义；

☞ 掌握影响化学反应速率的因素；

☞ 掌握均相反应动力学的基本概念；

☞ 理解化学反应器的分类；

☞ 掌握均相反应器的分类方法,釜式反应器、管式反应器的基本结构与特点及类型的选择方法；

☞ 理解均相反应动力学的基本概念；

☞ 掌握催化剂的基本特征和结构；

☞ 理解催化剂的制备方法；

☞ 掌握气固相催化反应动力学的基本概念；

☞ 掌握理想流动模型；

☞ 掌握反应器计算的基本内容和基本方程；

☞ 掌握间歇与连续操作釜式反应器、连续操作管式反应器的工艺设计方法；

☞ 掌握釜式反应器配套设施的选择方法；

☞ 了解理想均相反应器的优化目标与实现初步优化的方法；

☞ 了解反应器稳定操作的重要性和方法；

☞ 掌握间歇操作釜式反应器、连续操作釜式反应器、连续操作管式反应器的方法和控制规律。

技能目标

☞ 具有信息检索的能力；

☞ 具有数学计算和应用的能力；

☞ 具有自我学习和自我提高的能力；

☞ 具有制订工作计划和决策的能力；

☞ 具有发现问题、分析问题和解决问题的能力。

态度目标

☞ 具有团队精神和与人合作的能力；

☞ 具有与人交流沟通的能力；

☞ 具有较强的表达能力。

任务一　评价化学反应过程

知识点 1　化学反应的分类

化学反应的类型很多,有氧化、还原、加氢、脱氧、歧化、异构化、烷基化、胺基化、分解、水解、水合、偶合、聚合、缩合、酯化、磺化、硝化、卤化、重氮化等。常见分类方法如下。

一、根据化学反应特性进行分类

在化工生产过程中,根据化学反应特性,可将化学反应按照反应相态、反应步骤、反应的可逆性、是否使用催化剂、反应热效应及反应级数等进行分类,见表1-1。

表 1-1　按化学反应特性的分类

分类依据	类别
反应相态	均相反应、非均相反应
反应步骤	单一反应、复杂反应
反应的可逆性	可逆反应、不可逆反应
是否使用催化剂	催化反应、非催化反应
反应热效应	吸热反应、放热反应
反应级数	零级反应、一级反应、二级反应、三级反应、多级反应

下面简单介绍一下几种典型化学反应的概念。

（1）均相反应指在均一的液相或气相中进行的反应,反应过程中只存在一种相态。

(2) 非均相反应指反应过程中不仅仅只存在一种相态，通常在两相的相界面发生。

(3) 单一反应指只用一个化学反应方程式和一个动力学方程式便能表示的反应。

(4) 复杂反应是指几个反应同时进行，需要用几个动力学方程式才能加以描述的反应，常见的有平行反应、连串反应和可逆反应等。

二、根据反应条件分类

反应条件包括操作温度、操作压力和操作方式等。按反应条件分类，见表 1-2。

表 1-2　按反应条件分类

反应条件	类别
操作温度	等温反应、绝热反应、非绝热变温反应
操作压力	常压反应、加压反应、减压反应
操作方式	间歇反应、连续反应、半连续反应

(1) 绝热反应指反应体系与环境没有热量交换。如反应为放热反应，反应过程中温度会上升；如反应为吸热反应，反应过程中温度会下降。

(2) 等温反应指反应体系与环境有热交换，且反应过程温度维持不变。

(3) 间歇操作反应是指将原料按一定配比一次性投入反应器，待反应达到一定要求后，一次性卸出物料。

(4) 连续操作反应是指将原料连续加入反应器，发生反应的同时连续排出反应物料。当操作达到稳态时，反应器内任何位置上的物料组成、温度等参数不随时间发生变化。

(5) 半连续操作反应也称半间歇操作反应，是指原料和产物只有一种为连续输入或输出，其余为分批加入或卸出，当反应达到一定要求后，停止操作并卸出物料。反应物系参数随时间发生变化。

以上只是根据化学反应过程的某一方面的特征来进行分类的。事实上，工业反应过程是综合几个方面共同的结果。

知识点 2　化工生产过程

一、生产过程简述

化工产品种类繁多、性质各异，不同产品的生产工艺千差万别。但无论产品和生产方法如何变化，化工生产过程一般包括原料的预处理、化学反应、产物分离与精制三个部分。其中，化学反应是整个化工产品生产过程的核心，而实现化学反应过程的设备称作化学反应器。一个典型的化工生产过程，如图 1-1 所示。

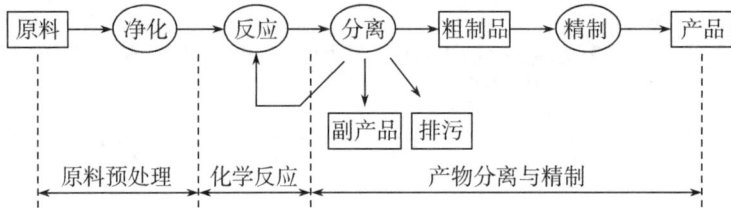

图 1-1　化工生产过程

1. 原料预处理

原料预处理即按化学反应的要求将原料进行净化等操作处理,使初始原料达到化学反应所需要的状态和规格。例如,固体需要破碎、过筛,液体需要加热或气化,有些反应物需预先脱除杂质或配成一定浓度。在大多数生产过程中,原料预处理可能需要用到多种物理和化学的方法与技术,有些原料的预处理成本可能占总生产成本的大部分。

2. 化学反应

化学反应即将一种或几种反应原料转化为所需要的产物的过程,是化工生产过程的核心。反应温度、压力、浓度、催化剂(多数反应需要)或其他物料的性质以及反应设备等各种因素对产品的数量和质量有重要影响,是化学工艺研究的重点。

3. 产物的分离与精制

产物的分离与精制的目的是获得符合规格要求的化工产品,并回收、利用副产物。对于大多数化学反应过程,由于诸多原因,反应后的产物是包括目的产物在内的许多物质的混合物。有时,目的产物的浓度很低,必须对反应后的混合物进行分离、提纯和精制才能得到符合规格的产品;同时要回收剩余的反应物,提高原料利用率。常见的分离与精制方法有冷凝、吸收、吸附、冷冻、闪蒸、精馏、萃取、渗透、膜分离、结晶、过滤和干燥等,不同生产过程可有针对性地采用相应的分离与精制方法。分离出来的副产物和"三废"也应加以利用或处理。

二、生产工艺

化工生产过程是将多个化学反应过程和化工单元操作,按照一定的规律组成的生产系统,包括化学工艺和物理工艺。

1. 化学工艺

通过化学反应改变物料化学性质的过程,称为化学反应单元过程。一般化学反应单元根据化学反应的规律和特点可分为磷化、硝化、卤化、酯化、烷基化、氧化、还原、缩合、聚合、水解等工艺。

2. 物理工艺

只改变物料的物理性质而不改变其化学性质的生产操作过程,称为化工单元操作过程。根据化工单元操作的特点和规律,可分为流体输送、传热、蒸馏、蒸发、干燥、结晶、萃取、吸收、吸附、过滤、破碎等工艺。

三、工艺指标

1. 操作周期

操作周期指在化工生产中,某一产品从原料准备、投料升温、各步单元反应、降温出料的所有操作时间之和,也称生产周期。

2. 反应时间

反应时间指反应物在反应器内的停留时间或接触时间。

3. 生产能力

生产能力指在一定的工艺组织管理和技术条件下,能够生产规定等级的产品或加工处理一定数量原材料的能力。对于一个工厂来说,其生产能力指在单位时间内产品的产量或在单位时间内原料的处理量。因此,生产能力的表示方法有两种:一种是产品的产量,即在单位时间内生产的产品数量,如 50 万 t/a 的丙烯装置,表示该装置每年可生产 50 万 t 丙烯;另一种是原料的处理量,也称"加工能力",如原油处理规模为 300 万 t/a 的炼油厂,表示该炼油厂每年可将 300 万 t 原油炼制成各种成品油。

生产能力又可分为设计能力、查定能力和现有能力。设计能力和查定能力主要作为企业长远规划编制的依据,而现有能力是编制年度生产计划的重要依据。

4. 生产强度

生产强度指设备的单位特征几何尺寸的生产能力。例如,单位体积或单位面积的设备在单位时间内生产得到目的产物的数量或投入的原料量,单位是 $kg/(m^3 \cdot h)$、$t/(m^3 \cdot d)$ 或 $kg/(m^2 \cdot h)$、$t/(m^2 \cdot h)$ 等。

生产强度主要用于比较具有相同反应过程或物理加工过程的设备或装置的性能优劣。设备生产速率越快,生产强度越高,说明该设备的生产效率越高。通过改变生产设备的结构,优化工艺条件,选择性能优良的催化剂提高反应速率,进而提高设备的生产强度。对于具有催化反应的反应器的生产强度,要看在单位时间、单位体积(或单位质量)催化剂所获得的产品量,也就是催化剂的生产强度,也称空时收率,单位为 $kg/(h \cdot m^3)$、$t/(d \cdot m^3)$ 或 $kg/(h \cdot kg)$、$t/(d \cdot kg)$ 等。

5. 反应转化率、选择性、收率

反应转化率、选择性、收率这三项工艺指标反映原料通过反应器后的反应程度、原料生成目的产物的量,即原料的利用率。

6. 消耗定额

消耗定额主要指原料的消耗定额和公用工程的消耗定额。

四、影响因素

1. 生产能力的影响因素

生产能力的影响因素包括设备、人员素质和化学反应的进行状况等。

2. 化学反应过程的影响因素

化学反应过程的影响因素包括温度、压力、催化剂、原料配比、物料的停留时间、反应过程工艺条件的优化等。

五、操作控制要点

1. 工艺参数的操作控制

操作控制温度、压力、原料配比、反应时间、转化率、催化剂等工艺参数,使其在规定范围内。

2. 关键控制点

关键控制点一般指温度、压力、压差、流量、液位等。

3. 控制方法

通过指标测量、记录、自动控制、控制阀门开度、仪表自控、自动调控装置等来控制。

4. 化学反应操作规程

化学反应操作规程即操作控制方案。操作人员根据工艺操作规程及相关的工艺参数进行操作控制,完成合格产品的生产。

知识点 3 转化率、选择性、收率

化工过程的核心是化学反应。其中,提高反应的转化率、选择性和收率是提高化工过程效率的关键。

一、转化率

转化率指在一个反应系统中反应物料中的某一组分参加化学反应的量占其输入系统总量的百分数,表示化学反应进行的程度。转化率用 x 表示,反应物 A 的转化率 x_A 可表示为

$$x_A = \frac{\text{反应物 A 的反应量}}{\text{反应物 A 的起始量}} \tag{1-1}$$

假设有一化学反应: $a\text{A} + b\text{B} \longrightarrow r\text{R} + s\text{S}$。

对于反应物 A,其转化率的数学表达式为

$$x_A = \frac{n_{A0} - n_A}{n_{A0}} \times 100\% \tag{1-2}$$

式中, n_{A0} 为进入系统的 A 组分的物质的量,mol; n_A 为离开系统的 A 组分的物质的量,mol。

在化工生产中,原料转化率的高低表明该原料在反应过程中的转化程度。转化

率越高,说明该物质参与化学反应越多。由于在反应体系中的每一组分都难以全部参加化学反应,因此转化率常小于 100%。对于某些化学反应过程,原料在反应器中的转化率很高。如苯氧化制苯酐,苯的转化率几乎在 99% 以上,因此,未反应的原料就没有必要再回收利用。而多数情况下,由于反应条件本身和催化剂性能的限制,进入反应器的原料转化率不可能很高,因此就需要将未反应的原料从反应后的混合物中分离出来循环利用,一方面可提高原料的利用率,另一方面可提高反应的选择性。

在计算转化率时,反应物起始量的确定很重要。对于间歇反应,可以反应开始时装入反应器的某反应物的量为起始量;对于连续反应,一般以反应器进口物料中某反应物的量为起始量。而对于循环流程(图 1-2),则有单程转化率和全程转化率之分。

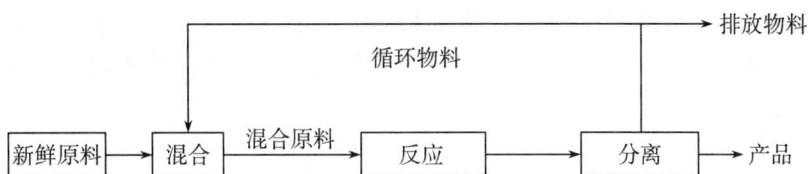

图 1-2 循环流程

1. 单程转化率

单程转化率指原料每次通过反应器的转化率。如原料中组分 A 的单程转化率为

$$x_A = \frac{\text{组分 A 在反应器中的转化量}}{\text{反应器进口物料中组分 A 的量}} \quad (1-3)$$

式中,反应器进口物料中组分 A 的量＝新鲜原料中组分 A 的量＋循环物料中组分 A 的量。

2. 全程转化率

全程转化率又称总转化率,指新鲜原料从进入反应系统到离开该系统所达到的转化率。如原料中组分 A 的全程转化率为

$$x_A = \frac{\text{组分 A 在反应器中的转化量}}{\text{新鲜原料中组分 A 的量}} \quad (1-4)$$

二、选择性

选择性指体系中的某反应物转化成目的产物的量占该反应物参加所有化学反应转化总量的百分数,即参加主反应生成目的产物所消耗的原料量占该原料全部转化量的百分数。选择性用 S 表示,数学表达式为

$$S = \frac{\text{生成目的产物消耗某反应物的量}}{\text{该反应物的消耗量}} \times 100\% \quad (1-5)$$

对于复杂反应,选择性是非常重要的指标,它表达了主、副反应进行程度的相对

大小,能确切反映原料利用的合理性。因此,可以用选择性这个指标来评价化学反应过程的效率。选择性越高,说明反应过程中的副反应越少,原料的有效利用率也就越高。

三、收率

收率亦称产率,是从产物角度描述反应过程的效率,指反应过程得到目的产物的百分数。收率通常用 Y 表示,数学表达式为

$$Y = \frac{\text{生成目的产物所消耗的某原料的量}}{\text{该原料输入量}} \times 100\% \tag{1-6a}$$

$$Y = \text{转化率} \times \text{选择性} \tag{1-6b}$$

对于一些非反应生产工序,如分离、精制,由于在生产过程中有物料损失,从而产品收率下降。对于由多个生产工序组成的化工生产过程,整个生产过程可以用总收率来表示。非反应工序的收率是实际得到的目的产物量占投入该工序的此种产物量的百分数。总收率的计算方法为各工序分收率的乘积。收率也可采用如下表达式表示:

$$Y = \frac{\text{目的产物实际产量}}{\text{以输入反应器的原料计的目的产物理论产量}} \times 100\% \tag{1-7}$$

思考练习题

(1) 简述化学反应的分类。

(2) 简要说明化工生产的三个过程。

(3) 分别简述转化率、选择性与收率的定义。

(4) 对于乙烷脱氢生产乙烯,当原料乙烷的处理量为 8 000 kg/h,产物中乙烷为 4 000 kg/h,获得产物乙烯为 3 200 kg/h,求乙烷转化率、乙烯的选择性及收率。

任务二　化学反应动力学

知识点 1　化学反应速率

化学反应速率的定义为在反应系统中,某一物质在单位时间、单位反应区域内的反应量,如式(1-8)所示。

$$\text{化学反应速率} = \frac{\text{反应量}}{\text{反应区域} \times \text{反应时间}} \tag{1-8}$$

化学反应速率是对于某一物质而言的,常以符号 $\pm r_i$ 表示。这种物质可以是反应物,也可以是产物。反应量一般用物质的量(mol)来表示,也可用物质的质量或分

压等表示。如果是反应物,其量总是随反应进程而减少,为保持反应速率为正,在反应速率前赋予负号,如$-r_A$表示反应物 A 的消耗速率。如果是产物,其量则随反应进程而增加,反应速率取正号,如r_R表示产物 R 的生成速率。因此,在一般情况下,按不同物质计算的反应速率在数值上常常是不相等的。

由式(1-8)可知,反应速率的单位取决于反应量、反应区域和反应时间的单位。均相反应过程的反应区域通常取反应混合物总体积,则反应速率单位以 $kmol/(m^3 \cdot h)$ 表示。

知识点 *2* 化学反应速率影响因素

影响化学反应速率的因素分为内在因素和外在因素。内在因素,就是物质本身的性质。不同物质的本身性质有很大的差异,反应速率也就会不一样。有些物质比较活泼,反应就会比较快;而也有一些稳定性强的物质,反应就会比较慢。外在因素是分为多方面的。

(1)温度。在化学反应中,温度的提升有助于化学反应速率的加快,温度的降低则会使化学反应速率降低。

(2)催化剂。催化剂分为正、负两种催化剂。正催化剂会加快化学反应速率,而负催化剂则会减慢化学反应速率。

(3)浓度。在其他条件不变的前提下,如果降低反应物的浓度,化学反应速率也会随之降低。

(4)压强。对于一些有气体参与的化学反应,改变压强会直接影响到物质的浓度,当然也就会影响到化学反应速率。

化学反应速率的计算方法:对于没有达到化学平衡状态的可逆反应可用v(正)$\neq v$(逆)。还可以用$v(A)/m = v(B)/n = v(C)/p = v(D)/q$,即不同物质表示的同一化学反应的速率之比等于化学计量数之比。该式可确定化学计量数,比较反应的快慢,非常实用。同一化学反应的速率,用不同物质浓度的变化来表示,数值不同,故在表示化学反应速率时必须指明物质。

知识点 *3* 均相反应动力学基本概念

均相反应是指在均一的液相或气相中进行的化学反应。其特点是在反应物系中不存在相界面。均相反应有很广泛的应用范围,如烃类的热裂解为典型的气相均相反应,而酸碱中和、酯化、皂化等则为典型的液相均相反应。均相反应体系的动力学规律具有一定的通性。均相反应动力学是解决工业均相反应器的选型、操作与设计计算问题所需要的重要理论基础。

一、均相反应速率

均相反应速率是指在均相反应系统中某一物质在单位时间、单位反应混合物总体积中的变化量,单位以 $kmol/(m^3 \cdot h)$ 表示。因为随着反应的进行,反应物不断减少,产物不断增多,各组分的浓度或物质的量分数不断变化,所以反应速率是指某一瞬间(或某一微元空间)状态下的"瞬时反应速率"。

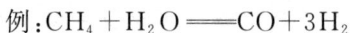

$$例:CH_4+H_2O{=\!=\!=}CO+3H_2$$

以 $v_A A+v_B B=v_R R+v_S S$ 为例:

反应物 A 的消耗速率为

$$-r_A=-\frac{1}{V}\cdot\frac{\mathrm{d}n_A}{\mathrm{d}t} \tag{1-9}$$

产物 P 的生成速率为

$$r_P=\frac{1}{V}\cdot\frac{\mathrm{d}n_P}{\mathrm{d}t} \tag{1-10}$$

恒容条件下:

$$c_A=\frac{n_A}{V},\ \mathrm{d}c_A=-\frac{\mathrm{d}n_A}{V} \tag{1-11}$$

则

$$-r_A=-\frac{\mathrm{d}c_A}{\mathrm{d}t}$$

式(1-11)也表示了反应物或产物浓度的变化。

若无副反应,反应物与产物的浓度变化符合化学反应计量关系:

$$\frac{-r_A}{v_A}=\frac{-r_B}{v_B}=\frac{r_P}{v_P}=\frac{r_S}{v_S} \tag{1-12}$$

常以 $(-r_A)$ 来表示某反应的化学反应速率。主要反应物 A 为关键组分,它在理论上转化率可达到 100%,是反应体系中价值相对较高的反应物。它的转化率直接影响反应过程的经济效益。

二、化学动力学方程

定量描述反应速率与影响反应速率因素之间关系的方程式称为化学动力学方程。影响反应速率的因素有反应温度、组成、压力、溶剂与催化剂的性质等。然而对于绝大多数的反应,最主要的影响因素是反应物的浓度和反应温度,因而化学动力学方程一般可以写为

$$r=f(T,c) \tag{1-13}$$

式中,T 表示反应过程中的温度;c 为浓度,表示影响反应速率的组分不止一个。对一个由几个组分组成的反应系统,其反应速率与各个组分的浓度都有关系。当然,各个反应组分的浓度并不都是相互独立的,它们受化学计量方程和物料衡算关系的约束。

1. 基元方程

对于基元反应(反应物分子按化学反应式在碰撞中一步直接转化为生成物分子的反应),可以根据质量作用定律写出动力学方程。

对于基元反应 $v_A A+v_B B=v_R R+v_S S$,动力学方程可写为

$$(-r_A)=kc_A^{v_A}c_B^{v_B} \tag{1-14}$$

对于气相反应而言,反应物的浓度通常情况下用反应物的分压或物质的量分数

来表示,因此,动力学方程式可表示为

$$(-r_A) = k y_A^{v_A} y_B^{v_B} \tag{1-15}$$

一般情况下,大多数反应都是非基元反应。而非基元反应是不能直接根据质量作用定律写出动力学方程的。但非基元反应可以看成若干个基元反应的综合结果,因此可以把非基元反应分为几个基元反应,选取其中一个基元反应为控制步骤,一般为对反应起决定性作用的那一个基元反应即反应速率最慢的那一个基元反应,其余各步基元反应达到平衡,然后根据质量作用定律推导出动力学方程。

2. 反应级数

反应级数,是指动力学方程式中浓度项的指数,是由试验确定的常数。对于基元反应,反应级数 v_A、v_B 等于化学反应式的计量系数值;而对于非基元反应,都应通过实验来确定。一般情况下,反应级数在一定温度范围内保持不变,它的绝对值不会超过 3,但可以是分数,也可以是负数。反应级数的大小反映该物料浓度对反应速率影响的程度。反应级数的绝对值越大,则该物料浓度的变化对反应速率的影响越显著。如果反应级数等于 0,在动力学方程式中该物料的浓度项就不出现,说明该物料浓度的变化对反应速率没有影响;如果反应级数为正值,说明随着该物料浓度的增加,反应速率增加,通常称为正常反应;如果反应级数是负值,说明该物料浓度的增加反而抑制了反应,使反应速率下降,通常称为反常反应。总反应级数等于各组分反应级数之和。

因此,反应级数的高低并不能单独决定反应速率的快慢,只是反映反应速率对物料浓度的敏感程度。级数越高,物料浓度对反应速率的影响越大。这为选取合适的反应器提供依据。

3. 反应速率常数

反应速率常数也称反应的比速率,即动力学方程式中的 k 值。它等于所有反应组分的浓度为 1 时的反应速率值。它的单位与反应级数有关;一级反应,它的单位为 h^{-1};二级反应,单位则为 $m^3/(kmol \cdot h)$。

k 值的大小直接决定反应速率的高低和反应进行的难易程度。不同的反应有不同的反应速率常数。对于同一个反应,速率常数随温度、溶剂、催化剂的变化而变化。其中,温度是影响反应速率常数的主要因素。温度对速率常数的影响可用阿伦尼乌斯方程描述:

$$k = k_0 \cdot \exp(-E/RT) \tag{1-16}$$

式中,k_0 为频率因子;E 为活化能,J/mol;R 为通用气体常数,即 8.314 $J/(mol \cdot K)$。

活化能 E 的物理意义是指反应物分子达到可进行反应的活化状态所需要的能量。由此可见,活化能的大小是化学反应进行难易程度的标志。活化能高,反应难以进行;活化能低,则反应容易进行。活化能 E 不仅决定反应的难易程度,还决定反应速率对温度的敏感程度。活化能越大,温度对反应速率的影响就越显著,即温度的改变会使反应速率发生较大的变化。例如在常温下,若反应活化能为 42 kJ/mol,

则温度每升高 1℃,反应速率常数约增加 5%;如果活化能为 126 kJ/mol,则反应速率将增加 15%左右。当然,这种影响的程度还与反应的温度有关。对于同一反应,即当活化能 E 一定时,反应速率对温度的敏感程度随着温度的升高而降低。例如,反应活化能为 150 kJ/mol,当反应温度由 300 K 上升 10 K 时,反应速率增加 7 倍,而当温度由 400 K 上升 10 K 时,反应速率却只增加 3 倍,即高温时温度对反应速率的影响不如低温时影响大。

由阿伦尼乌斯方程可知,若按 $\ln k$ 对 $1/T$ 标绘,即得斜率为 $-E/R$ 的直线。

$$\ln k = \ln k_0 - \frac{E}{RT} \tag{1-17}$$

如果在实验条件下测得不同温度下的反应速率值,就可以求出 E 值。

由此可见,影响反应速率的主要因素是温度和反应物的浓度,而温度的影响尤为重要。一般情况下,温度升高,反应速率是增加的。但对于可逆反应而言,则需要具体问题具体分析。因为可逆反应的速率等于正逆反应速率之差,温度升高,正逆反应速率均升高,但正逆反应速率差值的变化却不一定升高。通过对可逆反应速率的计算,可以知道:对于可逆吸热反应,反应速率是随着温度的升高而增加的;而对于可逆放热反应则不然。可逆放热反应随着温度的增加,反应速率的变化规律是先增加再下降,存在一极大值。因此,对于可逆放热反应而言,若要提高反应速率,不一定要增加反应温度,因为可逆放热反应存在一最佳温度,反应应在最佳温度下进行,此时的反应速率最大。

4. 反应进度

反应进度是用某个组分在反应前后的物质的量的变化与计量系数的比值来定义的,用 ζ 表示。其描述的是反应进行的深度。

$$\zeta = \frac{n_1 - n_{10}}{v_1} = \cdots = \frac{n_i - n_{i0}}{v_i} = \frac{n_A - n_{A0}}{v_A}$$

对于任一组分,ζ 值均一致,恒为正。

$$x_i = \frac{v_i \zeta}{n_{i0}} \qquad x_A = \frac{v_A \zeta}{n_{A0}} \tag{1-18}$$

5. 反应转化率

用关键组分 A 的转化率 x_A 来表示反应进行的程度。定义为

$$x_A = \frac{\text{反应转化掉物料 A 的物质的量}}{\text{反应开始时物料 A 的物质的量}} = \frac{n_{A0} - n_A}{n_{A0}} \tag{1-19}$$

三、均相简单反应动力学方程

1. 不可逆反应

对于反应

$$A \rightarrow P$$

反应速率方程为

$$-r_A = -\frac{dc_A}{dt} = kc_A^n \tag{1-20}$$

（1）若 $n = 1$，反应为一级反应；等温，k 为常数；恒容，$c = n/V$。

分离变量积分，初始条件 $t = 0$，$c_A = c_{A0}$，则有

$$kt = \ln\frac{c_{A0}}{c_A} = \ln\left(\frac{1}{1-x_A}\right) \tag{1-21}$$

（2）若 $n = 2$，为二级不可逆反应，等温、恒容，积分后有

$$kt = \frac{1}{c_A} - \frac{1}{c_{A0}} = \frac{1}{c_{A0}}\left(\frac{x_A}{1-x_A}\right) \tag{1-22}$$

2. 可逆反应

$$A \underset{k_2}{\overset{k_1}{\rightleftharpoons}} P$$

若正、逆反应均为一级反应，则

正反应速率 $r_1 = k_1 c_A$

逆反应速率 $r_2 = k_2 c_P$。

若 $c_{P0} = 0$，则总的反应速率

$$-r_A = -\frac{dc_A}{dt} = k_1 c_A - k_2 c_P \tag{1-23}$$

积分，得

$$(k_1 + k_2)t = \ln\left(\frac{c_{A0} - c_{Ae}}{c_A - c_{Ae}}\right) \tag{1-24}$$

3. 转化率积分式、浓度积分式区别

若着眼于反应物料的利用率，或者着眼于减轻后分离的任务量，应用转化率积分表达式较为方便；若要求达到规定的残余浓度，即为了适应后处理工序的要求，例如有害杂质的去除即属此类，应用浓度积分表达式较为方便。

四、复合反应动力学方程

用两个或多个独立的计量方程来描述的反应即为复合反应。

如果几个反应都是相同的反应物按各自的计量关系同时发生的反应则称为平行反应。

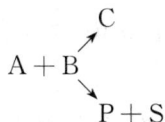

$$A + B \overset{\nearrow C}{\searrow P+S}$$

如果几个反应是依次发生的，此反应为串联反应。

$$A + B \longrightarrow P \rightleftharpoons R + S$$

1. 复合反应动力学的求取方法

（1）将复合反应分解为若干个单一反应，并按单一反应过程求得各自的动力学方程。

（2）在复合反应系统中，某一组分对化学反应的贡献通常用该组分的生成速率来表示。

某一组分可能同时参与若干个单一反应时，该组分的生成速率应该是其在各个单一反应中的生成速率之和。

2. 平行反应的动力学方程

$$\nu_{A,1}A \longrightarrow \nu_P P \quad （主）$$

$$\nu_{A,2}A \longrightarrow \nu_S S \quad （副）$$

假设其均为一级不可逆反应，其微分速率方程：

$$-r_{A,1}=k_1 C_A \quad （主）$$

$$-r_{A,2}=k_2 C_A \quad （副）$$

反应物 A 的总反应速率$-r_A$ 为

$$-r_A=-r_{A,1}+(-r_{A,2})=(k_1+k_2)C_A$$

$$r_P=\frac{dC_P}{dt}=-r_{A,1}=k_1 C_A \tag{1-25}$$

$$r_S=\frac{dC_S}{dt}=k_2 C_A \tag{1-26}$$

对$-\frac{dC_A}{dt}=(k_1+k_2)C_A$ 积分得 $\ln\frac{C_{A0}}{C_A}=(k_1+k_2)t$ （1-27）

由 $\ln\frac{C_A}{C_{A0}}=-(k_1+k_2)t \Rightarrow C_A=\exp[-(k_1+k_2)t]C_{A0}$ （1-28）

$$C_P-C_{P0}=\frac{k_1}{k_1+k_2}(C_{A0}-C_A)=\{1-\exp[-(k_1+k_2)t]\}C_{A0} \tag{1-29}$$

$$C_S-C_{S0}=\frac{k_2}{k_1+k_2}\{1-\exp[-(k_1+k_2)t]\}C_{A0} \tag{1-30}$$

图 1-3 为一级平行反应中反应物与产物浓度的变化。

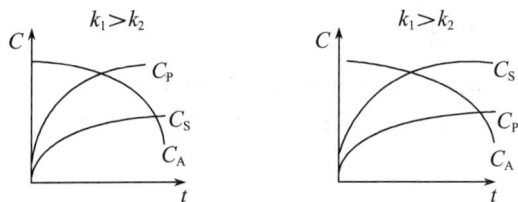

图 1-3　一级平行反应中反应物与产物浓度的变化

总结：（1）各平行反应均为一级不可逆，则 C_A-t 仍具有一级不可逆反应的特征，可由 $\ln\frac{C_A}{C_{A0}}$ 对 t 坐标图上的直线斜率为(k_1+k_2)。

（2）反应的收率和选择性均与组分的浓度无关，而仅是温度的函数，若 $E_1>E_2$，则应提高温度，与浓度无关。

（3）$\dfrac{C_P-C_{P0}}{C_S-C_{S0}}=\dfrac{k_1}{k_2}$ 表明两产物反应量的比值仅是温度的函数，将 C_P-C_{P0} 对 C_S $-C_{S0}$ 作图时得一直线，其斜率为 k_1/k_2，结合 (k_1+k_2) 分别求得 k_1 和 k_2。

3. 串联反应的动力学方程

$$A \xrightarrow{k_1} P \xrightarrow{k_2} S（均为一级反应）$$

假定：各计量系数为 1，均为等温、定容反应。

各反应组分的速率方程：

$$-r_A=-\frac{dC_A}{dt}=k_1C_A \tag{1-31}$$

$$r_P=\frac{dC_P}{dt}=k_1C_A-k_2C_P \tag{1-32}$$

$$r_S=\frac{dC_S}{dt}=k_2C_S \tag{1-33}$$

$$\frac{dC_P}{dt}=k_1C_A-k_2C_P=k_1C_{A0}\exp(-k_1t)-k_2C_P$$

$$dC_P=k_1C_{A0}\exp(-k_1t)dt-k_2C_P\exp(k_2t)dt$$

$$\exp(k_2t)dC_P+k_2C_P\exp(k_2t)dt=k_1C_{A0}\exp(k_2-k_1)tdt$$

$$d[C_P\exp(k_2t)]=k_1C_{A0}\exp(k_2-k_1)tdt$$

$$C_P\exp(k_2t)-C_{P0}=\frac{k_1C_{A0}}{k_2-k_1}[\exp(k_2-k_1)t-1]$$

$$\frac{C_P}{C_{A0}}=\frac{k_1}{k_2-k_1}[\exp(-k_1t)-\exp(-k_2t)]+\frac{C_{P0}}{C_{A0}}\exp(-k_2t) \tag{1-34}$$

积分，有

$$\ln\frac{C_{A0}}{C_A}=k_1t \Rightarrow \frac{C_A}{C_{A0}}=\exp[-k_1t] \tag{1-35}$$

$$\frac{C_P}{C_{A0}}=\frac{k_1}{k_2-k_1}[\exp(-k_1t)-\exp(-k_2t)]+\frac{C_{P0}}{C_{A0}}\exp(-k_2t) \tag{1-36}$$

物料衡算：$C_S-C_{S0}=(C_{A0}-C_A)-(C_P-C_{P0})$ \tag{1-37}

或 $C_S-C_{S0}=C_{A0}[1-\exp(-k_1t)]-\dfrac{k_1C_{A0}}{k_2-k_1}[\exp(-k_1t)-\exp(-k_2t)]-C_{P0}$

$[\exp(-k_2t)-1]$ \tag{1-38}

当原始反应混合物中无 P 和 S，则

$$\frac{C_P}{C_{A0}}=\frac{k_1}{k_2-k_1}[\exp(-k_1t)-\exp(-k_2t)] \tag{1-39}$$

$$\frac{C_S}{C_{A0}}=1+\frac{k_1\exp(-k_2t)-k_2\exp(-k_1t)}{k_2-k_1} \tag{1-40}$$

根据式（1-40）可作出各组分浓度随时间变化曲线，如图 1-4 所示。

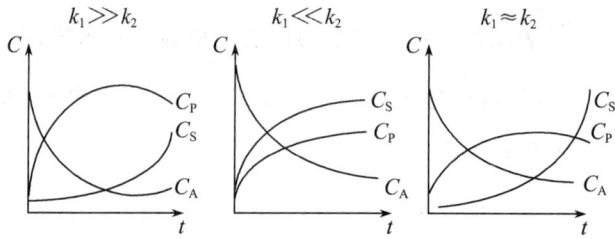

图 1-4　一级不可逆串联反应中反应物与产物的浓度变化

区别平行反应和串联反应可用初始速度法,平行反应中,产物 S 的初始速率不为 0。判断串联反应中是否有可逆反应,只需反应物系长期放置后,再检验物系中是否仍有组分 A 和中间产物 P 存在,如有,则可逆。

4. 复合反应的收率与选择性

单一反应:利用转化率即可确定反应物转化量与产物生成量之间的关系(原因:产物与反应物满足反应式的化学计量关系)。

复合反应:反应物与产物之间的定量关系受多个反应动力学参数的影响,仅根据转化率无法确定每种产物的量。

故需引入一个表达反应物与产物之间定量关系的量,即收率或选择性。

(1) 收率。

收率表示生成的目的产物 P 的物质的量与进入系统的关键组分 A 的物质的量之比,以 Y 表示。

$$Y=\frac{\text{生成目的产物消耗关键组分的物质的量}}{\text{进入反应系统关键组分的物质的量}}=\frac{n_P-n_{P0}}{n_{A0}}\cdot\frac{\nu_A}{\nu_P} \tag{1-41}$$

恒容条件下:

$$Y=\frac{C_P-C_{p0}}{C_{A0}}\cdot\frac{\nu_A}{\nu_P} \tag{1-42}$$

(2) 选择性。

生成目的产物 P 所消耗关键组分的物质的量与反应消耗关键组分的总物质的量之比,用 φ 表示:

$$\varphi=\frac{\text{生成目的产物消耗关键组分的物质的量}}{\text{反应消耗关键组分的物质的量}}=\frac{(n_P-n_{P0})\dfrac{\nu_A}{\nu_P}}{n_{A0}-n_A} \tag{1-43}$$

恒容条件下:

$$\varphi=\frac{C_P-C_{P0}}{C_{A0}-C_A}\cdot\frac{\nu_A}{\nu_P} \qquad (\varphi=1,\text{副产物为 }0)$$

收率与选择性之间的关系:

$$Y=\varphi\cdot x_A \qquad\text{或}\qquad \frac{Y}{\varphi}=x_A \tag{1-44}$$

$$x_P=\frac{n_P-n_{P0}}{n_{A0}}=\frac{\alpha_P\xi_P}{n_{A0}}=\varphi_P x_A \tag{1-45}$$

思考练习题

（1）简述化学反应速率的定义。

（2）化学反应速率的主要影响因素有哪些？

（3）分别简述简单反应、复杂反应、基元反应、非基元反应的定义。

（4）某基元反应 A→Y，其反应速率常数 $k_A = 6.93 \text{ min}^{-1}$，则该反应物 A 的浓度 c_A 从 1.0 mol/L 变到 0.5 mol/L 所需时间是多少？

任务三　认识化学反应器

知识点 1　化学反应器的分类

化学反应器常用于实现均相反应过程和液液、气液、液固、气液固等多相反应过程。反应器的应用始于古代，制造陶器的窑炉就是一种原始的反应器。近代工业中的反应器形式多样，例如冶金工业中的高炉和转炉、生物工程中的发酵罐以及各种燃烧器，都是不同形式的反应器。

现在的化学反应器在向高精端方向发展，在化工反应中处于主要地位。化学反应器是化学反应的载体，是化工研究、生产的基础，是决定化学反应好坏的重要因素之一。因此，反应器的设计、选型是十分重要的。化工反应器可从影响反应的几个重要方面进行大致分类。

一、按物料的聚集状态分类

按物料的聚集状态，化学反应器分为均相化学反应器和非均相化学反应器两种。其中，均相化学反应器又分为气相化学反应器（如石油烃管式裂解炉）和液相化学反应器（如乙酸丁酯的生产反应器）。

非均相化学反应器分为气液相化学反应器（如苯的烷基化反应器）、气固相化学反应器（如合成氨反应器）、液-液相化学反应器（如己内酰胺缩合反应器）、液-固相化学反应器（如离子交换反应器）、气液-固相化学反应器（如焦油加氢精制反应器）等。

按物料的聚集状态分类，实质是按宏观动力学特性分类，相同聚集状态的反应有相同的动力学规律。

对于均相反应过程，反应速率主要考虑温度、浓度等因素，传质不是主要矛盾；对非均相反应过程，反应速率除考虑温度、浓度等因素外，还与相间传质速率有关。

二、按操作方式分类

按操作方式，化学反应器可分为间歇操作反应器、连续操作反应器和半连续操作反应器。

三、按物料流动状态分类

连续反应器的流动状态(如返混)影响反应器中反应物的浓度分布和温度分布,也影响反应物通过反应器停留时间的分布,对反应结束有重要效应。平推流型和全混流型是返混为零或无穷大的两种极限流型。实际工业反应器中,物料流型只可能趋近于前者(统称管式反应器)或后者(统称搅拌釜式反应器或者釜式反应器),不可能完全一致,应根据反应特征选择反应器的流动状态。为了限制返混,可以采用多级串联搅拌釜反应器。

四、按传热特征分类

化学反应不可避免地伴有热效应。无热交换的反应器为绝热反应器。热交换能力极强(或热效应可以忽略)以致可视为等温的反应器为等温反应器。工业上常见的是非等温非绝热反应器。其有一定的换热能力,既不同于绝热型反应器,也不同于等温型反应器。

五、按材质分类

反应器的材料有金属材料、复合材料和非金属材料之分。

金属材料:由金属元素或以金属元素为主形成的且具有金属特性的物质。

复合材料:由两种或两种以上不同性质或不同组织的材料组合而成的材料。

非金属材料:除上述二者外的材料(如陶瓷、搪瓷、玻璃)。

其中,金属材料分为铁合金、非铁合金、碳钢、低合金钢、合金钢。

铁合金:铁和以铁为基础的合金(钢、铸铁、铁合金)。

非铁合金:有色金属(铜、铝、铅及其合金)。

碳钢:含碳量小于 2.11% 的铁碳合金,如 Q235A,表示屈服极限 235 MPa,A 级质量,镇静钢。

低合金钢:在碳钢的基础上加入某些元素所形成的钢种。常加入 Si、Cr、Mn、Ni、Ti 等,以改善钢的性能。一般情况下,钢中含有合金元素总量小于 5%。

合金钢:如不锈钢,具有耐蚀性,多数含碳量为 0.1%~0.2%。含碳量越低,耐蚀性越强,但强度和硬度越低。例如:1Cr18Ni9Ti 表示含碳为 0.1%,含 Cr 量为 18%,含 Ni 量为 9%,含 Ti 量小于 1.5%。

反应器按照材质常分为钢制(或瓷板)反应釜、铸铁反应釜及搪玻璃反应釜。

(1) 钢制反应釜。

最常见的钢制反应釜的材料为 Q235A(或容器钢)。

钢制反应釜制造工艺简单,造价费用较低,维护检修方便,使用范围广泛,因此在化工生产中普遍得到应用。由于材料 Q235A 不耐酸性介质腐蚀,常用的还有不锈钢材料制的反应釜,可以耐一般酸性介质。经过镜面抛光的不锈钢制反应釜还特别适用于高黏度体系聚合反应。

（2）铸铁反应釜。

铸铁反应釜用于氯化、磺化、硝化、缩合、硫酸增浓等反应过程中,有如下的特点。

① 含 C 量高,接近共晶合金成分,使铸铁具有熔点低、流动性好等优点,具有良好的铸造性。

② 具较低的强度及塑性、韧性,良好的减摩性、减震性、切削加工性,对裂纹不敏感(组织中含有石墨)。

③ 传热效果不好。

④ 笨重,不能进行变形加工。

⑤ 价格低廉,生产工艺简单,成品率高。

（3）搪玻璃反应釜。

搪玻璃反应釜俗称搪瓷锅。在碳钢锅的内表面涂上含有二氧化硅的玻璃釉,经900℃左右的高温焙烧,形成玻璃搪层。搪玻璃反应釜因对许多介质具有良好的抗腐蚀性,所以被广泛用于精细化工生产中的卤化反应及有盐酸、硫酸、硝酸等存在时的各种反应。

搪玻璃反应釜的性质:

① 能耐大多数无机酸、有机酸、有机溶剂等介质的腐蚀。但搪玻璃设备不宜用于下列介质的储存和反应:任何浓度和温度的氢氟酸;pH＞12 且温度高于 100℃的碱性介质;温度高于 180℃、浓度大于 30％的磷酸;酸碱交替的反应过程;含氟离子的其他介质。

② 耐热性:允许在－30℃～＋240℃范围内使用。

③ 耐冲击性:较小。

我国标准搪玻璃反应釜分为 K 型和 F 型两种。K 型反应釜是盖体分开的结构,可装有大尺寸的锚式、框式或桨式等搅拌器,反应锅容积有 50～10 000 L 的不同规格,因而适用范围广。F 型反应釜是盖体不分的结构,盖上都装有人孔,搅拌器为尺寸较小的锚式或桨式,适用于低黏度、容易混合的液液相、气液相等反应。F 型反应釜密封面比较小,适用于一些气液相卤化反应以及带有真空和压力下的操作。

搪玻璃反应釜的夹套用 A3 型等普通钢材制造。若使用低于 0℃的冷却剂,则须改用合适的夹套材料。技术参数的选用可查阅有关设计手册和产品样本,根据反应物料的酸碱性及反应条件来选择反应器的材质。

除以上分类以外,化学反应器尚可按物料的流向等特点进行分类。间歇反应器操作灵活,适用于多品种生产和产量小、反应时间长的情形,但操作控制不便,产品质量不稳定。连续反应器适用于大生产量品种的生产。管式反应器受限于体积,适用于快速反应。较慢的反应对其停留时间有一定的要求,常考虑使用复式反应器。

知识点 2　化学反应器的操作方式分类

一、间歇(分批)式操作

采用间歇(分批)式操作的反应器称为间歇反应器。其特点是将所需的原料一次性装入反应器内,然后在其中进行化学反应。待化学反应进行一定时间,达到所要求的反应程度后,将全部物料卸出,其中主要是反应产物以及少量未被转化的原料。接着清洗反应器,继而进行下一批原料的装入、反应和卸料。所以,间歇反应器又称为分批反应器。间歇反应过程是一个非定态过程,反应器内物系的组成随时间的变化而变化,这是间歇反应过程的基本特征。间歇反应器在反应过程中既没有物料的输入,也没有物料的输出,即不存在物料的流动,整个反应过程都是在恒容下进行的。反应物系若为气体,则必充满整个反应器空间;若为液体,则虽不充满反应器空间,但压力的变化引起的液体体积的改变通常可以忽略,因此可按恒容处理。

采用间歇(分批)式操作的反应器几乎都是釜式反应器,其余类型较为罕见。间歇反应器适用于反应速率慢的化学反应以及产量小的化学品生产过程,对于那些批量少而产品品种又多的企业尤为适宜,例如医药等精细化工往往就属于这种。

二、连续式操作

连续式操作的特征是连续将原料输入反应器,反应产物也连续从反应器流出。采用连续操作的反应器称为连续反应器或流动反应器。前面所述的各类反应器都可采用连续操作。对于工业生产中某些类型的反应器,连续操作是唯一可采用的操作方式。连续操作的反应器多属于定态操作,此时反应器内任何部位的物系参数,如浓度及反应温度等均不随时间的改变而改变,但却随位置的改变而改变。大规模工业生产的反应器绝大部分采用连续操作,因为它具有产品质量稳定、劳动生产率高、便于实现机械化和自动化等优点。这些都是间歇(分批)式操作无法与之相比的。然而,连续操作系统一旦建立,改变产品品种就十分困难,有时甚至较大幅度地改变产品产量也不易实现,但间歇操作系统对此则较为灵活。

三、半连续(半间歇)式操作

原料与产物只要其中的一种为连续输入或输出,而其余为分批加入或卸出的操作,就属半连续式操作,相应的反应器称为半连续反应器或半间歇反应器。由此可见,半连续(半间歇)式操作具有连续式操作和间歇式操作的某些特征:有连续流动的物料,这点与连续式操作相似;也有分批加入或卸出的物料,因而生产是间歇的,这反映了间歇式操作的特点。由于这些原因,半连续反应器的反应物系组成必然既随时间的改变而改变,也随反应器内的位置的改变而改变。管式、釜式、塔式以及固定床反应器都可采用半连续式操作。

思考练习题

(1) 简述化学反应器的分类。

(2) 简述化学反应器操作方式的分类。

任务四　流体流动传质与传热规律

知识点 1　反应器流动模型

根据反应特性和工艺要求初步选定反应器类型后,要进行具体的工艺设计,即要计算出反应器的有效体积,进而计算出反应器的体积,并根据国家或行业化工设备标准进行选型。要进行反应器的工艺设计,必须先了解反应器的流动模型。

化工操作过程可分为间歇过程、连续过程和半连续过程。反应器中的流体流动模型是针对连续过程而言的。真实反应器的几何尺寸、操作条件、搅拌等的复杂性,使得反应器内流体的流动十分复杂,而反应器中的流体流动直接影响反应器的性能,为此有必要讨论反应器中的流体流动。

为了简化反应器工艺设计,根据反应器内的流体流动状态,可以建立两种理想流动模型:理想置换流动模型和理想混合流动模型。

流体的流动特征主要指反应器内反应流体的流动状态、混合状态等。它们随反应器的几何结构和几何尺寸而异,影响反应速率和反应选择率,从而影响反应结果。

流动模型是对反应器中流体流动与返混状态的描述,是针对连续过程而言的。研究反应器中的流体流动模型是反应器选型、计算和优化的基础。

1. 理想置换流动模型

理想置换流动模型也称作平推流模型或活平推流模型,如图 1-5 所示。任一截面的物料如同汽缸活塞一样在反应器中移动,垂直于流体流动方向的任一横截面上所有的物料质点的年龄相同,是一种返混量为零的极限流动模型。其特点是,在一定情况下,沿着物料流动方向物料的参数会发生变化,而垂直于流体流动方向任一截面上物料的所有参数都相同。这些参数包括物料的浓度、温度、压力、流速等,所有物料质点在反应器中都具有相同的停留时间。长径比较大和流速较高的连续操作管式反应器中的流体流动均可视为理想置换流动。

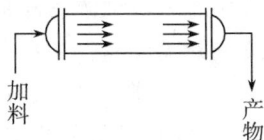

图 1-5　理想置换流动模型

2. 理想混合流动模型

理想混合流动模型也称全混流模型,如图 1-6 所示。由于强烈搅拌,反应器内物料质点返混程度为无穷大,所有空间位置物料的各种参数全部均匀一致。反应物料以稳定的流量进入反应器,刚进入反应器的新鲜物料与存留在其中的物料瞬间达到完全混合,而且出口处物料性质与反应器内的完全相同。由于流体受搅拌的作用,进入反应器的物料质点可能有一部分立即从出口流出,停留时间很短;另一部分可能刚到出口附近又被搅拌回来,致使这些物料质点在反应器中的停留时间极长。所以,物料质点在理想混合反应器中的停留时间参差不齐,存在停留时间的分布。搅拌十分强烈的连续操作搅拌釜式反应器中的流体流动可视为理想混合流动。

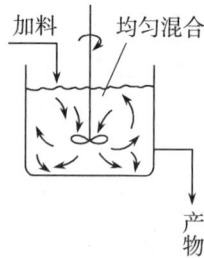

图 1-6　理想混合流动模型

3. 返混及其对反应的影响

返混不是一般意义上的混合,它专指不同时刻进入反应器的物料之间的混合,是逆向的混合,或者说是不同年龄质点之间的混合。返混是连续化后才出现的一种混合现象。间歇操作反应器中不存在返混,理想置换反应器是没有返混的一种典型的连续反应器,而理想混合反应器则是返混达到极限状态的一种反应器。

非理想流动反应器存在不同程度的返混,返混带来的最大影响是反应器进口处反应物高浓度区的消失或减小。下面以理想混合反应器为例来说明。对理想混合反应器而言,虽然进口的反应物具有高浓度,但由于反应器内存在剧烈的混合作用,高浓度反应物料一旦进入就立即被迅速分散到反应器的各个部位,并与那里原有的低浓度物料相混合,使高浓度物料瞬间消失。可见,理想混合反应器中由于剧烈的搅拌混合,不可能存在高浓度区。

在此需要指出的是,间歇操作釜式反应器中同样存在剧烈的搅拌与混合,但不会导致高浓度的消失,这是因为混合对象不同。间歇操作釜式反应器中彼此混合的物料是在同一时刻进入反应器的,又在反应器中同样条件下经历了相同的反应时间,因而具有相同的性质、相同的浓度。这种浓度相同的物料之间的混合当然不会使原有的高浓度消失。而连续操作釜式反应器中存在的都是早先进入反应器并经历了不同反应时间的物料,其浓度已经下降,进入反应器的新鲜高浓度物料一旦与这种已经反应过的物料相混合,高浓度自然就随之消失。因此,间歇操作和连续操作釜式反应器虽然同样存在剧烈的搅拌与混合,但参与混合的物料是不同的。前者是同一时刻进入反应器的物料之间的混合,并不改变原有的物料浓度;后者则是不同时刻进入反应器的物料之间的混合,是不同浓度、不同性质物料之间的混合,属于返混,它造成了反应物高浓度的迅速消失,导致反应器的生产能力下降。

返混改变了反应器内的浓度分布,使反应器内反应物的浓度下降,反应产物的浓度上升,这种浓度分布的改变对反应的利弊取决于反应过程的浓度效应。返混是连续操作反应器的一个重要工程因素。任何过程在连续化时必须充分考虑这个因素的影响,否则不但不能强化生产,反而有可能导致生产能力的下降或反应选择性的降低。实际工作中,应首先研究清楚反应的动力学特征,然后根据它的浓度效应确定采用适当型号的连续操作反应器。

返混的结果将产生停留时间分布,并改变反应器内浓度分布。返混对反应的利弊视具体的反应特征而异。在返混对反应不利的情况下,要使反应过程由间歇操作转为连续操作时,应当考虑返混可能造成的危害。选择反应器的型式时,应尽量避免选用可能造成返混的反应器,特别应当注意有些反应器内的返混程度会随其几何尺寸的变化而显著增加。

返混不但对反应过程产生不同程度的影响,而且给反应器的工程放大带来问题。放大后的反应器中流动状况改变,导致返混程度的变化,给反应器的放大计算带来很大的困难。因此,在分析各种类型反应器的特征及选用反应器时,都必须把反应器的返混状况作为一项重要特征加以考虑。

降低返混程度的主要措施是分割。分割通常有横向分割和纵向分割两种,其中较为重要的是横向分割。

连续操作搅拌釜式反应器的返混程度可能达到理想混合程度。为了减少返混,工业上常采用多釜串联的操作,这是横向分割的典型例子。当串联釜数量足够多时,操作性能就很接近理想置换反应器的性能。

流化床反应器是气固相连续操作的一种工业反应器。流化床中的气泡运动造成气相和固相都存在严重的返混。为了限制返混,对高径比较大的流化床反应器,常在其内部装置横向挡板以减少返混,而对高径比较小的流化床反应器,则可设置垂直管作为内部构件,这是纵向分割的例子。

对于气液鼓泡反应器,气泡搅动所造成的液体反向流动形成很大的液相循环流量,因此,其液相流动十分接近于理想混合。为了限制气液鼓泡反应器中液相的返混程度,工业上常采用以下措施:放置填料,填料不但起分散气泡、增强气液相间传质的作用,而且限制液相的返混;设置多孔多层横向挡板,把床层分成若干级,尽管在每一级内液相仍然达到全混,但对整个床层来说类似于多釜串联反应器,级间的返混受到很大的限制;设置垂直管,既可限制气泡的合并长大,又在一定程度上起到限制液相返混的作用。

知识点 2　非理想流动

理想流动是两种极端状况下的流体流动,即理想置换流动和理想混合流动。前者在反应器出口的物料质点具有相同的停留时间,也就是有相同的反应时间;而后者虽然在反应器出口的物料质点具有不同的停留时间,即存在停留时间分布,但它具有与反应器内的物料相同的停留时间分布。反应物料在这两种理想反应器中具有不同的流动模式,反应结果也就存在明显的差异。实际工业反应器中的反应物料流动模型与理想流动模型有所偏离,往往介于两者之间。对于所有偏离理想置换和理想混合的流动模式统称为非理想流动。显然,偏离理想流动的程度不同,反应结果也不同。实际反应器中流动状况偏离理想流动状况的原因可以归纳为下列几个方面。

一、滞留区的存在

滞留区亦称死区、死角,是指反应器中流体流动极慢导致的几乎不流动的区域。它的存在使部分流体的停留时间极长。滞留区主要产生于设备的死角中,如设备两端、挡板与设备壁的交接处以及设备设有其他障碍物时最易产生死角。滞留区的减少主要通过合理的设计来实现。

二、存在沟流与短路

设备设计不合理,如进出口离得太近,会出现短路。固定床反应器和填料塔反应器中,由于催化剂颗粒或填料装填不匀,形成低阻力的通道,使部分流体快速由此通过,而形成沟流。

三、循环流

实际的釜式反应器、鼓泡塔反应器和流化床反应器中均存在流体的循环运动。

四、流体流速分布不均匀

流体在反应器内的径向流速分布得不均匀,造成流体在反应器内的停留时间长短不一。如管式反应器中流体呈层流流动,同截面上物料质点的流速不均匀,与理想置换反应器发生明显偏离。

五、扩散

分子扩散及涡流扩散的存在造成物料质点的混合,使停留时间分布偏离理想流动状况。

上述是造成非理想流动的几种常见原因。对一个流动系统来说,以上原因可能全有,也可能有其中的几种,甚至有其他的原因。

由于理想反应器设计计算比较简单,工业生产中许多装置又可近似地按理想状况处理,故常以理想反应器设计计算作为实际反应器设计计算的基础。

思考练习题

(1)反应器的流动模式有哪些?各具有什么样的特点?

(2)简述返混的概念及其对工业生产的影响。

任务五　工业催化剂与气固相催化反应过程

知识点 1　工业催化剂的基本特征

（1）催化剂只对热力学上可能发生的反应起催化作用，对热力学上不可能发生的反应不起作用。这就告诉人们，在开发一种新的化学反应催化剂时，首先要对该反应系统进行热力学分析，看它在该条件下是否属于热力学上可行的反应；如果不可行，就不要为它白白浪费人力和物力。

（2）催化剂只改变反应途径（又称反应机制），不能改变反应的始态和终态。它同时加快了正逆反应速率，缩短了达到平衡所用的时间，并不能改变平衡状态。

例如合成甲醇的反应 $CO+2H_2 \longrightarrow CH_3OH$ 需要在高压下进行，因此可以通过在常压下进行的甲醇分解反应来初步筛选合成甲醇反应催化剂。

（3）催化剂有选择性，不同的反应常采用不同的催化剂，即每个反应都有它特有的催化剂。如果同种反应能生成多种产物，选用不同的催化剂会有利于不同种产物的生成。例如，以合成氨为原料，可用四种不同催化剂完成四种不同的反应：

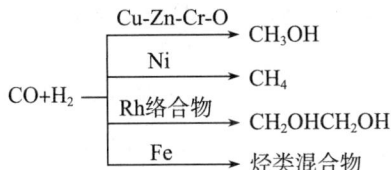

$$CO+H_2 \begin{cases} \xrightarrow{\text{Cu-Zn-Cr-O}} CH_3OH \\ \xrightarrow{\text{Ni}} CH_4 \\ \xrightarrow{\text{Rh络合物}} CH_2OHCH_2OH \\ \xrightarrow{\text{Fe}} \text{烃类混合物} \end{cases}$$

这种选择关系的研究是催化研究中的主要课题，常常要付出巨大的劳动才能创立高效率的工业催化过程。亦正是这种选择关系，使人们有可能对复杂的反应系统从动力学上加以控制，使之向特定反应方向进行，生产特定的产物。

（4）每种催化剂只有在特定条件下才能体现出它的活性，否则将失去活性或发生催化剂中毒。

知识点 2　工业催化剂的组成与性能

一、催化剂的组成

1. 活性组分

催化剂的主要组分，是起催化作用的根本性物质，决定了催化剂的特性。活性组分有时由一种物质组成，如乙烯氧化制环氧乙烷的银催化剂，活性组分就是银单一物质；有时则由多种物质组成，如丙烯氨氧化制丙烯腈用的钼铋催化剂，活性组分就是由氧化钼和氧化铋两种物质组合而成。常用的活性组分主要有金属、金属氧化物、硫化物和盐类以及酸性催化剂。

2. 助催化剂

助催化剂与活性组分的区别没有严格的界限。但人们往往把用量少,能提高主催化剂的活性、选择性、稳定性以及能改善催化剂的耐热性、抗毒性、机械强度和延长寿命等性能的组分称为助催化剂。助催化剂本身不具有或很少有活性。例如,用于脱水的 Al_2O_3 催化剂可以用 CaO、MgO、ZnO 为助催化剂。

3. 载体

载体是沉积催化剂的骨架,催化剂的活性组分通常分散在载体表面上。催化剂载体并非完全是惰性的,高比表面的载体往往表现出一定的活性,甚至可以通过与催化剂的活性组分形成新的活性结构而具有催化作用。催化剂载体是否具有催化作用取决于反应体系与反应条件。氧化铝、硅胶、分子筛、沸石等是常用的催化剂载体。

4. 抑制剂

大多数化工使用的催化剂由活性组分、助催化剂和载体这三大部分构成,个别情况也有多于或少于这三部分的。如果在活性组分中添加少量的物质,便能使活性组分的催化活性适当降低,甚至在必要时大幅度地下降,则这样的少量物质称为抑制剂。抑制剂的作用正好和助催化剂相反。

一些催化剂配方中添加抑制剂是为了使工业催化剂的诸性能达到均衡匹配、整体优化。有时,过高的活性反而有害,它会影响反应器移热而导致飞温,或者导致副反应加剧,选择性下降,甚至引起催化剂积炭失活。表 1-3 为几种催化剂的抑制剂。

表 1-3　几种催化剂的抑制剂

催化剂	反应	抑制剂	作用效果
Fe	氨合成	Cu、Ni、P、S	降低活性
$Al_2O_3 \cdot SiO_2$	柴油裂化	Na	中和酸点,降低活性
Ag	乙烯环氧化	1,2-二氯乙烷	降低活性,抑制深度氧化

二、催化剂的性能

1. 活性

催化剂的活性是指催化剂改变反应速率的能力,它反映了催化剂在一定的工艺条件下的催化性能,是催化剂性能的主要指标。工业上常用反应转化率来表示催化剂活性,有时也可以用空时收率、催化剂负荷来表示。

空时收率是指单位时间内单位体积或单位质量催化剂上生成目的产物的数量,常表示为:目的产物的质量(kg)/[催化剂的体积(m^3)或质量(kg)·时间(h)]。这个量直接给出生产能力,生产和设计部门使用最为方便。在生产过程中,常以催化剂的空时收率来衡量催化剂的生产能力,它也是工业生产中经验计算反应器的重要依据。

催化剂活性不但与反应物和催化剂接触的表面积大小有关,还与制备工艺、条件、活性组分的分散程度、催化剂晶格缺陷、催化剂表面的化学物种及其电子结构等诸多因素有关。

2. 选择性

催化剂的选择性是指当催化反应在热力学上有几个反应方向时,一种催化剂在一定条件下只对其中的一个反应起加速作用的特征,这也是催化剂所具有的特性之一。对于工业催化剂而言,当存在几个热力学可能进行的反应方向时,往往对催化剂的选择性要求更高。

影响催化剂选择性的因素很多,除了活性组分以外,还包括活性组分在催化剂表面上的定位与分布,微晶的粒度大小,催化剂或载体的孔容、孔径分布等因素。当有中间产物生成时,传质与扩散过程也将影响反应的选择性。对串联反应而言,降低内扩散阻力是提高催化剂选择性的关键。

3. 稳定性

催化剂的稳定性是指催化剂在使用过程中的物理状态、化学组成和结构在较长时间保持不变的性质。催化剂的稳定性主要包括耐热稳定性和抗毒稳定性两方面。

影响催化剂稳定性的因素主要有催化剂中毒、活性组分流失、活性金属烧结或微晶粒长大、载体孔结构的烧结、活性表面结炭或吸附原料杂质、催化剂强度受损等。

催化剂的活性、选择性和稳定性是催化剂的重要性能指标,通常称为催化剂的三性。

4. 其他性能指标

一种优良的催化剂还应该具有适宜的化学组成和足够的机械强度、良好的比表面积与孔体积以及合适的形状和大小。

在保证整个催化剂具有良好的传热基础上,提高原料转化率即催化剂活性,可以提高催化剂的生产能力,这是催化剂研究首先需要考虑的。对于复合反应而言,提高催化剂的选择性,可以提高原料利用率,降低分离设备与操作费用,这对于药物或精细化学品合成来说显得尤为重要。由于催化剂失活、再生与更换都需要停车,因而延长催化剂的寿命,使其达到具有工业使用价值的要求也是考核催化剂的重要指标。

工业生产使用的催化剂必须能在实际生产操作的压力、温度、反应物浓度、流速以及接触时间等条件下长期正常运行,并能保持良好的活性和选择性,对超温、毒物具有很好的稳定性。同时,在催化剂的使用寿命期内,还应该具有良好的抗压碎强度、耐气流冲击及磨损以及易再生等特性。为此,工业催化剂必须满足下列基本要求。

(1)活性好:催化剂的用量少而能够转化的物料量大。但对于强放热反应,传热差时,过高的活性易造成飞温。

（2）选择性高：降低副反应，降低分离负荷。

（3）寿命长：更换催化剂周期长，否则固定床中催化剂更换、再生需停产。通常固定床反应器要求的工业催化剂寿命至少为 1 000 h，长的可达十多年。

（4）稳定性好：主要指化学稳定性、热稳定性、机械稳定性好。

（5）抗毒能力强：催化剂在使用过程中常会受到原料或反应产生的杂质毒害而性能下降，这就要求催化剂对毒物具有较强的抵抗能力。

（6）易再生：可用较为简便的方法在反应器内或器外进行再生，恢复催化剂的活性。

知识点 3　工业催化剂的制备

催化剂的活性、选择性和稳定性与其化学组成和物理性质密切相关，而物理性质又往往取决于催化剂的制备工艺和活化方法。固体催化剂的制备方法很多，由于制备方法的不同，尽管原料与用量完全一致，但所制得的催化剂性能仍可能有很大的差异。工业催化剂的制备过程比较复杂，许多微观因素较难控制。

通常情况下，天然矿石和工业化学品不能直接用作催化剂，必须经过化学（或物理）加工处理制得具有规定组成、结构、形状，才能满足特定催化剂体系的要求。

一、制备步骤

催化剂的制备过程大致可分为如下三个阶段。

1. 基体的制备

在催化剂生产过程中，有效组分已形成初步结合的固体半成品。在这一阶段，催化剂已具备必要的组分，各活性组分之间、活性组分与助催化剂之间、活性组分和助催化剂与载体之间以简单混合、吸附等形式，形成初步结合关系，生成固溶体乃至化合物。

2. 成型

将上述基体制成特定的几何形状和尺寸，使其具有一定的机械强度。催化剂的几何形状是多样的，如球状、小圆柱状、片状、条状、环状、蜂窝状、粉末状或不规则粒状。几种常见的催化剂形状，如图 1-7 所示。

图 1-7　几种常见的催化剂形状

3. 活化

活化即改变基体性质,使之满足最终化学组成和结构的要求。

二、制备方法

催化剂的制备方法很多,且制备方法对催化剂的催化性能会产生一定的影响。目前,工业上使用的固体催化剂的制备方法有浸渍法、沉淀法、机械混合法、熔融法等。

1. 浸渍法

浸渍法是将载体加入可溶而又易于分解的盐溶液(如有机酸盐、硝酸盐、铵盐)中进行一次或多次浸渍,然后进行干燥和焙烧制得催化剂的方法。在焙烧过程中,由于盐类分解,沉积在载体上的即为催化剂所需的活性组分。浸渍法之所以能把催化剂的有效组分附着在催化剂的内外表面上,主要是通过两种作用:一是催化剂载体表面的吸附;二是因表面张力产生的毛细管压力,使流体渗透到毛细管内部。

浸渍法是制备负载型催化剂最常用的方法,可细分为过量法、等体积法和流化法三种。催化剂中特定的金属含量可通过控制浸渍液浓度和用量的方法很方便地达到,且浸渍法的制备过程简单、组分分散均匀、易成型,因此,它是贵重金属催化剂最常用的制备方法。如用于加氢反应的载于氧化铝上的镍催化剂 Ni/Al_2O_3,其制造方法是将抽空的氧化铝粒子浸泡在硝酸镍溶液里,然后移除过剩的溶液,在炉内加热使硝酸镍分解成氧化镍。这种催化剂在使用前需要将氧化镍还原成金属镍,还原过程可在反应器内进行。所制备的催化剂活性与活性组分与载体用量比、载体浸渍时溶液的浓度、浸渍后的干燥速率等因素有关。

2. 沉淀法

沉淀法是先将载体放入含有金属盐类的水溶液中,然后在搅拌作用下加入沉淀剂,使催化剂组分沉淀在载体上,经洗涤、干燥和焙烧制得催化剂的方法。沉淀法对催化剂性能的影响因素较多,如溶液浓度、温度、加料顺序、搅拌速度、沉积速度、pH、老化温度与时间,而沉淀条件需要通过反复试验来确定。沉淀剂一般选用氢氧化物、碳酸盐等碱性物质和硫酸盐、硝酸盐、盐酸盐、有机酸盐等盐类。沉淀法用于制备单组分和不含载体的催化剂较为常见,它也可以用于制备多组分或含载体的催化剂。

3. 机械混合法

将一定比例的各个组分做成浆料后干燥、成型,再经过活化处理制得催化剂,这种方法即机械混合法。由于催化剂内部的活性组分(不裸露在内外表面的部分)不参与催化反应,同时,这种方法即机械混合法成型时难以达到如硅胶、氧化铝样的内外表面,因此活性组分利用率不高。

上述三种制备方法是制备负载型催化剂最常用的方法。为了在后续处理焙烧阶段不残留杂质,应尽可能地选用易分解的原料,如有机酸盐、硝酸盐、碳酸盐,避免使用硫酸盐、盐酸盐等,因为硫酸盐和盐酸盐的分解温度一般比较高,会因分解不完全而有所残留,并且硫和氯是引起催化剂中毒最常见的元素。

4. 熔融法

在高温条件下进行催化剂各组分的熔合,使之形成均匀的混合体、合金固溶体或氧化物固溶体,这种方法即熔融法。在熔融温度下,金属、金属氧化物都呈流体状态,有利于它们混合均匀,促使助催化剂组分在活性组分上分布均匀。

熔融法制造工艺显然是高温下的过程,因此温度是关键的控制因素。熔融温度的高低,视金属或金属氧化物的种类和组分而定。熔融法制备的催化剂活性好、机械强度高且生产能力大,局限性是通用性不大,主要用于制备氨合成的熔铁催化剂、费-托(Fischer-Tropsch)合成催化剂、甲醇氧化的 Zn-Ga-Al 合金催化剂等。其制备程序一般为:固体粉碎,高温熔融或烧结,冷却、破碎成一定的粒度,活化。例如,目前合成氨工业上使用的熔铁催化剂,就是将磁铁矿(Fe_3O_4)、硝酸钾、氧化铝于 1 600℃高温熔融,冷却后破碎到几毫米的粒度,然后在氢气或合成气中还原,即得 $Fe-K_2O-Al_2O_3$ 催化剂。

三、制备方法新进展

近年来,以催化剂制备方法为核心的催化剂技术不断发展,形成了与前述几大传统制备方法有原则区别的许多新的方法和技术。

目前,均相催化剂特别是均相络合物催化剂,在化工生产中的应用比例提高,特别是在聚合催化剂领域;酶催化剂在化工催化中的应用比例也在提高。其中,自然也要包括一些有别于传统固体催化剂制造方法的新型制备方法。

1. 纳米技术

近年来涌现出的超细微粒新材料,即纳米材料,其发展特别引人注目。这种纳米新材料的主要特征,是其材料的基本构成是数个纳米直径的微小粒子。

实验证明,构成固体材料的微粒如果再充分细化,如由微米级再细化到纳米级别之后,将可能产生很大的表面效应,其相关性能会发生突变,并由此带来其物理的、化学的以及物理化学的诸多性能的突变,因而赋予材料一些特异的性能,包括光、电、热、化学活性等各个方面的性能。现以铜粒子为例说明这种纳米微粒的表面效应。

铜粒子粒径越小,其外表面积越大,从微米级到纳米级大体呈几何级数增加趋势,如表1-4所示。

表 1-4　铜粒子粒径与外表面积

粒径/nm	外表面积/$m^2 \cdot g^{-1}$	粒径/nm	外表面积/$m^2 \cdot g^{-1}$
10 000	0.068	10	68
1 000	0.68	1	680
100	6.8		

如果铜粒子小到 10 nm 以下,即进入纳米级,则每个微粒将成为含约 30 个原子的原子簇,几乎等于原子全集中于这些纳米粒子的外表面。

从图 1-8 中看出,当超细铜粒子粒径小于 10 nm,80％以上的原子簇均处于其外表面。这些超细铜粒子如果用作催化剂,将对气固相反应表面结合能的增大有重要影响。因为表面现象的研究证明,表面原子与体相中的原子大不相同。表面原子缺少相邻原子,有许多悬空的键,具有不饱和性质,因而易与其他原子相结合,反应性就会显著增加。这样一来,新制的超细粒子金属催化剂,除贵金属外,都会接触空气而自燃;其光催化作用强化,用于某些废水的光催化处理,可在 2 min 内达到 98％的无害转化;用于太阳能电池的超细粒子可提高光电转化效率。

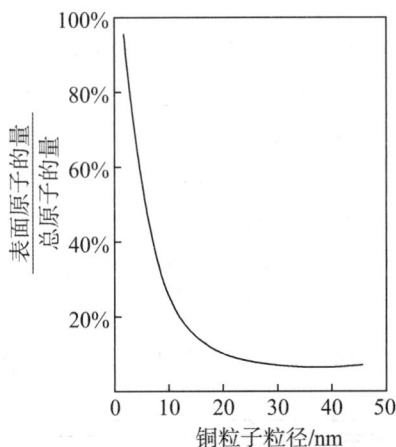

图 1-8　铜粒子粒径与表面原子比例的关系

超细粒子催化剂的物理机械制备的方法有胶体磨、低温粉碎等特殊设备加工法。而化学方法中,若干传统制法如果得到进一步改进和提高,已经可以在某些方面达到或接近纳米级催化材料的水平。

2. 气相淀积技术

所谓气相淀积是利用气态物质在一固体表面进行化学反应后在其上生成固态淀积物的过程。下面的反应比较常见,可用以说明:

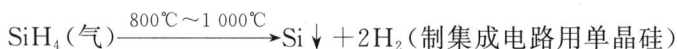

$$2CO \xrightarrow{250℃} CO_2 + C$$

这个反应早已被用于气相法制超细炭黑,用作橡胶填料。厨房炉灶中的热烟气在冷的锅底或烟囱壁形成炭黑,就是发生了这种气相淀积现象。

气相淀积反应与前述溶液中的沉淀反应不同,它是在均匀气相中,一两个分子反应后从气相分别沉淀而后积于固体表面。因此可知:第一,它可以制超细物,其他种分子不可能在完全相同的条件下正好也发生淀积反应,于是可以超纯;第二,它是在由分子级别上淀积的粒子,可以超细。沉积的细粒还可以在固体上用适当工艺引导,形成一维、二维或三维的小尺寸粒子、晶须、单品薄膜、多晶体或非晶形固体,因此,从另一个角度看,也可视为是纳米级的小尺寸材料。

下面的一些气相淀积反应机理已比较成熟,有一定应用价值,其中有些反应可望用于催化剂的制备:

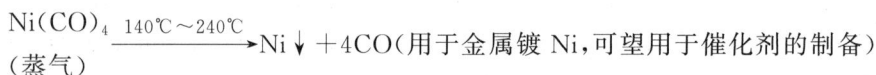

$$SiH_4(气) \xrightarrow{800℃\sim1\,000℃} Si\downarrow + 2H_2 （制集成电路用单晶硅）$$

$$Pt(CO)_2Cl_2(蒸气) \xrightarrow{600℃} Pt\downarrow + 2CO + Cl_2 （用于金属镀 Pt,可望用于催化剂的制备）$$

$$Ni(CO)_4(蒸气) \xrightarrow{140℃\sim240℃} Ni\downarrow + 4CO （用于金属镀 Ni,可望用于催化剂的制备）$$

3. 膜催化剂

膜分离技术是化工分离技术的新发展。有机高分子膜用于净水,无机微孔陶瓷或玻璃膜用于过滤,以及金属钯膜或中空石英纤维膜分别用于氢气提纯回收及助燃空气的富氧化,都是成功的工业实例。

近年来,在非均相催化中,将催化反应和膜分离技术结合起来,受到极大关注。膜催化剂将化学反应与膜分离结合起来,甚至以无机膜作催化剂载体附载催化剂活性组分及助催化剂,把催化剂、反应器以及分离膜构成一体化设备。膜催化剂的原理,如图1-9所示。

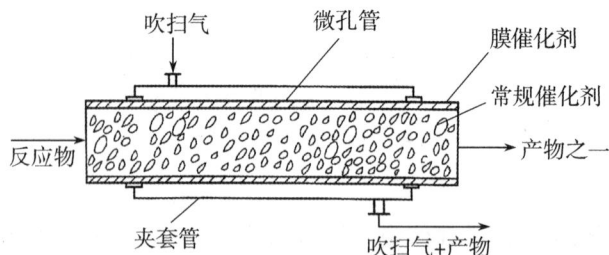

图 1-9 膜催化剂原理示意图

膜可以是多种材料(一般是无机材料);可以是惰性的,只起分离作用;也可以是活性的,起催化和分离的双重作用。

膜催化剂被引入化学反应,其优点在于:① 不断从反应系统中以吹扫气带出某一产物,使化学平衡随之向生成主产物的方向移动,可以大大提高转化率;② 省去反应后复杂的分离工序。这对于那些通常条件下平衡转化率较低的反应以及放热反应(如烷烃选择氧化),尤其具有宝贵的价值,如表 1-5 所示。

表 1-5　部分膜催化反应的条件和实验结果

化学反应	温度/℃	转化率(平衡值)	膜材料
$CO_2 \Longrightarrow CO + 0.5O_2$	2 227	21.5%(1.2%)	ZrO_2-CaO
$C_3H_8 \Longrightarrow C_3H_6 + H_2$	550	35%(29%)	Al_2O_3
$C_6H_{12} \Longrightarrow C_6H_6 + 3H_2$	215	80%(35%)	烧结玻璃
$H_2S \Longrightarrow H_2 + S$	—	14%(H_2)(3.5%)	MoS
$2CH_3CH_2OH \Longrightarrow H_2O + 2(CH_3CH_2)O$	—	高活性(10 倍)	Al_2O_3

催化剂膜的制作可用微孔陶瓷或玻璃粒子烧结,或用分子筛作基料烧结,造孔可用溶胶浸涂加化学刻蚀等。例如,SiO_2 与 Na_2O-B_2O_3 制膜成管后,用酸溶解后者而成无机膜载体,再用沉淀、浸渍或气相淀积加入其他催化成分。

4. 微乳化技术

用微乳化技术制备催化剂的关键是在微乳液中形成催化剂的活性组分或载体。由于催化剂组分被分散得十分均匀,所以形成的催化剂沉淀物均一性很好,催化活性和选择性高而且易于回收。在乳液的制备中,乳化剂的选择很重要,它必须具备好的表面活性和低的界面张力,能形成一个被压缩的界面膜,在界面张力降到最低时能及时迁移到界面,即有足够的迁移速率。目前,在工业上已采用微乳化技术制备聚合物微球,可用作催化剂载体,或用以制作高效离子交换树脂型催化剂。另一个典型的例子是用微乳化技术制备 Rh/ZrO_2 催化剂。活性组分铑的盐与溶剂环己烷、表面活性剂一起在高速搅拌下混合,形成铑盐的微乳分散体,其中的铑盐被还原剂肼还原成纳米级铑细晶。同时,正丁醇锆也被分散于环己烷中,当加入 $NH_3 \cdot H_2O$ 沉淀剂后,在 40℃下形成氢氧化锆,再通过加热、还原处理,即得催化剂成品。

5. 化学镀等其他方法

电镀和化学镀等金属材料的表面处理技术近年来已发展到用于催化剂的制备,这些方法特色显著、前景光明。

知识点 4　工业催化剂的使用与维护

一、催化剂的活化与钝化处理

1. 活化处理

催化剂基本成型后,还需要通过活化处理使其物理、化学性质达到活化状态,才能具有催化作用。活化的方法主要有热活化和化学活化两种。热活化分为热分解、发生固相反应和改变物理状态,化学活化包括还原、氧化和硫化。

2. 钝化处理

钝化处理通常发生在催化剂可以继续使用而需要对反应器进行检修、临时停车或催化剂包装出厂时,此时可以通入钝化剂使催化剂外边面形成一层钝化膜,以保护内部催化剂不再与氧气接触而继续发生氧化反应。另外,催化剂在生产过程中由于表面吸附或覆盖一些物质也可能引起钝化,可以有选择地除去这些物质以恢复催化剂的活性。绝大部分催化剂产品在包装出厂时处于钝化状态,即还未达到催化过程所需要的化学状态和物理结构,还没有形成特定的活性中心。

二、催化剂的失活

催化剂的失活一般分为中毒、结焦和堵塞、烧结和热失活三大类。

1. 中毒引起的失活

(1)暂时中毒(可逆中毒)。

毒物在活性中心上吸附或化合时,生成的键强度相对较弱,可以采取适当的方法除去毒物,使催化剂活性恢复而不会影响催化剂的性质,这种中毒叫作暂时中毒或可逆中毒。

(2)永久中毒(不可逆中毒)。

毒物与催化剂活性组分相互作用,形成很强的化学键,难以用一般的方法将毒物除去以使催化剂活性恢复,这种中毒叫作永久中毒或不可逆中毒。

(3)选择性中毒。

催化剂中毒之后可能失去对某一反应的催化能力,但对别的反应仍有催化活性,这种现象称为选择性中毒。在连串反应中,如果毒物仅使后继反应的活性位中毒,则可使反应停留在中间阶段,获得高产率的中间产物。

2. 结焦和堵塞引起的失活

催化剂表面上出现含碳沉积物称为结焦。以有机物为原料、以固体为催化剂的多相催化反应过程几乎都可能发生结焦。含碳物质和/或其他物质在催化剂孔中沉积造成孔径减小(或孔口缩小),使反应物分子不能扩散进入孔中,这种现象称为堵塞。所以常把堵塞归并为结焦失活,它是催化剂失活中最普遍和常见的失活形式。通常含碳沉积物可与水蒸气或氢气作用,经气化除去,所以结焦失活是个可逆过程。与催化剂中毒相比,引起催化剂结焦和堵塞的物质要比催化剂毒物多得多。

在实际的结焦研究中,人们发现催化剂结焦存在一个很快的初期失活,然后是在活性方面的一个准平稳态。有报道称,结焦主要发生在最初阶段(在 0.15 s 内),也有人发现大约有 50% 形成的碳在前 20 s 内沉积。结焦失活又是可逆的,通过控制反应前期的结焦,可以极大改善催化剂的活性,这也正是结焦失活研究日益活跃的重要因素。

3. 烧结和热失活(固态转变)

催化剂的烧结和热失活是由高温引起的催化剂结构和性能的变化。高温除了引起催化剂的烧结外,还会引起其他变化,主要包括:化学组成和相组成的变化,半熔,晶粒长大,活性组分被载体包埋,活性组分由于生成挥发性物质或可升华的物质而流失,等等。

事实上,在高温下所有的催化剂都将逐渐发生不可逆的结构变化,只是这种变化的快慢程度随着催化剂不同而异。

烧结和热失活与多种因素有关,如与催化剂的预处理、还原和再生过程以及所加的促进剂和载体等有关。

当然,催化剂失活的原因是错综复杂的,每一种催化剂失活并不仅仅由上述分类的某一种原因引起,而往往是由两种或两种以上的原因引起的。

三、催化剂的再生

催化剂在使用过程中,由于中毒或致污等暂时性影响而活性下降,可用适当的方法使催化剂恢复或接近原来的活性,称为催化剂的再生。工业上常用的再生方法主要有以下几种。

1. 催化剂在反应过程中再生

如在顺丁烯二酸酐的生产过程中,磷的氧化物的升华损失造成催化剂性能下降,此时可在原料中添加少量的有机磷化物,以补充催化剂在使用过程中磷的损失。

2. 生产后停车再生

这种情况主要发生在催化剂使用过程中因结炭或吸附碳氢化合物而活性下降。此时可以在原固定床反应器中通入蒸汽或空气将催化剂表面的结炭或碳氢化合物烧掉,使催化剂得以再生。如果是焦油状的碳氢化合物,可以通入 H_2 或其他还原性气体使催化剂得以再生。

3. 在催化剂再生条件下再生

通常催化剂再生的条件与反应条件有较大差异,这样往往对能量或设备材料消耗比较多,为此可以在反应器外选择便于催化剂再生的条件进行操作,使催化剂得以再生。

知识点 5 气固相催化反应动力学

一、气固相催化反应过程与控制步骤

催化反应由于内表面积大,气固相催化反应主要发生在内表面的活性中心上,此时催化剂内外表面的传递过程就显得尤为重要。整个反应过程(图 1-10)大体由以下几个步骤构成。

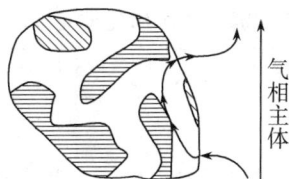

图 1-10 气固相催化反应过程

（1）反应物分子从气相主体以扩散的形式传递到催化剂的外表面——外扩散过程；

（2）反应物分子以内扩散的形式通过催化剂孔道传递到催化剂内表面——内扩散过程；

（3）反应物分子在催化剂表面的活性中心吸附——吸附过程；

（4）反应物分子在催化剂内表面上经一系列化学变化生成产物——反应过程；

（5）反应产物在催化剂表面上脱附——脱附过程；

（6）脱附后的反应产物经内扩散通过催化剂孔道传递到催化剂外表面——内扩散过程；

（7）反应产物经外扩散由催化剂外表面传递到气相主体——外扩散过程。

这样，反应物分子在催化剂表面经历七个步骤后，实现反应物分子在催化剂表面上进行催化反应生成产物的全过程。

以上七个步骤大体上可以归纳为三类：步骤（1）、（2）、（6）和（7）是由于反应物或产物存在浓度差而引起的扩散过程，其中步骤（1）和（7）是外扩散过程，步骤（2）和（6）是内扩散过程；步骤（3）和（5）主要是由于化学键力和范德华力共同作用引起的化学吸附和脱附过程；而步骤（4）属化学反应的动力学过程。

在稳态条件下，由于各步骤的阻力与速率不同，因此整个催化反应过程的总速度必然由阻力最大、速度最慢的一步所控制，该步骤就称为控制步骤。习惯上把涉及化学键变化的化学过程称为动力学控制过程，该过程属于动力学研究范畴；只涉及物质传递的内、外扩散过程称扩散控制过程。

二、催化剂表面的吸附

气体反应物在催化剂表面上进行反应时，首先发生的是催化剂表面活性部位对反应分子的化学吸附，从而削弱了其中的某些化学键，活化了反应分子并降低了反应活化能，大大加快了反应速率。

1. 物理吸附与化学吸附

气体分子在催化剂表面上吸附可分为物理吸附与化学吸附。临界温度以下的气体分子在固体催化剂表面间的范德华力的作用下被固体吸附的现象，称为物理吸附。化学吸附则是由于气体分子和固体催化剂之间发生了电子的转移，两者之间产生了化学键力，其作用力和化合物中原子之间形成的化学键力有些相似，比范德华力大得多。物理吸附和化学吸附是气体分子在催化剂表面上的主要聚集过程，它们的区别详见表1-6。

表1-6　物理吸附和化学吸附的区别

比较项目	物理吸附	化学吸附
作用力	范德华力	化学键力（发生了电子的转移）
选择性	一般无	高度选择性

续表

比较项目	物理吸附	化学吸附
吸附速率	吸附活化能小,速率快	具有一定的活化能,速率慢(升温可加快)
温度对吸附量的影响	温度升高,吸附量减小	不受温度的影响
吸附层	多分子层	单分子层(限于固体表面)
吸附温度	低温	较高的温度
可逆性	可逆过程	可逆或不可逆(常不可逆)
应用	测表面积及微孔尺寸	测活化中心面积
吸附层结构	基本同吸附质分子结构	形成新的化合价

注:物理吸附与化学吸附往往相伴发生。

2. 等温吸附方程

气固相催化反应中的吸附过程属于化学吸附,因为中间涉及生成了不稳定的中间化合物,反应物才得以进一步转变为产物。

(1)化学吸附速率的一般表达式。

由于化学吸附只能发生于固体表面那些能与气相分子起反应的粒子(原子、分子、氧化物)上,通常把该类粒子称为活性中心,用符号 σ 表示。因为化学吸附类似于化学反应,因此气相反应中 A 组分在活性中心上的吸附用如下吸附式表示:

$$A + \sigma \to A\sigma$$

组分 A 的吸附率 θ_A:也称覆盖率、表面浓度,是指固体表面被气体组分 A 覆盖的活性中心数与总的活性中心数之比,即

$$\theta_A = \frac{被 A 组分覆盖的活性中心数}{催化剂表面总的活性中心数} \times 100\% \tag{1-46}$$

空位率 θ_V:尚未被气相分子覆盖的活性中心数与总的活性中心数之比,即

$$\theta_V = \frac{未被覆盖的活性中心数}{总的活性中心数} \times 100\% \tag{1-47}$$

对于吸附方程,吸附速率:$r_V = k_a \times p_A \theta_V = k_a p_A (1-\theta_A) = k_{a0} e^{\frac{-E_a}{RT}} p_A \theta_V$ (1-48)

若吸附过程可逆,即在同一时间内系统中既存在吸附过程,也存在脱附过程,则一般脱附式可写成:

$$A\sigma \to A + \sigma$$

脱附速率:

$$r_d = k_d \theta_A = k_{d0} e^{\frac{-Ed}{RT}} \theta_A \tag{1-49}$$

吸附过程的表观速率:

$$r = r_a - r_d = k_a p_A \theta_V - k_d \theta_A = k_a p_A = k_{a0} e^{\frac{-E_a}{RT}} p_A \theta_V - k_{d0} e^{\frac{-E_d}{RT}} \theta_A \tag{1-50}$$

若吸附速率与脱附速率相等时,则表观速率值为0,说明吸附过程已达到平衡:

$$r_a = r_d \rightarrow k_a p_A (1 - \theta_A) = k_d \theta_A$$

$$\Rightarrow k_{a0} e^{\frac{-E_a}{RT}} p_A \theta_V = k_{d0} e^{\frac{-E_d}{RT}} \theta_A \tag{1-51}$$

令 $K_A = \dfrac{k_a}{k_d} = \dfrac{k_{a0}}{k_{d0}} e^{\frac{E_d - E_a}{RT}}$，称为 A 的吸附平衡常数。等温条件下，$k_a$、$k_d$ 为定值，即 K_A 为定值，则

$$\theta_A = K_A p_A \theta_V$$

若系统中是纯 A 气体，则

$$\theta_A = \frac{K_A p_A}{1 + K_A p_A} \tag{1-52}$$

此式即称为朗格缪尔(Langmuir)吸附等温式。

(2) 等温吸附方程。

有关等温吸附方程的研究比较多，有多种形式的吸附等温模型。下面重点介绍理想化的朗格缪尔吸附方程。朗格缪尔吸附方程建立在以下几点假设基础上。

① 催化剂表面活性中心分布是均匀的，即催化剂表面各处的吸附能力是均一的(对所有分子吸附能力和机会都相同)；

② 单分子层吸附：类似化学键结合，吸附一层气体分子或原子；

③ 被吸附分子间互不影响，也不影响空位对气相分子的吸附(吸附分子间无作用力)；

④ 吸附活化能和脱附活化能与表面吸附的程度无关；

⑤ 吸附平衡是动态平衡，达平衡时吸附速率与脱附速率相等。

催化剂表面被覆盖的分率等于实际吸附量与吸附位完全被覆盖的饱和吸附量之比，即：

$$\theta_A = \frac{V}{V_m}$$

$$V = \frac{V_m K_A p_A}{1 + K_A p_A} \tag{1-53}$$

式中，V 为实际吸附量；V_m 为饱和吸附量(吸附位全被 A 覆盖)。

则

$$V = \frac{V_m K_A p_A}{1 + K_A p_A} = \frac{V_m}{\dfrac{1}{K_A p_A} + 1} \tag{1-54}$$

对 V-p_A 作图可得如图 1-11 所示的双曲线型吸附等温线，它被广泛用于气固相催化反应。

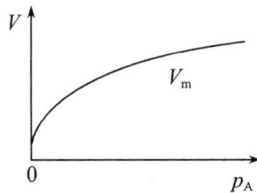

图 1-11　双曲线型吸附等温线

当压力很低时,即 $K_A p_A \ll 1$,则 $V = V_m K_A p_A$,实际吸附量 V 随压力呈线性变化。

当压力很高时,即 $K_A p_A \gg 1$,$V = V_m$,此时催化剂表面趋于完全覆盖,吸附等温线是一条趋于水平的渐近线。

由于朗格缪尔吸附方程所做的假设属理想状态,与实际情况有一定差距,因而该等温吸附方程有一定的局限性,其计算结果与实际吸附量有所偏差,但它仍不失为一种有效地表达吸附量与吸附质关系的方程。

① 若 A_2 组分在吸附时发生解离:

$$A_2 + 2\sigma \leftrightarrow 2A\sigma$$

$$r_a = k_a p_A (1 - \theta_A)^2$$

$$r_d = k_d \theta_A^2$$

达平衡时,$r_a = r_d$,则

$$\theta = \frac{(K_A p_A)^{1/2}}{1 + (K_A p_A)^{1/2}} \tag{1-55}$$

② 催化剂表面不仅吸附 A,还吸附 B:

$$\theta_A = \frac{K_A p_A}{1 + K_A p_A + K_B p_B}; \theta_B = \frac{K_B p_B}{1 + K_A p_A + K_B p_B} \tag{1-56}$$

对于多个组分在同一吸附剂上被吸附时,表观吸附速率通式为

$$r_I = k_{aI} p_I \theta_V - k_{dI} \theta_I \tag{1-57}$$

吸附等温方程:

$$\theta_I = \frac{k_I p_I}{1 + \sum k_I p_I} \tag{1-58}$$

气固相催化反应本征动力学:

$$整个反应过程 \begin{cases} 化学过程 \begin{cases} 脱附、吸附 \\ 表面化学反应 \end{cases} \\ 物理过程:内、外扩散 \end{cases}$$

宏观动力学:工业反应器中实际反应速度(不排除外界因素影响)的动力学关系。

本征动力学(微观动力学):排除外界因素影响,进行动力学研究得出的规律。

三、表面化学反应动力学

表面化学反应动力学主要研究被催化剂吸附的反应物分子之间反应生成产物的过程的反应速率问题。

反应通式:$A\sigma + B\sigma + \cdots \Leftrightarrow R\sigma + S\sigma + \cdots$

对于基元反应,其反应级数与化学计量系数相等。

其表面反应正反应速率:

$$r_1 = k_1 \theta_A \theta_B$$

表面反应逆反应速率:

$$r_2 = k_2 \theta_R \theta_S$$

表面反应速率：

$$r = r_1 - r_2 = k_1 \theta_A \theta_B - k_2 \theta_R \theta_S$$

当反应达到平衡时：

$$K_r = \frac{k_1}{k_2} = \frac{\theta_A \theta_B}{\theta_R \theta_S}$$

式中，K_r 为化学反应平衡常数。

1. 气固催化反应速率

为了能直接计算出催化剂的用量，反应速率常以催化剂质量或催化剂床层体积为基准来表示，即

$$(-r_A) = -\frac{1}{m} \frac{dn_A}{dt} \tag{1-59}$$

$$(-r_A)' = -\frac{1}{V_p} \frac{dn_A}{dt} \tag{1-60}$$

$$(-r_A)'' = -\frac{1}{V_B} \frac{dn_A}{dt} \tag{1-61}$$

式中，m 为催化剂质量，kg；V_p 为催化剂颗粒体积，m^3；V_B 为催化机床层体积，m^3。

三种反应速率表达式之间的关系为

$$(-r_A) = \frac{(-r_A)'}{\rho_p} = \frac{(-r_A)''}{\rho_B} \tag{1-62}$$

式中，ρ_p 为催化剂颗粒密度，kg/m^3；ρ_B 为催化剂堆积密度，kg/m^3。

2. 双曲线型的反应速率方程

在气固相催化反应中，常用豪根-华生机理来探讨不同动力学控制步骤下的动力学数学模型。为了便于分析处理，可以先进行必要的基本假设：反应发生在吸附分子之间或吸附分子与气体分子之间；$(-r_A)$ 与各组分在催化剂表面上的覆盖率成正比。

（1）表面反应控制分以下 5 种情况。

① 双分子不可逆反应：A＋B→R＋S。

设想机理步骤：

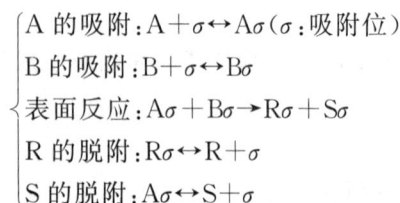

$$\begin{cases} A \text{ 的吸附：} A + \sigma \leftrightarrow A\sigma (\sigma: \text{吸附位}) \\ B \text{ 的吸附：} B + \sigma \leftrightarrow B\sigma \\ \text{表面反应：} A\sigma + B\sigma \rightarrow R\sigma + S\sigma \\ R \text{ 的脱附：} R\sigma \leftrightarrow R + \sigma \\ S \text{ 的脱附：} A\sigma \leftrightarrow S + \sigma \end{cases}$$

其中，表面反应为控制步骤，则其他步骤处于平衡状态。

表面反应速度：$(-r_A) = k_r \theta_A \theta_B$（$k_r$ 为反应速率常数）。

根据朗格缪尔吸附模型：

$$\theta_A = \frac{K_A p_A}{1 + K_A p_A + K_B p_B + K_R p_R + K_S p_S}$$

$$\theta_B = \frac{K_B p_B}{1 + K_A p_A + K_B p_B + K_R p_R + K_s p_s}$$

则

$$(-r_A) = \frac{(k_r K_A K_B) p_A p_B}{(1 + K_A p_A + K_B p_B + K_R p_R + K_s p_s)^2}$$

$$= \frac{k p_A p_B}{(1 + K_A p_A + K_B p_B + K_R p_R + K_s p_s)^2} \tag{1-63}$$

若各组分在催化剂表面吸附极弱,即 $K_A p_A + K_B p_B + K_R p_R + K_s p_s \ll 1$,则上述反应速率方程就可简化为一般的均相反应速率方程

$$(-r_A) = k p_A p_B \tag{1-64}$$

② 双分子可逆反应:$A + B \Leftrightarrow R + S$。

表面反应为

$A\sigma + B\sigma \Leftrightarrow R\sigma + S\sigma$ (其他吸附、脱附同不可逆反应),则

$$(-r_A) = k_1 \theta_A \theta_B - k_2 \theta_R \theta_S$$

$$= \frac{k_1 K_A K_B p_A p_B - k_2 K_R K_S p_R p_S}{(1 + K_A p_A + K_B p_B + K_R p_R + K_s p_s)^2}$$

令 $k = k_1 K_A K_B$

则

$$(-r_A) = \frac{k p_A p_B - \frac{k}{k_1} k_2 K_R K_S p_S p_R}{(1 + K_A p_A + K_B p_B + K_R p_R + K_s p_s)^2}$$

令 $K = \frac{k_1 K_A K_B}{k_2 K_R K_S}$,则

$$(-r_A) = \frac{k(p_A p_B - p_R p_S / K)}{(1 + K_A p_A + K_B p_B + K_R p_R + K_s p_s)^2} \tag{1-65}$$

$$\theta_R = \frac{k_R p_R}{1 + K_A p_A + K_B p_B + K_R p_R + K_s p_s} \tag{1-66}$$

$$\theta_S = \frac{k_S p_S}{1 + K_A p_A + K_B p_B + K_R p_R + K_s p_s} \tag{1-67}$$

从式(1-65)可以看出,分子项为一个可逆反应,代表正、逆反应的净速率;分母中出现 A、B、R、S 组分,表明有四种物质被吸附;括号上的指数项表明控制步骤是涉及两个吸附位的反应(双分子反应)。

③ A_2 在吸附时解离:$A_2 + B \Leftrightarrow R + S$。

与上不同的是:$A_2 \sigma + B\sigma \Leftrightarrow R\sigma + S\sigma + \sigma^*$

反应速率式:$(-r_A) = k_1 \theta_A^2 \theta_B - k_2 \theta_R \theta_S \theta_V$

$$= \frac{k(p_{A2} p_B - p_R p_S / K)}{(1 + \sqrt{K_{A2} p_{A2}} + K_B p_B + K_R p_R + K_s p_s)^3} \tag{1-68}$$

说明:分母 $\sqrt{K_{A2} p_{A2}} \rightarrow A_2$ 是解离吸附。

④ 吸附的 A 与气相的 B 进行不可逆反应:

$$A+B \rightarrow R+S$$

机理 $1:A+\sigma \Leftrightarrow A\sigma$

$\qquad A\sigma+B \rightarrow R+S+\sigma$

反应速率: $\qquad (-r_A)=k_r\theta_A p_B=\dfrac{k_r K_A p_A p_B}{1+K_A p_A}$ $\qquad$ (1-69)

其中

$$\theta_A=\dfrac{K_A p_A}{1+K_A p_A}$$

机理 $2:A+\sigma \Leftrightarrow A\sigma$

$\qquad A\sigma+B \rightarrow R\sigma+S$

$\qquad R\sigma \leftrightarrow R+\sigma$

反应速率: $\qquad (-r_A)=k_r\theta_A p_B=\dfrac{k_r K_A p_A p_B}{1+K_A p_A+K_R p_R}$ $\qquad$ (1-70)

其中: $\theta_A=\dfrac{K_A p_A}{1+K_A p_A+K_R p_R},\theta_R=\dfrac{K_R p_R}{1+K_A p_A+K_R p_R}$

⑤ 两类不同吸附位的情况:

$$A+B \rightarrow R$$

机理 $A+\sigma_1 \Leftrightarrow A\sigma_1$ $\qquad\qquad \sigma_1$ 吸附 A

$\qquad B+\sigma_2 \Leftrightarrow B\sigma_2$ $\qquad\qquad \sigma_2$ 吸附 B

$\qquad A\sigma_1+B\sigma_2 \rightarrow R\sigma_2+\sigma_1^*$

$\qquad R\sigma_2 \Leftrightarrow R+\sigma_2$

反应速率: $(-r_A)=k_r\theta_A\theta_B$

其中 $\theta_A=\dfrac{K_A p_A}{1+K_A p_A},\theta_B=\dfrac{K_B p_B}{1+K_B p_B+K_R p_R}$

$$(-r_A)=\dfrac{k p_A p_B}{(1+K_A p_A)(1+K_B p_B+K_R p_R)} \qquad (1-71)$$

$k=k_r K_A K_B$

说明:分母两个因子分别表示两类不同吸附位吸附。

3. 吸附控制

化学反应式: $A+B \Leftrightarrow R+S$。

若 A 的吸附是控制步骤:

设想机理:

$A+\sigma \Leftrightarrow A\sigma$

$B+\sigma \Leftrightarrow B\sigma$

$A\sigma+B\sigma \Leftrightarrow R\sigma+\sigma$

$R\sigma \Leftrightarrow R+\sigma$

$S\sigma \Leftrightarrow S + \sigma$

反应速率（A 的净吸附速率）：

$(-r_A) = r_a - r_b = k_{aA} p_A \theta_V - k_{dA} \theta_A$

其中，a 代表正反应速率；b 代表逆反应速度。

其余各步达平衡：$\theta_B = K_B p_B \theta_V$

$$k_1 \theta_A \theta_B = k_2 \theta_R \theta_S$$

$$K_r = \frac{\theta_R \theta_V}{\theta_A \theta_B} \qquad (1\text{-}72)$$

$$\theta_R = K_R p_R \theta_V$$

$$\theta_S = K_S p_S \theta_V$$

而 $\theta_A + \theta_B + \theta_R + \theta_V = 1$

则 $\theta_A = \dfrac{K_R}{K_r K_B} \dfrac{p_R}{p_B} \theta_V$

$$\theta_A + \theta_B + \theta_R = \left[\frac{K_R}{K_r K_B} \frac{p_R}{p_B} + K_B p_B + K_R p_R \right] \theta_V = 1 - \theta_V$$

$$\therefore \theta_V = \frac{1}{1 + \dfrac{K_R}{K_r K_B} \dfrac{p_R}{p_B} + K_B p_B + K_R p_R}$$

则 $(-r_A) = k_a p_A \theta_A - k_d \theta_A$

$$= \left(k_a p_A - k_d \frac{K_R}{K_r K_B} \frac{p_R}{p_B} \right) \theta_V$$

$$= \frac{k_a p_A - \dfrac{k_d K_r}{K_r K_B} \dfrac{p_R}{p_B}}{1 + \left(\dfrac{K_R}{K_r K_B} \right) \dfrac{p_R}{p_B} + K_B p_B + K_R p_R}$$

$$= \frac{k_a \left(p_A - \dfrac{p_R}{p_B K} \right)}{1 + K_{RB} \dfrac{p_R}{p_B} + K_B p_B + K_R p_R} \qquad (1\text{-}73)$$

其中 $K = \dfrac{k_a K_r K_B}{k_b K_R}$　　$K_{RB} = \dfrac{K_R}{K_r K_B}$　　$\left(K_r = \dfrac{\theta_R \theta_V}{\theta_A \theta_B} \right)$

4. 脱附控制

化学反应式 $A + B \Leftrightarrow R$

设想机理：$A + \sigma \Leftrightarrow A\sigma$

$\qquad\qquad B + \sigma \Leftrightarrow B\sigma$

$\qquad\qquad A\sigma + B\sigma \Leftrightarrow R\sigma + \sigma$

$\qquad\qquad R\sigma \Leftrightarrow R + \sigma^*$

设：R 的脱附为控制步骤为 $R\sigma \Leftrightarrow R + \sigma^*$

推导结果

$$(-r_A) = \frac{k(p_A p_B - K p_R)}{1 + K_A p_A + K_B p_B + K_{AB} p_A p_B} \quad\quad (1\text{-}74)$$

式中, $K_{AB} = K_r K_A K_B$; $k = k_b K_r K_A K_B$; $K = \dfrac{k_a}{k_b K_r K_A K_B}$

小结:动力学方程式一般形式。

$$(-r_A) = \frac{k(\text{推动力项})}{(\text{吸附项})^n}$$

说明:

① I 分子吸附达到平衡,分母中必出现 $K_I p_I$ 项;

② 分子中若有一项,则表示控制步骤可逆;若无,表示不可逆。

③ 表面反应控制中,分母(吸附项) ^{n} 表示参与反应的活性中心的个数, $n=1$ 表示只有一个活性中心参与, $n=2$ 表示有两个活性中心参与。

④ 出现解离吸附,则分母中出现 $(K_I p_I)^{1/2}$ 项。

⑤ 出现不同种类活性中心,则分母中出现相乘形式。

⑥ 若分母未出现某组分的 $K_I p_I$ 项,而出现其他组分分压相乘形式一项,则反应多半为该组分的吸附或脱附过程控制。表 1-7 为反应 A+B→R+S 的机理、动力学方程、特性及反应类型。

表 1-7 反应 A+B→R+S 的机理、动力学方程、特性及反应类型

机理	动力学方程	特征	反应类型
A 的吸附: $A+\sigma \Leftrightarrow A\sigma$ B 的吸附: $B+\sigma \Leftrightarrow B\sigma$ 表面反应: $A\sigma + B\sigma \Leftrightarrow R\sigma + S\sigma^*$ R 的脱附: $R\sigma \Leftrightarrow R+\sigma$ S 的脱附: $S\sigma \Leftrightarrow S+\sigma$	$(-r_A) = \dfrac{k p_A p_B}{(1 + K_A p_B + K_B p_B + K_R p_R + K_S p_S)^2}$ $(-r_A) = k_r \theta_A \theta_B$	① 分子项→不可逆; ② 分母 4 项,A、B、R、S 被吸附; ③ 分母平方项→两个吸附位反应	双分子不可逆反应
A 的吸附: $A+\sigma \Leftrightarrow A\sigma$ B 的吸附: $B+\sigma \Leftrightarrow B\sigma$ 表面反应: $A\sigma + B\sigma \Leftrightarrow R\sigma + S\sigma^*$ R 的脱附: $R\sigma \Leftrightarrow R+\sigma$ S 的脱附: $S\sigma \Leftrightarrow S+\sigma$	$(-r_A) =$ $\dfrac{k(p_A p_B - p_R p_S / K)}{(1 + K_A p_A + K_B p_B + K_R p_R + K_S p_S)^2}$ $(-r_A) = k_1 \theta_A \theta_B - k_2 \theta_R \theta_S$	① 分子两项之差→可逆反应; ② 分母 4 项,A、B、R、S 被吸附; ③ 分母平方项→两个吸附位反应	双分子可逆反应

续表

机理	动力学方程	特征	反应类型
A 的吸附：$A_2+2\sigma$ $\Leftrightarrow 2A\sigma$ B 的吸附：$B+\sigma\Leftrightarrow B\sigma$ 表面反应：$2A\sigma+B\sigma$ $\Leftrightarrow R\sigma+S\sigma+\sigma^*$ R 的脱附：$R\sigma\Leftrightarrow R+\sigma$ S 的脱附：$S\sigma\Leftrightarrow R+\sigma$	$(-r_A)=$ $\dfrac{k(p_Ap_B-p_Rp_S/K)}{(1+\sqrt{K_{A2}p_{A2}}+K_Bp_B+K_Rp_R+K_Sp_S)^3}$ $(-r_A)=k_1\theta_A^2\theta_B-\theta_R\theta_S\theta_V$	① 分子两项之差→可逆反应； ② 分母 4 项，A、B、R、S 被吸附； ③ 分母立方项→三个吸附位反应； ④ 分母开根号→A 在吸附中解离	A 在吸附时解离
A 的吸附：$A+\sigma\Leftrightarrow A\sigma$ 表面反应：$A\sigma+B\Leftrightarrow R$ $+S+\sigma^*$	$-r_A=\dfrac{k_rK_Ap_Ap_B}{1+K_Ap_A}$ $-r_A=k_r\theta_Ap_B$	① 分子一项→不可逆； ② 分子无 K_B→气相 B 不吸附； ③ 分母一项 A→一个吸附位	吸附的 A 与气相的 B 进行反应
A 的吸附：$A+\sigma\Leftrightarrow A\sigma$ B 的吸附：$B+\sigma\Leftrightarrow B\sigma$ 表面反应：$A\sigma_1+B\sigma_2$ $\to R\sigma_2+\sigma_1^*$ R 的脱附：$R\sigma\Leftrightarrow R+\sigma$	$-r_A=$ $\dfrac{kp_Ap_B}{(1+K_Ap_A)(1+K_Bp_B+K_Rp_R)}$ $-r_A=k_r\theta_A\theta_B$	① 分子一项→不可逆； ② 分母两个因子乘积→两个不同吸附位的吸附； ③ 分母有 A、B、R 被吸附	两个不同吸附位间的反应
A 的吸附：$A+\sigma\Leftrightarrow A\sigma^*$ B 的吸附：$B+\sigma\Leftrightarrow B\sigma$ 表面反应：$A\sigma+B\sigma\Leftrightarrow$ $R\sigma+\sigma$ R 的脱附：$R\sigma\Leftrightarrow R+\sigma$	$-r_A=\dfrac{k_a\left[p_A-\dfrac{p_R}{Kp_B}\right]}{1+K_{RB}\dfrac{p_R}{p_B}+K_Bp_B+K_Rp_R}$ $K_{RB}=K_R/K_rK_B$； $K=\dfrac{k_aK_rK_B}{k_dK_R}$		吸附控制

机理	动力学方程	特征	反应类型
A 的吸附:A+σ⇌Aσ B 的吸附:B+σ⇌Bσ 表面反应:Aσ+Bσ⇌ Rσ+σ R 的脱附:Rσ⇌R+ σ*(控制)	$(-r_A) = \dfrac{K(p_A p_B - K p_R)}{1 + K_A p_A + K_B p_B + K_{AB} p_A p_B}$ $K_{AB} = K_r K_A K_B$ $K = k_d K_r K_A K_B$ $K = \dfrac{K_a}{k_d K_r K_A K_B}$		脱附控制

思考练习题

(1) 简述催化作用有哪些基本特征?

(2) 固体催化剂通常由哪几个部分组成? 载体和助催化剂的功能分别是什么?

(3) 试比较物理吸附与化学吸附的不同。

(4) 如何判断一个催化反应是否存在内扩散还是外扩散的控制?

任务六　理想流动反应器的基本工艺计算

知识点 1　反应器计算的基本内容和基本方程

一、反应器计算的基本内容

反应器计算主要包括以下几项内容:① 选择合适的反应器类型;② 确定最优的操作条件;③ 计算所需的反应器体积。这三个方面内容不是孤立的,而是相互联系的,需要进行多个方案的反复比较,才能作出合适的决定。

选择合适的反应器类型,就是根据反应系统动力学特性(如反应器的浓度效应、温度效应及反应的热效应),结合反应器的流动特性和传递特性(如反应器的返混程度),选择合适的反应器,以满足反应过程的需要,使反应结果最优。

操作条件(如反应器的进口物料配比、流量、温度、压力和最终转化率等)不仅直接影响反应器的反应结果,也影响反应器的生产能力。对正在运行的装置,因原料组成改变,调整工艺参数是常有的事。现代化大型化工厂工艺参数的调整是通过计算机集散控制系统完成的,计算机收到参数变化的信息,根据已输入的数学模型和程序计算出结果,送给相应的执行机构,完成参数的调整。

反应器体积的确定是反应器工艺设计计算的核心内容。根据所确定的操作条件,针对所选定的反应器类型计算完成规定生产能力所需要的反应器有效体积,同时由此确定反应器的结构和尺寸。

二、反应器计算的基本方程

反应器计算可以采用经验计算法和数学模型法。经验计算法是根据已有的生产装置定额进行相同生产条件、相同结构生产装置的工艺计算。经验计算法的局限性很大,只能在相近条件下进行反应器体积的估算。

如改变反应过程的条件或改变反应器结构来改进反应器的设计,或者进一步确定反应器的最优结构、操作条件,经验计算法是不适用的,这时应该用数学模型法计算,根据小型实验建立的数学模型(一般需经中试验证),结合一定的求解条件——边界条件和初始条件,预计大型设备的行为,实现工程计算。数学模型法计算的基础是描述化学过程本质的动力学模型以及反应传递过程特性的传递模型。基本方法是以实验事实为基础建立上述模型并建立相应的求解边界条件,然后求解。

反应器计算的基本方程包括:① 描述浓度变化的物料衡算式;② 描述温度变化的热量衡算式;③ 描述压力变化的动量衡算式;④ 描述反应速率变化的动力学方程式。

1. 物料衡算式

物料衡算式以质量守恒定律为基础,是计算反应器体积的基本方程。它给出反应物浓度或转化率随反应器位置或反应时间变化的函数关系。对任何类型的反应器,若已知其传递特性,都可以取某一反应组分或产物作物料恒算。如果反应器内的参数是均一的,则可取整个反应器建立衡算式。如果反应器内参数是变化的,可认为在反应器的微元体积内参数是均一的,则微元时间内取微元体积建立衡算式:

$$
\begin{bmatrix} 微元时间内 \\ 进入微元体积 \\ 的反应物量 \end{bmatrix} = \begin{bmatrix} 微元时间内 \\ 离开微元体积 \\ 的反应物量 \end{bmatrix} + \begin{bmatrix} 微元时间微元 \\ 体积内转化掉 \\ 的反应物量 \end{bmatrix} + \begin{bmatrix} 微元时间微元 \\ 体积内反应物 \\ 的累积量 \end{bmatrix} \tag{1-75}
$$

式(1-75)是一个普遍式,无论对流动系统还是间歇系统都适用,不同情况下可作相应简化。

2. 热量衡算式

热量衡算式以能量守恒与转换定律为基础,它给出了温度随反应器位置或反应时间变化的函数关系,反映换热条件对过程的影响。当过程恒温时,反应器有效体积的计算不需要热量衡算式,但是要维持恒温条件而应交换的热量和所需的换热面积却必须有热量衡算式。微元时间对微元体积所作的热量恒算如式(1-76)所示:

$$
\begin{bmatrix} 微元时间内随 \\ 物料进入微元 \\ 体积的热量 \end{bmatrix} = \begin{bmatrix} 微元时间内随 \\ 物料离开微元 \\ 体积的热量 \end{bmatrix} - \begin{bmatrix} 微元时间微元 \\ 体积内由于反 \\ 应产生的热量 \end{bmatrix} + \begin{bmatrix} 微元时间内微元 \\ 体积传递至环境 \\ 或热载体的热量 \end{bmatrix} + \begin{bmatrix} 微元时间微 \\ 元体积内累 \\ 计的热量 \end{bmatrix} \tag{1-76}
$$

式(1-76)也是普遍式,不同情况下也可作相应简化。

3. 动量衡算式

动量衡算式以动量守恒与转化定律为基础,计算反应器的压力变化。当气相流动反应器的进出口压差很大,以致影响到反应组分浓度时,就要考虑流体的动量恒算。一般情况下,反应器计算可以不考虑此项。

4. 动力学方程式

对于均相反应,需要考虑本征动力学方程;对于非均相反应,需考虑包括相际传递过程在内的宏观动力学方程。

物料衡算式和动力学方程式是描述反应器性能的两个最基本的方程式。

知识点 2 间歇釜的工艺计算

一、间歇釜的工艺计算方程

由物料恒算求出生产时每小时需处理的物料体积后,即可进行反应釜的体积和数量的计算。计算时,在反应釜体积 V 和数量 n 这两个变量中必须先确定一个。由于数量一般不会很多,通常可以用几个不同的 n 值来算出相应的 V 值,然后再决定采用哪一组 n 和 V 值比较合适。

从提高劳动生产率和降低设备投资来考虑,选用体积大而台数少的设备比选用体积小而台数多的设备有利,但是还要考虑其他因素,作全面比较。例如,大体积设备的加工和检修条件是否具备,厂房建筑条件(如厂房的高度、大型设备的支撑构件)是否具备,有时还要考虑大型设备的操作工艺和生产控制方法是否成熟。

1. 给定 V,求 n

按照每天需操作的批次为

$$\alpha = \frac{24V_0}{V_R} = \frac{24V_0}{V\varphi} \tag{1-77}$$

式中,α 为每天操作的批次;V_0 为每小时处理的物料体积,m^3/h;V_R 为反应器有效体积,即反应区域,m^3;V 为反应器体积,m^3;φ 为设备装料系数。

设备中物料所占体积即反应器有效体积(V_R)与设备实际体积即反应器体积(V)之比,称为设备装料系数,以符号 φ 表示,其具体数值根据实际情况而变化,可参考表 1-8。

表 1-8 设备装料系数

条件	装料系数(φ)范围
不带搅拌或搅拌缓慢的反应釜	0.8~0.85
带搅拌的反应釜	0.7~0.8
易起泡沫和在沸腾下操作的设备	0.4~0.6
贮槽和计量槽(液面平静)	0.85~0.9

每天每台反应釜可操作的批次为

$$\beta = \frac{24}{t} = \frac{24}{\tau + \tau'}$$

操作周期 t 又称工时定额，是指生产每一批物料的全部操作时间。由于间歇反应器是分批操作，其操作时间由两部分构成：一是反应时间，用 τ 表示；二是辅助时间，即装料、卸料、检查及清洗设备等所需时间，用 τ' 表示。

生产过程需用的反应釜数量 n' 可按式(1-78)计算：

$$n' = \frac{\alpha}{\beta} = \frac{V_0(\tau + \tau')}{\varphi V} \tag{1-78}$$

由式(1-25)计算得到的 n' 值通常不是整数，需归整成整数 n。这样反应釜的生产能力较计算要求提高了，其提高程度称为生产能力的后备系数，以 δ 表示，即

$$\delta = \frac{n}{n'} \tag{1-79}$$

后备系数一般在 $1.1 \sim 1.15$ 较为合适。

反应器有效体积 V_R 按式(1-80)计算：

$$V_R = \varphi V = V_0(\tau + \tau') \tag{1-80}$$

2. 给定 n，求 V

有时由于受生产厂房面积的限制或工艺过程的要求，先确定了反应釜的数量 n，此时每台反应釜的体积可按式(1-81)求得：

$$V = \frac{V_0(\tau + \tau')\delta}{n\varphi} \tag{1-81}$$

二、间歇釜反应时间的求取方法

间歇操作是非定态操作，反应物一次被加入反应器，经历一定的反应时间达到所要求的转化率后，一次性卸出产物，生产是分批进行的。在反应期间，反应器中没有物料进出。以 A→R 反应为例，釜内组分的浓度随反应时间的变化而变化，如图 1-12 所示。显然，组分 A 的转化率也随反应时间的延长而增加。

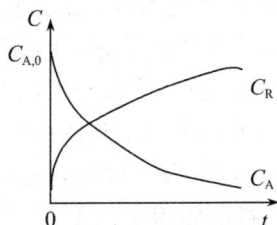

图 1-12 间歇釜式反应器内物料浓度随时间的变化

在反应器中，由于剧烈搅拌，反应物系的组成、温度、压力等参数在每一瞬间都是均匀一致的，对于整个反应器以原料 A 组分进行物料衡算。由于反应期间没有物料进出，根据物料衡算式(1-75)：

$$\begin{bmatrix} 微元时间内 \\ 进入微元体积 \\ 的反应物量 \end{bmatrix} = \begin{bmatrix} 微元时间内 \\ 离开微元体积 \\ 的反应物量 \end{bmatrix} + \begin{bmatrix} 微元时间微元 \\ 体积内转化掉 \\ 的反应物量 \end{bmatrix} + \begin{bmatrix} 微元时间微元 \\ 体积内反应物 \\ 的累积量 \end{bmatrix}$$

有 $0 = 0 + (-r_A)V_R d\tau + dn_A$

即
$$(-r_A)V_R d\tau + dn_A = 0 \tag{1-82}$$

式中，$-r_A$ 为反应速率，$kmol/(m^3 \cdot h)$；V_R 为反应器的有效体积，m^3；n_A 为当转化率为 x_A 时反应器内组分 A 的物质的量，$kmol$。

以 n_{A0} 表示反应器内最初物质的量，则得
$$dn_A = d[n_{A0}(1-x_A)] = -n_{A0}dx_A$$

将式(1-81)代入式(1-82)并整理，积分得
$$\tau = n_{A0} \int_{x_{A0}}^{x_{Af}} \frac{dx_A}{(-r_A)V_R} \tag{1-83}$$

式中，n_{A0} 为反应开始时反应器内组分 A 的物质的量，$kmol$；x_{A0} 为初始转化率；x_{Af} 为最终转化率。

式(1-83)是计算间歇操作釜式反应器中反应时间的通式，表达了在一定操作条件下为达到所要求的转化率 x_{Af} 所需的反应时间 τ。它适用于任何间歇反应过程（均相或非均相，恒温或非恒温），但对于非恒温过程需结合反应器的热量衡算求解。

1. 恒容恒温间歇反应

在恒容条件下，反应器有效体积 V_R 为常数，即反应过程中物料体积不变，可用组分 A 的初始浓度表示式(1-83)，有
$$\tau = c_{A0} \int_{x_{A0}}^{x_{Af}} \frac{dx_A}{(-r_A)} \tag{1-84}$$

式中，c_{A0} 为组分 A 的初始浓度，$kmol/m^3$。

因为在恒容下有 $c_A = c_{A0}(1-x_A)$，则 $dc_A = -c_{A0}dx_A$ 并代入式(1-31)，有
$$\tau = -\int_{c_{A0}}^{c_A} \frac{dc_A}{-r_A} \tag{1-85}$$

式中，c_A 为当转化率为 x_A 时，组分 A 的浓度，$kmol/m^3$。

从式(1-84)可以得到一个非常重要的结论：间歇操作釜反应器达到一定转化率所需的反应时间只取决于过程的反应速率，而与反应器的大小无关。反应器的大小仅取决于反应物料的处理量。当利用中间试验数据计算大型装置时，只要保证两种情况下化学反应速率的影响因素相同，就可以做到高倍数放大。

在液相反应中，由于反应物料的体积变化不大，所以多数液相反应都可以按恒容过程计算。

【例1-1】在搅拌良好的间歇操作釜式反应器中，用乙酸和丁醇生产乙酸丁酯，其反应式为

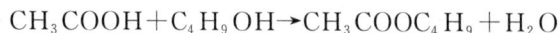

$$CH_3COOH + C_4H_9OH \longrightarrow CH_3COOC_4H_9 + H_2O$$

反应在等温下进行，温度为 100℃，进料配比为乙酸/丁醇 = 1 : 4.97（物质的量

比），以少量硫酸为催化剂。当使用过量丁醇时，其动力学方程式为$-r_A = kc_A^2$。下标 A 表示乙酸。在上述条件下，反应速度常数 $k=1.04\text{m}^3 \cdot \text{kmol}^{-1} \cdot \text{h}^{-1}$，反应物密度 ρ 为 $750 \text{ kg} \cdot \text{m}^{-3}$，并假设反应前后不变。若每天生产 2 400 kg 乙酸丁酯（不考虑分离过程损失），要求乙酸转化率为 50%，每批非生产时间为 0.5 h，试计算反应器的有效体积和反应器体积。取反应釜台数为 1，装料系数 φ 为 0.7。

解：（1）计算反应时间　以 $-r_A = kc_A^2$ 带入式(1-12)，积分得

$$\tau = c_{A0} \int_{x_{A0}}^{x_{Af}} \frac{\mathrm{d}x_A}{(-r_A)} = c_{A0} \int_{x_{A0}}^{x_{Af}} \frac{\mathrm{d}x_A}{k(1-x_A)^2} = \frac{x_{Af}}{kc_{A0}(1-x_{Af})}$$

乙酸和丁酯的相对分子质量分别为 60 和 74，故得乙酸的初始浓度为

$$c_{A0} = \frac{1 \times 750}{1 \times 60 + 4.97 \times 74} = 1.75 \text{ (kmol} \cdot \text{m}^{-3}\text{)}$$

则反应时间为

$$\tau = \frac{0.5}{1.04 \times 1.75 \times (1-0.5)} = 0.55 \text{ (h)}$$

（2）计算反应器有效体积。要求每天生产 2 400 kg 乙酸丁酯，其相对分子质量为 116，则每小时乙酸用量：

$$\frac{2\,400}{24 \times 116} \times \frac{1}{0.5} \times 60 = 103 \text{ (kg} \cdot \text{h}^{-1}\text{)}$$

每小时处理总原料量为

$$103 + \frac{103}{60} \times 4.97 \times 74 = 734 \text{ (kg} \cdot \text{h}^{-1}\text{)}$$

每小时处理原料体积为

$$V_0 = \frac{734}{750} = 0.98 \text{ (m}^3 \cdot \text{h}^{-1}\text{)}$$

故反应器有效体积为

$$V_R = 0.98 \times (0.55 + 0.5) = 1.04 \text{ (m}^3\text{)}$$

计算反应器体积，根据装料系数定义，反应器体积为

$$V = \frac{V_R}{\varphi} = \frac{1.04}{0.7} = 1.49 \text{ (m}^3\text{)}$$

对于其他各种不同反应的动力学方程式都可以代入式(1-84)或式(1-85)进行积分计算，便可求得反应时间和转化率的关系。当动力学方程解析式相当复杂或不能做数值积分时，可以图解积分法计算所需反应时间，如图 1-13 所示。

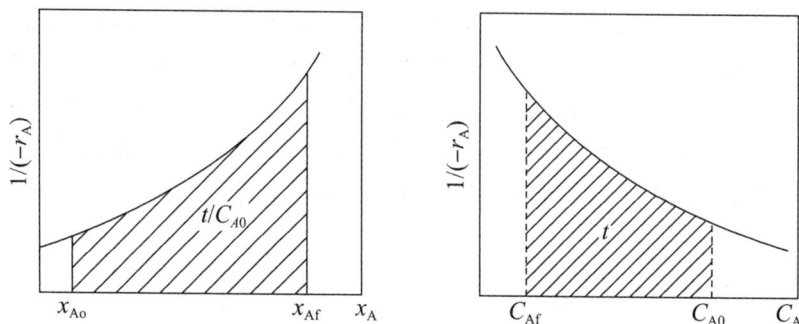

图 1-13　间歇反应器恒温过程图解计算

2. 恒容非恒温间歇反应

对于间歇操作釜式反应器要做到绝对恒温是极其困难的。当反应热效应不大时,近似恒温是可以做到的,但当反应热效应很大时就很难做到。另一方面,对于许多化学反应,恒温操作的效果不如变温操作好。所以,研究变温操作具有重要的意义。

温度是影响反应器操作的最敏感因素,它对转化率、收率、反应速率以及反应器的生产能力都有影响。温度不同,反应系统的物理性质也不同,从而影响到传热和传质速率及搅拌器的功率。因此,对间歇操作反应器而言,确定反应过程温度和时间的关系十分必要,这是进行反应器计算、分析和操作所必不可少的。

间歇反应过程温度与时间的关系可由热量衡算式来确定。

由于反应器内物料具有相同的温度,因此,根据式(1-76):

$$\begin{bmatrix}微元时间内随\\物料进入微元\\体积的热量\end{bmatrix}=\begin{bmatrix}微元时间内随\\物料离开微元\\体积的热量\end{bmatrix}-\begin{bmatrix}微元时间微元\\体积内由于反\\应产生的热量\end{bmatrix}+\begin{bmatrix}微元时间微元\\体积传递至环境\\或热载体的热量\end{bmatrix}+\begin{bmatrix}微元时间微\\元体积内累\\计的热量\end{bmatrix}$$

有 $0 = 0 - (-\Delta H_A)(-r_A)V_R d\tau + KA(T-Ts)d\tau + m_t c_{pt} dT$

即
$$m_t c_{pt} \frac{dT}{d\tau} = (-\Delta H_r)(-r_A)V_R + KA(T_s - T) \tag{1-86}$$

式中,m_t 为反应物料总质量,kg;C_{pt} 为物料的平均定压比热容,kJ/(kg · K);$-\Delta H_A$ 为化学反应热,kJ/kmol;$-r_A$ 为反应速率,kmol/(m³ · s);K 为传热系数,kW/(m² · K);A 为传热面积,m²;T 为反应液体温度,K;T_s 为传热介质温度,K。

式(1-86)即为间歇操作釜式反应器内反应物料的温度与时间的关系式。对于变温过程,由于$(-r_A)$为温度和转化率的函数,只有知道反应过程的温度随时间的变化关系,才能确定$(-r_A)$。所以,变温间歇反应器的计算,必须将物料衡算式和热量衡算式联立求解,方可求得反应的转化率、温度和反应时间的关系。将物料衡算式(1-75)代入式(1-86)可得

$$m_t c_{pt} \frac{dT}{d\tau} = (-\Delta H_A)n_{A0} \frac{dx_A}{d\tau} + KA(T_s - T) \tag{1-87}$$

由此可知,对于一定的反应系统而言,温度与转化率的关系取决于系统与换热介质的换热速率。

由式(1-87)得

$$m_t c_{pt} \int_{T_0}^{T} \mathrm{d}T = \int_{x_{A0}}^{x_{Af}} (-\Delta H_A) n_{A0} \mathrm{d}x_A + \int_0^{\tau} KA(T_s - T)\mathrm{d}\tau$$

即　　$$m_t c_{pt}(T - T_0) - (-\Delta H_A) n_{A0}(x_{Af} - x_{A0}) = \int_0^{\tau} KA(T_s - T)\mathrm{d}\tau \qquad (1-88)$$

式中,T_0 为反应开始时的物料温度,K。

当反应在绝热条件下进行时,传热项为零,于是式(1-88)变为

$$T - T_0 = \frac{(-\Delta H_A) n_{A0}}{m_t c_{pt}}(x_{Af} - x_{A0}) \qquad (1-89)$$

由式(1-89)可知,绝热反应过程的热量衡算式通过积分而变成反应温度与转化率的代数式,且这一关系为线性关系,称为绝热方程式。式(1-89)可以写成:

$$T - T_0 = \lambda(x_{Af} - x_{A0}) \qquad (1-90)$$

式中,$\lambda = \dfrac{(-\Delta H_A) n_{A0}}{m_t c_{pt}}$,称为绝热温升,其意义为当反应系统中的组分 A 全部转化时系统温度升高(放热)或降低(吸热)的度数。c_{pt} 为常数时,λ 也为常数。

式(1-90)为线性关系式,否则 T 与 x_{Af} 为非线性关系。当 $x_{A0} = 0$,式(1-90)变为

$$T = T_0 + \lambda x_{Af} \qquad (1-91)$$

在这种情况下,把式(1-91)得到的温度与转化率之间的关系代入方程式(1-76),则式(1-76)变成只含有 $(-r_A)$ 的微分方程,解此微分方程即可得到反应时间,或用图解法求得反应时间,如图 1-14 所示。

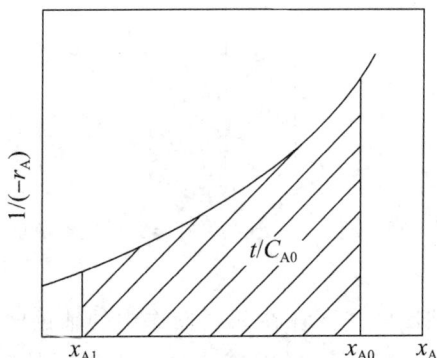

图 1-14　间歇反应器非恒温过程图解计算

三、间歇操作釜式反应器直径和高度的计算

一般搅拌反应釜的高度与直径之比为 $H/D = 1.2$ 左右,如图 1-15 所示。釜盖与釜底采用椭圆形封头,如图 1-16 所示,图中注明的封头体积($V = 0.131D^3$)不包括直边高度(25～50 mm)的体积在内。

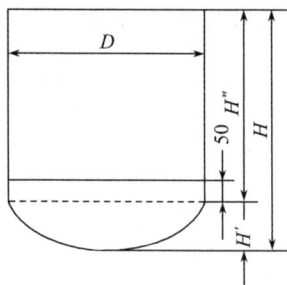

图 1-15　反应釜的主要尺寸

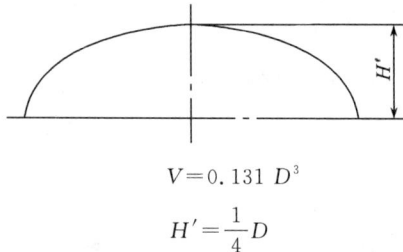

$$V = 0.131 D^3$$

$$H' = \frac{1}{4} D$$

图 1-16　椭圆形封头

由工艺计算决定了反应器的体积后,即可按式(1-92)求得其直径与高度:

$$V = \frac{\pi}{4} D^2 H'' + 0.131 D^3 \tag{1-92}$$

所求得的圆筒高度及直径需要圆整,并检验装料系数是否合适。

确定了反应釜的主要尺寸后,其壁厚、法兰尺寸以及手孔、视镜、工艺接管口等均可按工艺条件由国家或行业标准中选择。

知识点 3　连续操作釜式反应器的工艺计算

连续操作釜式反应器的结构和间歇操作釜式反应器相同,但进出物料的操作是连续的,即一边连续恒定地向反应器内加入反应物,同时连续不断地把反应产物引出反应器,如图 1-17 所示。这样的流动状况很接近理想混合流动模型。

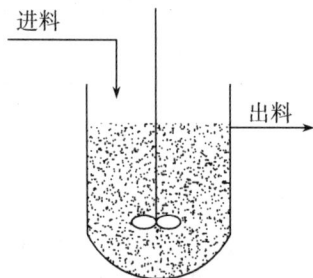

图 1-17　理想混合连续搅拌釜式反应器示意图

由于是连续操作,该反应釜不存在间歇操作中的辅助时间问题,所以一般来说适用于产量较大的化工产品生产。连续操作过程正常情况下都为稳定过程,容易自动控制,操作简单,节省人力。由于搅拌使加入的浓度较高的原料立即和釜内物料完全混合,不存在热量的积累引起局部过热问题,特别适宜对温度敏感的化学反应,不容易引起副反应。由于釜式反应器的物料容量大,当进料条件发生一定程度的波动时,不会引起釜内反应条件的明显变化,稳定性好,操作安全。

一、单个连续操作釜式反应器的计算

在连续操作釜式反应器内,过程参数与空间位置、时间无关,各处的物料组成和温度都是相同的,且等于出口处的组成和温度。图1-18为理想混合反应釜的性能。

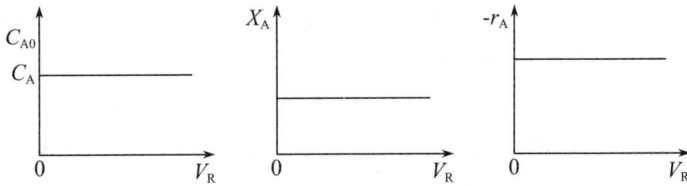

图1-18　理想混合反应釜的性能

计算连续操作釜式反应器的反应体积时,可以对整个反应釜作某一组分的物料衡算。在稳定状况下,没有物料累积,则有

$$\begin{bmatrix} 单位时间内 \\ 物料进入量 \end{bmatrix} = \begin{bmatrix} 单位时间内 \\ 物料排出量 \end{bmatrix} + \begin{bmatrix} 单位时间内 \\ 反应消耗量 \end{bmatrix} + \begin{bmatrix} 单位时间内 \\ 物料累积量 \end{bmatrix}$$

$$F_{AO} = F_A + (-r_A)V_R + 0$$

即

$$F_{AO} = F_A + (-r_A)V_R$$

而

$$F_A = F_{AO}(1 - x_A)$$

所以

$$F_{AO} x_A = (-r_A)V_R$$

整理,得

$$\frac{V_R}{F_{AO}} = \frac{x_A}{(-r_A)} = \frac{\Delta x_A}{(-r_A)} = \frac{x_{Af} - x_{AO}}{(-r_A)} = \frac{x_{Af}}{(-r_A)} \tag{1-93}$$

又

$$F_{AO} = v_O \cdot C_{AO}$$

定义

$$\bar{\tau} = \frac{V_R}{v_O} = \frac{F_{AO}}{v_O} \frac{x_A}{(-r_A)} = C_{AO} \frac{x_A}{(-r_A)} \tag{1-94}$$

式中,F_{AO}为进口物料中组分A的摩尔流量,kmol/h;F_A为出口物料中组分A的摩尔流量,kmol/h;v_O为进口物料体积流量,m³/h;$\bar{\tau}$为物料粒子在反应器内的平均停留时间,h。

以不同的$(-r_A)$和已知条件代入式(1-93)或式(1-94),便可对不同反应的计算式中任意一项进行计算。

【例1-2】　用搅拌良好的一台釜式反应器连续生产乙酸丁酯,其反应条件及产量与例1-2相同,试计算该釜式反应器的有效体积和物料平均停留时间。

解:按式(1-41)计算,其中$v_O = 0.98$ m³/h,$x_{Af} = 0.5$,$c_{A0} = 1.8$ kmol/m³,

$k = 1.04$ m³/(kmol·h),将各量带入得

$$V_R = 0.98 \times \frac{0.5}{1.04 \times 60 \times 1.8 \times (1-0.5)^2} = 1.04 \text{ (m}^3\text{)}$$

$$\bar{\tau} = \frac{V_R}{v_O} = \frac{1.04}{0.98} = 1.06 \text{ (m}^3\text{)}$$

二、多个串联连续操作釜式反应器的计算

由于单个连续操作釜式反应器存在严重的逆向混合,降低了反应速率,同时由于逆向混合,有些物料质点在釜内停留时间很长,容易在某些反应中导致副反应的

增加。为了降低逆向混合的程度，又发挥其优点，可采用多个连续操作釜式反应器的串联。这样不但抑制了逆向混合程度，同时还可以在各釜内控制不同的反应温度和物料浓度以及不同的搅拌和加料情况，以适应工艺上的不同要求。

1. 解析法

假设多釜串联连续操作釜式反应器中各釜内均为理想混合，且各釜之间没有逆向混合，如图 1-19 所示。

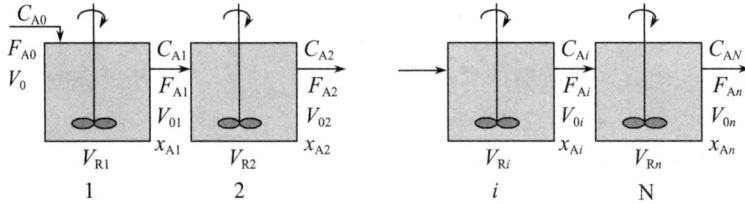

图 1-19　多釜串联操作示意图

对于稳定操作、恒容过程的第 i 釜，以组分 A 为基准进行物料衡算：

$$\begin{bmatrix} 单位时间内 \\ 物料进入量 \end{bmatrix} = \begin{bmatrix} 单位时间内 \\ 物料排出量 \end{bmatrix} + \begin{bmatrix} 单位时间内 \\ 反应消耗量 \end{bmatrix} + \begin{bmatrix} 单位时间内 \\ 物料累积量 \end{bmatrix}$$

$$F_{A(i-1)} \qquad = \qquad F_{Ai} \qquad + \quad (-r_A)_i V_{Ri} \quad + \qquad 0$$

即

$$F_{A(i-1)} = F_{Ai} + (-r_A)_i V_{Ri}$$

整理，得

$$\frac{V_{Ri}}{\nu_0} = \frac{F_{A(i-1)} - F_{Ai}}{\nu_0 (-r_A)_i} = \frac{c_{A(i-1)} - c_{Ai}}{(-r_A)_i}$$

式中，$\dfrac{V_{Ri}}{\nu_0}$ 为物料在第 i 釜内的平均停留时间，以 $\overline{\tau}_i$ 表示，则有

$$\overline{\tau}_i = \frac{V_{Ri}}{\nu_0} = \frac{c_{A(i-1)} - c_{Ai}}{(-r_A)_i} \tag{1-95}$$

若改浓度为反应转化率形式表示，则有

$$\overline{\tau}_i = \frac{V_{Ri}}{\nu_0} = c_{A0} \frac{x_{A(i-1)} - x_{Ai}}{(-r_A)_i} \tag{1-96}$$

式中，V_{Ri} 为第 i 釜的有效体积，m^3；c_{Ai} 为第 i 釜内组分 A 的浓度，$kmol/m^3$；$c_{A(i-1)}$ 为第 $(i-1)$ 釜内组分 A 的浓度，$kmol/m^3$；x_{Ai} 为第 i 釜内组分 A 的转化率；$x_{A(i-1)}$ 为第 $(i-1)$ 釜内组分 A 的转化率；$(-r_A)_i$ 为第 i 釜内反应速率，$kmol/(m^3 \cdot h)$；$\overline{\tau}_i$ 为物料在第 i 釜中的平均停留时间，h。

式(1-95)和式(1-96)为多釜串联恒容反应器计算的基本公式，具体应用仍然按不同的反应动力学方程式代入，依次逐釜进行计算，直至达到要求的转化率为止。如：

第一釜的有效体积 $\qquad V_{R1} = \nu_0 c_{A0} \dfrac{x_{A1} - x_{A0}}{(-r_A)_1}$

第二釜的有效体积 $\qquad V_{R2} = \nu_0 c_{A0} \dfrac{x_{A2} - x_{A1}}{(-r_A)_2}$

......

第 i 釜的有效体积　　　$V_{Ri} = \nu_0 c_{A0} \dfrac{x_{Ai} - x_{A(i-1)}}{(-r_A)_i}$

......

第 N 釜的有效体积　　　$V_{RN} = \nu_0 c_{A0} \dfrac{x_{AN} - x_{A(N-1)}}{(-r_A)_N}$

则反应器的总有效体积　$V_R = V_{R1} + V_{R2} + \cdots + V_{Ri} + \cdots + V_{RN}$ 　　　　(1-97)

2. 图解法

对于反应级数较高的化学反应过程,采用解析法计算多釜串联连续操作釜式反应器的有关参数(如浓度等)比较麻烦,因此常采用图解法汁算,尤其是在缺少动力学方程时,使用图解法更为适宜。

首先根据动力学方程或实验数据绘出在操作温度下的 $-r_A = k c_A^n$ 的动力学关系曲线(如图 1-20 中的 OA 线所示)。然后根据同一温度下由多釜串联中的某一釜物料衡算式(1-85)改写成

$$(-r_A)_i = \frac{c_{A(i-1)}}{\bar{\tau}_i} - \frac{c_{Ai}}{\bar{\tau}_i}$$

此为一直线方程式,直线斜率为 $-\dfrac{1}{\bar{\tau}_i}$,即 $-\dfrac{\nu_0}{V_{Ri}}$,它表示了反应速率 $-r_A$ 和浓度 c_A 间的操作关系。在同一图上绘出相同温度下的操作线,如图 1-20 中的 $c_{A0} - A_1 \sim c_{A2} - A_3$,所得交点同时满足动力学方程式和物料衡算式。交点所对应的坐标值即为多釜串联中某釜内的化学反应速率和该釜的出口浓度。由此可根据式(1-95)进一步求出反应的体积及连续串联操作所需要的釜式反应器的台数。

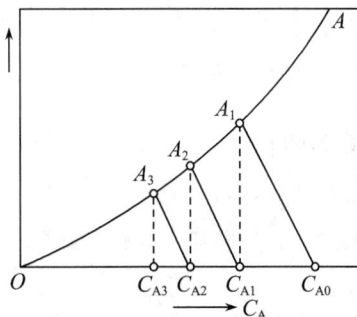

图 1-20　多釜理想连续反应器的图解计算

① 如已知处理量 ν_0、初始浓度 c_{A0} 和要求的最终转化率 x_{AN},采用相同体积 V_{Ri} 的理想连续釜式反应器串联操作,求其串联的台数,可在 $-r_A \sim c_A$ 图上进行。其步骤如下。

首先根据动力学方程式或实验数据绘 $-r_A \sim c_A$ 动力学曲线(如图 1-20 中 OA 线),然后根据操作线方程,由 c_A 坐标上的点 c_{A0} 出发,作斜率为 $-\dfrac{\nu_0}{V_{Ri}}$ 的平行直线

（如图 1-20 中直线 $c_{A0}A_1$ 所示），与动力学曲线相交得点 A_1。由点 A_1 做垂线，与坐标 c_A 相交得点 c_{A_l}。再从 c_{A_l} 点作相同斜率的平行直线（如图 1-20 中直线 $c_{A1}A_2$ 所示），与曲线相交得点 A_2。如此反复，直至操作线与动力学曲线相交点的浓度小于或等于与最终转化率 x_{AN} 相对应的浓度 c_{AN} 为止。此时所作的平行操作线数即为所求串联釜式反应器的台数。

② 如果已知处理量 v_0、初始浓度 c_{A0} 和最终转化率 x_{AN}，要求确定串联连续操作釜式反应器的台数和各釜的有效体积，也可以在绘有动力学曲线的 $-r_A \sim c_A$ 图上进行试算。若各釜的有效体积相同时，根据操作线方程，假设不同的 V_{Ri}，就可以在 c_{A0} 和 c_{AN} 之间作出多组具有不同斜率、不同段数的平行直线，表示着釜数 n 和各釜有效体积 V_{Ri} 值的不同组合关系。通过比较，确定其中一组为所求的解。当串联的釜数已经选定，仅需在图上调整平行线的斜率，使之同时满足 c_{A0}、c_{AN} 和 n，然后由平行线的斜率 $-\dfrac{v_0}{V_{Ri}}$ 即可求出有效体积 V_{Ri} 值。

如果串联的各釜式反应器操作温度不同，就需要绘出各釜操作温度下的动力学曲线，并分别与相对应的操作线得出交点，同时满足各釜动力学方程式和物料衡算式的要求。

如果串联的各釜式反应器的有效体积不同，则物料通过各釜的平均停留时间也不同，即各釜操作线斜率 $-\dfrac{v_0}{V_{Ri}}$ 不同，此时就需要以各釜的操作线与对应的动力学曲线相交，计算各釜的出口浓度和串联的台数。

应该指出，上述图解法只在动力学方程式仅用一种反应物浓度的函数关系表示时方可适用。对于连串、平行等复杂反应，图解法就不适宜了。

知识点 4 连续操作管式反应器的工艺计算

一、连续操作管式反应器的特点

连续操作管式反应器具有以下特点。

① 在正常情况下，它是连续定态操作，故在反应器的各处截面上过程参数不随时间的变化而变化。

② 反应器内浓度、温度等参数随轴向位置变化，故反应速率随轴向位置变化。

③ 由于径向具有严格均匀的速度分布，也就是在径向不存在浓度分布。

连续操作管式反应器的基础计算方程式可由物料衡算式导出。由于连续操作，反应器内流体的流动处于稳定状态，如图 1-21 所示，没有反应物积累。

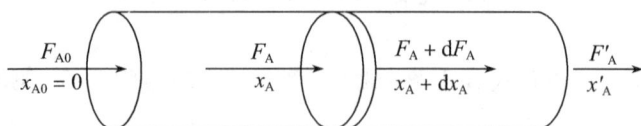

图 1-21 连续操作管式反应器物料衡算示意图

由于沿流体流动方向物料的温度和反应速率不断变化,而反应器内各点的浓度、反应速率都不随时间变化,因此,以反应物 A 作物料衡算:

$$\begin{pmatrix}微元时间\\内进入微\\元体积的\\反应物量\end{pmatrix}=\begin{pmatrix}微元时间\\内离开微\\元体积的\\反应物量\end{pmatrix}+\begin{pmatrix}微元时间\\微元体积\\内转化掉\\的反应物\end{pmatrix}+\begin{pmatrix}微元时间微\\元体积内反\\应物的累积\\量\end{pmatrix}$$

$$F_A\Delta\tau \qquad (F_A+dF_A)\Delta\tau \qquad (-r_A)\Delta\tau dV_R \qquad 0$$

即

$$dF_A+(-r_A)dV_R=0 \tag{1-98}$$

因为 $F_A=F_{A0}(1-\chi_A)$,则 $dF_A=-F_{A0}d\chi_A$,将之代入物料衡算式(1-98),得

$$(-r_A)dV_R=F_{A0}d\chi_A \tag{1-99}$$

式中,F_{A0} 为反应组分 A 进入反应器的流量,kmol/h;F_A 为反应组分 A 进入微元体积的流量,kmol/h。

式(1-99)即为连续操作管式反应器的基础计算方程式。将其积分,可用来求取反应器的有效体积和物料在反应器中的停留时间:

$$V_R=F_{A0}\int_{x_{A0}}^{x_{Af}}\frac{dx_A}{(-r_A)} \tag{1-100}$$

因为 $F_{A0}=c_{A0}V_0$,则式(1-100)又可写成

$$V_R=c_{A0}V_0\int_{x_{A0}}^{x_{Af}}\frac{dx_A}{(-r_A)}$$

得

$$\tau=\frac{V_R}{V_0}=c_{A0}\int_{x_{A0}}^{x_{Af}}\frac{dx_A}{(-r_A)} \tag{1-101}$$

式中,τ 为物料在连续操作管式反应器中的停留时间,h;V_0 为物料进口处体积流量,m^3/h。

应当注意的是,由于反应过程物料的密度可能发生变化,体积流量也将随之变化,则只有在恒容过程,称 τ 为物料在反应器中的停留时间才是准确的。

二、恒温恒容管式反应器体积计算

连续操作管式反应器在恒温恒容过程操作时,可结合恒温恒容条件,计算出达到一定转化率所需要的反应体积或物料在反应器中的停留时间。

如一级不可逆反应,其动力学方程为 $(-r_A)=kc_A$,在恒温条件下 k 为常数,而恒容条件下有 $c_A=c_{A0}(1-x_A)$,并将其代入式(1-101),得

$$V_R=V_0\tau=c_{A0}V_0\int_{x_{A0}}^{x_{Af}}\frac{dx_A}{kc_{A0}(1-x_A)}=\frac{V_0}{k}\ln\frac{1-x_{A0}}{1-x_{Af}} \tag{1-102}$$

对于二级不可逆反应,其动力学方程式为 $(-r_A)=kc_A^2$,若 $x_{A0}=0$,同理可得

$$V_R=V_0\tau=c_{A0}V_0\int_{x_{A0}}^{x_{Af}}\frac{dx_A}{kc_{A0}^2(1-x_A)^2}=V_0\frac{x_{Af}}{kc_{A0}(1-x_{Af})} \tag{1-103}$$

将物料在间歇操作釜式反应器的反应时间与在连续操作管式反应器的停留时间的计算式相比,可以看出在恒温恒容过程时是完全相同的,即在相同的条件下,同

一反应达到相同的转化率时,在两种反应器中的时间值相等。这是因为在这两种反应器内反应物浓度经历了相同的变化过程,只是在间歇操作釜式反应器内浓度随时间变化,在连续操作管式反应器内浓度随位置变化而已。也可以说,仅就反应过程而言,两种反应器具有相同的效率,只因间歇操作釜式反应器存在非生产时间,即辅助时间,故生产能力低于连续操作管式反应器。

【例 1-3】在一连续操作管式反应器中生产乙酸乙酯,其反应式为:$CH_3COOH + C_4H_9OH \rightarrow CH_3COOC_4H_9 + H_2O$,反应在恒温条件下进行,温度为 373 K,进料摩尔(mol)比为乙酸:丁醇$=1:4.97$,以少量 H_2SO_4 作催化剂。当使用过量丁醇时,该反应以乙酸(下标以 A 计)表示的动力学方程式为$(-r_A) = k c_A^2$。在上述条件下,反应速率常数 $k = 0.017\,4\ m^3/(kmol \cdot min)$,反应物密度 $\rho = 750\ kg/m^3$(假设反应前后不变)。若每天生产 2 400 kg 乙酸丁酯(不考虑分离等过程损失),求水转化率 x_{Af} 达到 0.5 时所需反应器的有效体积。

解:由题意可知:$c_{A0} = 1.8\ kmol$,$V_0 = 0.979\ m^3/h$,$k = 0.017\,4\ m^3/(kmol \cdot min)$,$x_{Af} = 0.5$。代入式(1-103),得

$$V_R = V_0 \frac{x_{Af}}{k c_{A0}(1 - x_{Af})} = 0.979 \times \frac{0.5}{0.017\,4 \times 60 \times 1.8 \times (1 - 0.5)} = 0.521\ (m^3)$$

三、恒温变容管式反应器体积计算

在反应过程中,因反应温度变化,会发生物料密度的改变,或物料的分子总数改变,导致物料的体积发生变化。通常情况下,液相反应可近似作恒容过程处理,但当反应过程密度变化较大而又要求准确计算时,就要把容积变化考虑进去。对于气相总分子数变化的反应,容积的变化更应考虑。由它引起的容积、浓度等的变化,可用下述诸式表示:

$$V_t = V_0(1 + y_{A0} \varepsilon_A x_A) \qquad F_t = F_0(1 + y_{A0} \varepsilon_A x_A)$$

$$c_A = c_{A0} \frac{1 - x_A}{1 + y_{A0} \varepsilon_A x_A} \qquad (-r_A) = -\frac{1}{V}\frac{dn_A}{d\tau} = \frac{c_{A0}}{1 + y_{A0}\varepsilon_A x_A}\frac{dx_A}{d\tau}$$

式中,F_t 为反应系统在操作压力为 p,温度为 T、反应物的转化率为 x_A 时物料的总体积流量,m^3/s;ε_A 为膨胀因子。

将以上关系式代入反应器基础计算式中,可求得变容过程反应器有效体积。表1-9给出了恒温变容下,$x_A = 0$ 时管式反应器的计算式。

表 1-9　恒温变容管式反应器的有效体积计算式

化学反应	速率方程	计算式
A → P (零级)	$(-r_A) = k$	$\dfrac{V_R}{F_{A0}} = \dfrac{x_A}{k_A}$
A → P (一级)	$(-r_A) = k c_A$	$\dfrac{V_R}{F_{A0}} = \dfrac{-(1 + \varepsilon_A y_{A0})\ln(1 - x_A) - \varepsilon_A y_{A0} x_A}{k c_{A0}}$

续表

化学反应	速率方程	计算式
2A→P A+B→P $(c_{A0}=c_{B0})$ （二级）	$(-r_A)=kc_A^2$	$\dfrac{V_R}{F_{A0}}=\dfrac{1}{kc_{A0}^2}\big[2\varepsilon_A y_{A0}(1+\varepsilon_A y_{A0})\ln(1-x_A)+\varepsilon_A^2 y_{A0}^2 x_A$ $+(1+\varepsilon_A y_{A0})^2\dfrac{x_A}{1-x_A}\big]$

【例 1-4】 气相反应在恒温下进行：A＋B→P，物料在连续操作管式反应器中的初始流量为 360 m^3/h，组分 A 与组分 B 的初始浓度均为 0.8 $kmol/m^3$，其余惰性物料浓度为 2.4 $kmol/m^3$，k 为 8 $m^3/(kmol \cdot min)$，求组分 A 的转化率为 90％时反应器的有效体积。

解： 从反应速率常数的量纲知道，反应为二级反应。因初始浓度 $c_{A0}=c_{B0}$，且反应计量系数对组分 A、组分 B 相同，因此动力学方程可表示为

$$(-r_A)=kc_A^2$$

将其代入连续操作管式反应器计算式，有

$$V_R=c_{A0}V_0\int_0^{x_A}\frac{dx_A}{kc_A^2}\tag{1}$$

式(1)中

$$c_A=c_{A0}\frac{1-x_A}{1+y_{A0}\varepsilon_A x_A}\tag{2}$$

将式(2)代入式(1)，积分得

$$\frac{V_R}{F_{A0}}=\frac{1}{kc_{A0}^2}\left[2\varepsilon_A y_{A0}(1+\varepsilon_A y_{A0})\ln(1-x_{Af})+\varepsilon_A^2 y_{A0}^2 x_{Af}+(1+\varepsilon_A y_{A0})^2\frac{x_{Af}}{1-x_{Af}}\right]$$

上式中 $\varepsilon_A=\dfrac{1-2}{1}=-1$，$y_{A0}=\dfrac{0.8}{0.8\times2+2.4}=0.2$，则有

$$V_R=\frac{360}{8\times0.8\times60}\left[\begin{array}{l}2\times(-1)\times0.2\times(1-1\times0.2)\ln(1-0.9)+\\(-1)^2\times0.2^2\times0.9+(1-1\times0.2)^2\dfrac{0.9}{1-0.9}\end{array}\right]=6.14\ (m^3)$$

思考练习题

在管式反应器中进行等温、恒密度的一级不可逆反应，纯反应物进料，出口转化率可达到 96％，现保持反应条件不变，但将该反应改在体积相同的两个全混流反应器串联完成，且其总体积与活塞流反应器的体积相等，求所能达到的转化率。

项目二
釜式反应器的操作与控制

知识目标

☞ 掌握釜式反应器的基本结构和基本特点;

☞ 掌握釜式反应器介质的选择方法;

☞ 了解釜式反应器部件及分类方法;

☞ 掌握操作釜式反应器的工艺设计方法;

☞ 掌握釜式反应器搅拌装置的选择方法;

☞ 理解理想均相反应器的优化目标与实现初步优化的方法;

☞ 理解釜式反应器操作工艺参数的控制方案;

☞ 理解反应器稳定操作的重要性和方法;

☞ 掌握间歇操作釜式反应器、连续操作釜式反应器的操作方法和控制规律。

技能目标

☞ 具有信息检索能力;

☞ 具有自我学习和自我提高能力;

☞ 具有制订工作计划和决策能力;

☞ 能根据产品的生产原理选择合适的釜式反应器类型;

☞ 能够完成釜式反应器的冷态开车、正常停车和故障处理;

☞ 具有发现问题、分析问题和解决问题的能力。

态度目标

☞ 具有团队精神和与人合作的能力;

☞ 具有与人交流沟通的能力;

☞ 具有较强的表达能力。

任务一　釜式反应器的结构认知

先举一个案例:聚氯乙烯树脂(简称 PVC),是由氯乙烯单体(简称 VCM)聚合而成的高分子化合物,物理外观为白色粉末,无毒、无臭,化学稳定性很高,具有良好的可塑性。聚氯乙烯树脂属于力学性能、电气性能及耐化学腐蚀性能较好的热塑性材料之一,是重要的有机合成材料。采用不同的塑化配方和加工方法可制成不同的硬质和软质 PVC 制品,以其突出的性价比广泛用于医药、建筑、化工等多个领域。

那么聚氯乙烯生产的关键设备是什么呢?

答案就是青岛海湾化学股份有限公司(前身是青岛海晶化工集团有限公司)的 45 m³ 聚合釜,系公司自主开发的中型 PVC 釜型。该釜型填补了国内空白,获国家级新产品称号,推动了行业聚合釜的技术进步。"氯乙烯悬浮聚合的中型聚合釜及采用该聚合釜的聚合方法"于 2003 年获国家发明专利,并先后荣获青岛市科技进步一等奖和第五届中国国际发明展览会银奖。

图 2-1　釜式反应器的外观

知识点 1　釜式反应器在化工生产中的应用

装有搅拌器的釜式设备(或称槽、罐)是化学工业中广泛采用的反应器之一,它可用来进行液液均相反应,也可用于非均相反应,如非均相液相、液固相、气液相、气液固相等反应。该设备普遍应用于石油化工、橡胶、农药、染料、医药等领域,用来完成磺化、硝化、氢化、烃化、聚合、缩合等工艺过程,以及有机染料和医药中间体的许多其他工艺过程。约 90% 的聚合反应都采用搅拌釜式反应器,如聚氯乙烯的制备,在美国 70% 以上用悬浮法生产,

二维码 2-1　釜式
反应器整体浏览

采用 10～150 m³ 的搅拌釜式反应器;在德国,氯乙烯悬浮聚合反应采用 200 m³ 的大型釜式反应器;中国的聚氯乙烯生产,大多采用 13.5 m³、33 m³、45 m³ 不锈钢或复合钢板的聚合釜式反应器,以及 7 m³、14 m³ 的搪瓷釜式反应器。又如涤纶树脂的生产采用本体熔融缩聚,聚合反应也使用釜式反应器。在染料、医药、香精等精细化工的生产中,几乎所有的单元操作都可以在釜式反应器内进行。图 2-1 为釜式反应器的外观。

釜式反应器的应用范围之所以如此广泛,是因为这类反应器结构简单,加工方

便,传质效率高,温度分布均匀,操作条件(如温度、浓度、停留时间等)的可控范围较广,操作灵活性大,便于更换品种,能适应多样化的生产。

知识点 2 釜式反应器的结构

釜式反应器是化学工业中广泛采用的反应器之一,尤其在精细化学品、高分子聚合物和生物化工产品的生产中,操作釜式反应器约占反应器总数的90%。其应用之广泛是因为这类反应器的结构简单、加工方便,传质效率高,温度分布均匀,便于控制和改变工艺条件(如温度、浓度、反应时间等),操作灵活性大,便于更换品种、小批量生产。它可用来进行均相反应,也可用于非均相反应(如非均相液相、液固相、气液相、气液固相等)。在精细化工的生产中,几乎所有的单元操作都可以在釜式反应器内进行。釜式反应器的结构主要由壳体、搅拌装置、轴封和换热装置四大部分组成。

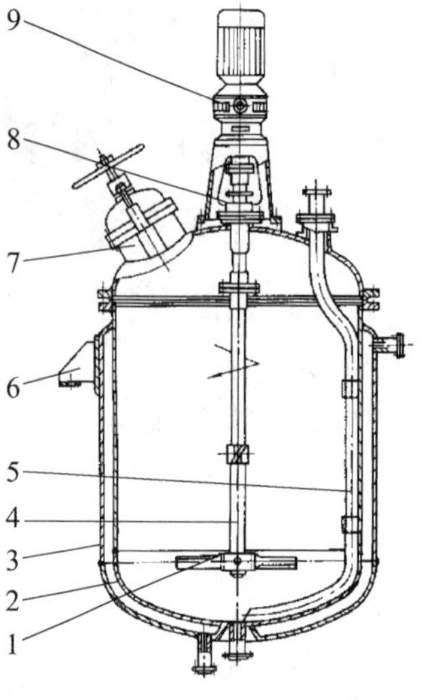

1—搅拌器;2—罐体;3—夹套;4—搅拌轴;5—压料管;
6—支座;7—人孔;8—轴封;9—转动装置

图 2-2 化工生产过程示意图

二维码 2-2 釜式反应器结构展示

釜式反应器的釜体由壳体、底、盖(或称封头)、手孔或人孔、安全装置、视镜及各种工艺接管口等构成。图 2-2 为化工生产过程示意图。

一、壳体

壳体由圆形筒体、上盖、下封头构成,主要用来提供容积,是完成物料的物理、化学反应的容器。上盖与筒体连接有两种方法:一种是将盖子与筒体直接焊死,构成一个整体;另一种形式是考虑拆卸方便用法兰连接,上盖开有人孔、手孔和工艺接口等。壳体材料根据工艺要求确定,最常用的是铸铁和钢板,也有采用合金钢或复合钢板。

釜底常用的形状有平面形、碟形、椭圆形和球形,如图 2-3 所示。

平面形釜底结构简单,容易制造,一般在釜体直径小、常压(或压力不大)操作时采用;椭圆形或蝶形应用较多;球形多用于高压反应器;当反应后物料需用分层法使其分离时可用锥形底。

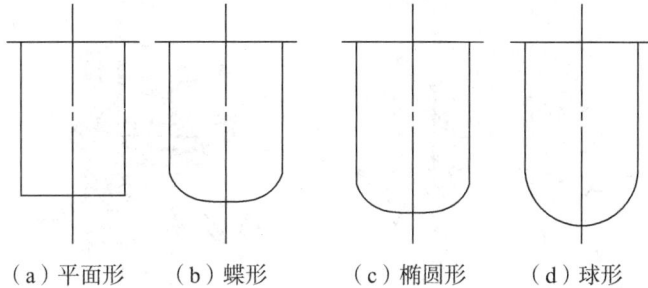

（a）平面形　　（b）蝶形　　（c）椭圆形　　（d）球形

图 2-3　反应釜底常用形状

手孔、人孔:安装和检修设备的内部构件;

视镜:用于观察设备内部物料的反应情况,也作液面指示用;

安全装置:安全阀和爆破片;

其他工艺接管包括进料管、出料管、仪表接管。

进料管:伸向釜内成 45°,切口指向中央;

出料管分为上出料管和下出料管;上出料管的管子设在最低处并成 45°;

仪表接管:测 P、T、取样等。

二维码 2-3　釜式
反应器外观展示

二、搅拌装置

搅拌装置由搅拌轴和搅拌电机组成,其目的是加强反应釜内物料的均匀混合,以强化反应的传质和传热。

三、轴封

轴封用来防止釜的主体与搅拌轴之间物料的泄漏。轴封主要有填料密封和机械密封两种。

1. 填料密封结构

如图 2-4 所示,填料箱由箱体、填料、油环、衬套、压盖和压紧螺栓等零件组成,旋转压紧螺栓时压盖压紧填料,使填料变形并紧贴在轴表面上,达到密封目的。在化工生产中,轴封容易泄漏,一旦有毒气体逸出会污染环境,甚至发生事故,因而需控制好螺栓的压紧力。轴在旋转时,如果螺栓的压紧力过大,与填料间摩擦增大,会使磨损加快,在填料处定期加润滑剂可减少摩擦,并能减少因螺栓压紧力过大而产生的摩擦发热。填料要富于弹性,有良好的耐磨性和导热性。填料的弹性变形要大,使填料紧贴转轴,对转轴产生收缩力,同时还要求填料有足够的圈数。

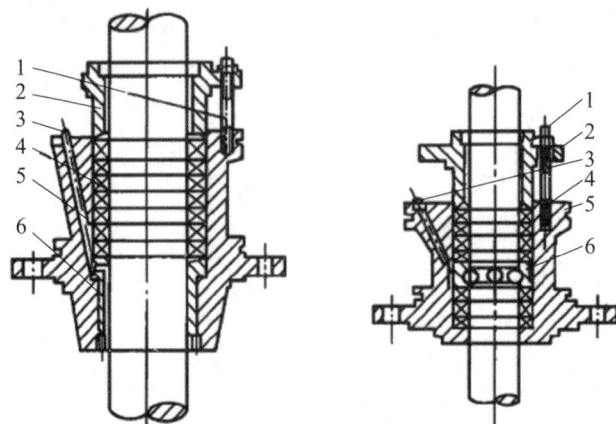

1—螺栓;2—压盖;3—油环;4—填料;5—箱体;6—衬套
(a)带衬套铸铁填料箱　　　(b)带油环铸铁填料箱
图 2-4　不平衡单端面机械密封

使用中由于磨损应当适当填补填料,调节螺栓的压紧力,以达到密封效果。填料压盖要防止歪斜。有的设备在填料箱处设有冷却夹套,可以防止填料摩擦发热。

填料密封安装要点如下:安装时,应先将填料制成填料环,接头处应互为搭接,其开口坡度为 45°,搭接后的直径应与轴径相同;每层接头在圆周内的夹角按 0°、180°、90°、270°交叉放置,压紧压盖时,应均匀、对称地拧紧,压盖与填料箱端面应平行,且四个方位的间距相等。填料箱体的冷却系统应畅通无阻,保证冷却的效果。

2. 机械密封

机械密封在反应釜上已得到广泛应用,它的结构和类型繁多,工作原理和基本结构都是相同的。机械密封由动环、静环、弹簧加荷装置(弹簧、螺栓、螺母、弹簧座、弹簧压板)及辅助密封圈四个部分组成。由于弹簧力的作用使动环紧紧压在静环上,当轴旋转时,弹簧座、弹簧、弹簧压板、动环等零件随轴一起旋转,而静环则固定在座架上静止不动,动环与静环相接触的环形密封端面阻止了物料的泄漏。机械密封结构较复杂,但密封效果甚佳。

机械密封的安装及日常维护要点如下:

① 拆装要按顺序进行,不得磕碰、敲打;

② 安装前检验每个弹簧的压紧力,严格按规程装配;

③ 保持动、静环的垂直和平行,防止脏物进入;

④ 开车前一定要将平衡管排空,保证冷却液体在前、后密封的流道畅通;

⑤ 要盘车看是否有卡住现象,以及密封处的渗漏情况;

⑥ 开车后检查泄漏情况,不大于 15～30 滴/分钟;

⑦ 检查动、静环的发热情况以及平衡管、过滤网有无堵塞现象。

四、换热装置

换热装置是用来加热或冷却反应物料,使之符合工艺要求的温度条件的设备。

其结构类型主要有夹套式、蛇管式、列管式、外部循环式等,也可用直接火焰或电感加热,如图 2-5 所示。

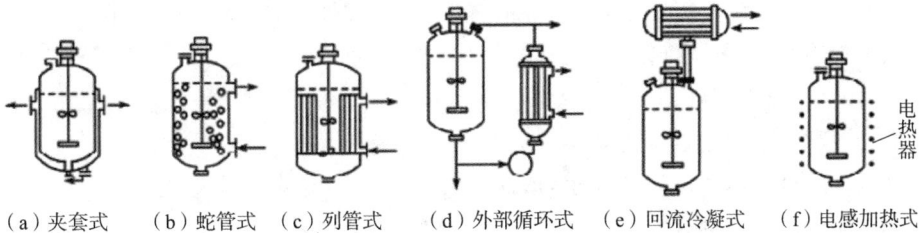

(a)夹套式　　(b)蛇管式　　(c)列管式　　(d)外部循环式　　(e)回流冷凝式　　(f)电感加热式

图 2-5　釜式反应器的换热装置

知识点 3　釜式反应器介质的选择

一、釜式反应器的材质

1. 釜式反应器的材质有金属材料、复合材料和非金属材料之分。

金属材料:由金属元素或以金属元素为主形成的,具有金属特性的物质。

复合材料:由两种或两种以上不同性质或不同组织的材料组合而成的材料。

非金属材料:除上述二者外的材料(如陶瓷、搪瓷、玻璃等)。

其中金属材料分为铁合金、非铁合金、碳钢、低合金钢、合金钢。

铁合金:铁和以铁为基础的合金(钢、铸铁、铁合金)。

非铁合金:有色金属(铜、铝、铅及其合金)。

碳钢:含碳量小于 2.11% 的铁碳合金,如 Q235A,屈服极限 235 MPa,A 级质量,镇静钢。

低合金钢:在碳钢的基础上加入某些元素所形成的钢种。常加入有 Si、Cr、Mn、Ni、Ti 等,以改善钢的性能,一般钢中含有合金元素总量小于 5%。合金钢:如不锈钢,具有耐蚀性,多数含碳量为 0.1%~0.2%,含碳量越低,耐蚀性越强,但强度和硬度下降。牌号含义:1Cr18Ni9Ti 表示含碳量为 0.1%,Cr18%,Ni9%,Ti 含量小于 1.5%。反应器按照材质可以分为钢制(或瓷板)反应器、铸铁反应器及搪玻璃反应器。

二、常见的釜式有以下材质选择

1. 钢制反应釜

最常见的钢制反应釜的材料为 Q235A(或容器钢)。钢制反应釜制造工艺简单,造价费用较低,维护检修方便,使用范围广泛,因此在化工生产中普遍采用。由于材料 Q235A 不耐酸性介质腐蚀,常用的还有不锈钢材料制的反应釜,可以耐一般酸性介质。经过镜面抛光的不锈钢制反应釜还特别适用于高黏度体系聚合反应。

2. 铸铁反应釜

铸铁反应釜在氯化、磺化、硝化、缩合、硫酸增浓等反应过程中使用较多,有如下的特点。

（1）含 C 量高，接近共晶合金成分，使得铸铁具有熔点低、流动性好等优点，具有良好的铸造性。

（2）较低的强度及塑、韧性，良好的减摩性、减震性、切削加工性及对裂纹不敏感（组织中含有石墨）。

（3）传热效果不好。

（4）笨重，不能进行变形加工。

（5）价格低廉，生产工艺简单，成品率高。

3. 搪玻璃反应釜

俗称搪瓷锅。在碳钢锅的内表面涂上含有二氧化硅玻璃釉，经 900℃ 左右的高温焙烧，形成玻璃搪层。由于搪玻璃反应锅对许多介质具有良好的抗腐蚀性，所以被广泛用于精细化工生产中的卤化反应及有盐酸、硫酸、硝酸等存在时的各种反应。

搪瓷锅：能耐大多数无机酸、有机酸、有机溶剂等介质的腐蚀；但搪玻璃设备不宜用于下列介质的储存和反应：任何浓度和温度的氢氟酸；pH＞12 且温度大于 100℃ 的碱性介质；温度大于 180℃、浓度大于 30％ 的磷酸；酸碱交替的反应过程；含氟离子的其他介质。允许在 －30～＋240℃ 范围内使用，耐冲击性较差。

我国标准搪玻璃反应釜有 K 型和 F 型两种。K 型反应釜，其锅盖和锅体是分开的，可装尺寸大的锚式、框式和桨式等各种形式的搅拌器，反应锅容积有 50～10000 L 的不同规格，因而适用范围广。F 型是盖体不分的结构，盖上都装置人孔，搅拌器为尺寸较小的锚式或桨式，适用于低黏度、容易混合的液液相、气液相等反应。F 型反应锅的密封面比 K 型小很多，所以对一些气液相卤化反应以及在真空和压力下的操作更为适宜。

知识点 4　釜式反应器的分类

一、按操作方式分为间歇（分批）式、半连续（半间歇）式和连续式操作

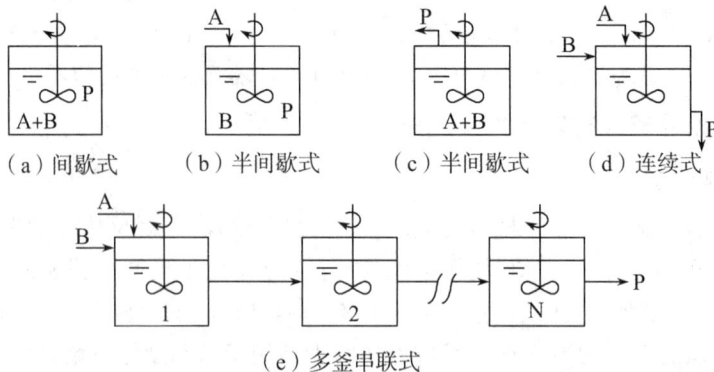

（a）间歇式　（b）半间歇式　（c）半间歇式　（d）连续式

（e）多釜串联式

图 2-6　釜式反应器的操作方式

釜式反应器可以进行间歇式操作：一次性加入反应物料，在一定条件下，经过一定的反应时间，达到所要求的转化率时，取出全部物料的生产过程，如图 2-6（a）所

示。该过程属非定态过程,反应器内参数随时间而变。间歇式操作设备利用率不高、劳动强度大,适用于反应速率慢、小批量、多品种的生产过程,在染料及制药工业中广泛采用这种操作。

釜式反应器可以单釜或多釜串联的方式进行连续式操作:连续加入反应物料和取出产物的生产过程(图 2-6(d)),属定态过程,反应器内参数不随时间而改变。连续操作设备利用率高,产品质量稳定,劳动生产率高,适于大规模生产。

釜式反应器也可以进行半间歇(或半连续)式操作:分批加入一种物料,而连续加入另一种物料的生产过程,如图 2-6(b)所示;或者原料与产物只要其中的一种为连续输入或输出,而其余则为分批加入或卸出的操作,如图 2-6(c)所示。属于非定态过程,反应器内参数随时间而变,也随反应器内位置而变。半间歇操作特别适合用于要求一种反应物的浓度高而另一种反应物的浓度低的化学反应,适用于可以通过调节加料速度来控制反应温度的反应。

二、按温度条件和换热方式分类

多数反应有明显的热效应。为使反应在适宜的温度条件下进行,往往需对反应物系进行换热。换热方式有间接换热和直接换热。间接换热指反应物料和载热体通过间壁进行换热,直接换热指反应物料和载热体直接接触进行换热。按反应过程中的换热状况,反应器可分为等温反应器、绝热反应器和非等温非绝热反应器。

1. 等温反应器

反应物系温度处处相等的一种理想反应器。反应热效应极小,或反应物料和载热体间充分换热,或反应器内的热量反馈极大(如剧烈搅拌的釜式反应器)的反应器,这样可近似看作等温反应器。

2. 绝热反应器

反应区与环境无热量交换的一种理想反应器。反应区内无换热装置的大型工业反应器,与外界换热可忽略时,可近似看作绝热反应器。

3. 非等温非绝热反应器

与外界有热量交换,反应器内也有热反馈,但达不到等温条件的反应器,如列管式固定床反应器。

换热可在反应区进行,如通过夹套进行换热的搅拌釜,也可在反应区间进行,如级间换热的多级反应器。由热载体供给或移走热量,又有间壁传热式、直接传热式、外循环传热式之分。

三、按操作压力分类

按反应釜所能承受的操作压力可以分为低压釜和高压釜。

低压釜是最常见的搅拌釜式反应器。在搅拌轴与壳体之间采用动密封结构,在低压(1.6 MPa 以下)条件下能够防止物料的泄露。

高压条件下,动密封往往难以保证不泄露。目前高压常采用磁力搅拌釜。磁力搅拌釜的主要特点是以静态密封代替了传统的填料密封或机械密封,从而实现了整台反应釜在全密封状态下工作,保证无泄露。因此,该反应釜更适合于各种极毒、易燃、易爆以及其他渗透力极强的化工工艺过程,是石油化工、有机合成、化学制药、食品等工艺进行硫化、氟化、氢化、氧化等反应的理想设备。

知识点5　釜式反应器在化工生产中的应用及发展趋势

一、目前在化工生产中,反应釜所用的材料、搅拌装置、加热方法、轴封结构、容积大小、温度、压力等种类繁多,但基本具有以下共同特点

(1)结构基本相同。除有反应釜体外,还有传动装置、搅拌器和加热(或冷却)装置等,以改善传热条件,使反应温度控制得比较均匀,并且强化传质过程。

(2)操作压力较高。釜内的压力是由化学反应产生或温度升高形成的,压力波动较大,有时操作不稳定,压力突然增高可能超过正常压力几倍。所以反应釜大部分属于受压设备。

(3)操作温度较高。化学反应需要在一定的温度条件下才能进行,所以反应釜既要承受压力又要承受温度。

(4)反应釜中通常要进行化学反应。为保证反应能均匀而较快地进行,提高效率,在反应釜中装有相应的搅拌装置,这样就要考虑传动轴的动密封和防止泄漏的问题。

(5)反应釜多属间歇操作。有时为保证产品质量,每批出料后须进行清洗。釜顶装有快开人孔及手孔,便于取样、观察反应情况和进入设备内部检修。

二、化工生产的发展对反应釜的要求和发展趋势

(1)大容积化。这是增加产量、减少批量生产之间的质量误差、降低产品成本的必然发展趋势,如染料行业生产用反应釜国内为 6 m^3 以下,其他行业有的可达 30 m^3;而国外在染料行业有的可达 20~30 m^3,其他行业的可达 120 m^3。

(2)搅拌器改进。反应釜的搅拌器已由单搅拌器发展到用双搅拌器或外加泵强制循环。除了装有搅拌装置外,还使釜体沿水平线旋转,从而提高反应速率。

(3)生产自动化和连续化。如采用计算机集散控制,既可稳定生产,提高产品质量,增加效益,减轻体力劳动,又可消除对环境的污染,甚至可防止和消除事故的发生。

(4)合理利用热能。选择工艺最佳的操作条件,加强保温措施,提高传热效率,使热损失降至最小,余热或反应后产生的热能充分得到利用。

任务二　釜式反应器搅拌装置的设计与选型

知识点1　搅拌的目的和要求

釜式反应器内搅拌装置的作用是使物料混合均匀,强化釜内的传热和传质过程。

化工生产中常用的搅拌装置是机械搅拌装置,包括搅拌器(旋转的轴和装在轴上的叶轮)和辅助部件及附件(包括密封装置、减速箱、搅拌电机、支架、挡板和导流筒)。

搅拌器是实现搅拌操作的主要部件,其主要组成部分是叶轮,它随旋转轴运动将机械能施加给液体,并促使液体运动。

一、搅拌的目的

1. 均相液体的混合

均相液体的混合即通过搅拌使反应釜中的互溶液体达到分子规模的均匀程度。

2. 液液分散

把不互溶的两种液体混合起来,使其中的一相液体以微小的液滴均匀分散到另一相液体中。被分散的一相为分散相,另一相为连续相。被分散的液滴越小,两相接触面积越大。

3. 气液相分散

在气液接触过程中,搅拌器把大气泡打碎成微小气泡并使之均匀分散到整个液相中,以增大气液接触面积。另一方面,搅拌还造成液相的剧烈湍动,以降低液膜的传质阻力。

4. 固液分散

固液分散即让固体颗粒悬浮于液体中。例如硝基物的液相加氢还原反应,一般以骨架镍为固体催化剂,反应时需要把固体颗粒催化剂悬浮于液体中,才能使反应顺利进行。

5. 固体溶解

当反应物之一为固体而溶于液体时,固体颗粒需要悬浮于液体之中。搅拌可加强固液间的传质,以促进固体的溶解。

6. 强化传热

有些物理或化学过程对传热有很高的要求,或需要消除釜内的温度差,或需要提高釜内壁的传热系数,搅拌可以达到上述强化传热的要求。

二、搅拌要求

(1)反应釜中的物料能很快且较好地分布到反应釜中的整个物料之中。

(2)反应釜中的物料混合要充分,没有死角,任何一处的浓度均应一样。对于某些快速复杂反应,均一的浓度可以防止局部浓度过高,副反应增加,选择性降低。

(3)反应釜内物料侧的传热系数要求足够大,从而使反应热可以及时移出或使反应需要的热量及时传入。

(4)如果反应受传质速率的控制,通过搅拌的作用可以使传质速率达到合适的数值。

知识点 2　搅拌液体的流动特性

搅拌器之所以能起到液液、气液、固液分散等搅拌效果,主要在于搅拌器的混合作用。

　　搅拌器运转时,叶轮把能量传给它周围的液体,使这些液体以很高的速度运动起来,产生强烈的剪切作用。在这种剪应力的作用下,静止或低速运动的液体也跟着以很高的速度运动起来,从而带动所有液体在设备范围内流动。这种设备范围内的循环流动称为宏观流动,由此造成的设备范围内的扩散混合作用称为主体对流扩散。高速旋转的漩涡又对它周围的液体造成强烈的剪切作用,从而产生更多的漩涡。众多的漩涡,一方面把更多的液体挟带到做宏观流动的主体液流中去,同时形成局部范围内液体快速而紊乱的对流运动,即局部的湍流流动。这种局部范围内的漩涡运动称为微观流动,由此造成的局部范围内的扩散混合作用称为涡流对流扩散。

　　搅拌设备里不仅存在涡流对流扩散和主体对流扩散,还存在分子扩散,其强弱程度依次减小。

　　实际的混合作用是上述三种扩散作用的综合结果。但从混合的范围和混合的均匀程度来看,三种扩散作用对实际混合过程的贡献是不同的。主体对流扩散只能把物料破碎分裂成微团,并把这些微团在设备范围内分布均匀。而通过微团之间的涡流对流扩散,可以把微团的尺寸降低到漩涡本身的大小。

　　搅拌器主要有两方面性能:产生强大的液体循环流量;产生强烈的剪切作用。

　　搅拌器的类型、尺寸和转速不同,液体在釜体内作循环流动的途径就不同。液体在釜体围内作循环流动的途径称作液体的"流动模型",简称"流型"。在搅拌作用下,液体在釜内流型,如图 2-7 所示。

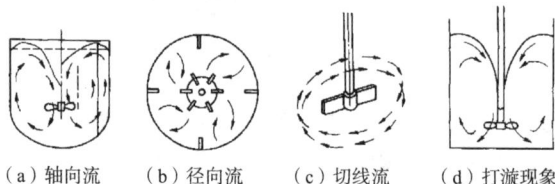

(a)轴向流　　(b)径向流　　(c)切线流　　(d)打漩现象

图 2-7　搅拌釜内液体的流型

1. 轴向流

　　物料沿搅拌轴的方向循环流动,如图 2-7(a)所示。凡是叶轮与旋转平面的夹角小于 90°的搅拌器转速较快时所产生的流型主要是轴向流。轴向流循环速度大,有利于宏观混合,适于均相液体的混合、沉降速度低的固体悬浮。

2. 径向流

　　物料沿着反应釜的半径方向在搅拌器和釜内壁之间的流动,如图 2-7(b)所示。径向流的液体剪切作用大,造成的局部涡流运动剧烈,因此它特别适合需要高剪切作用的搅拌过程,如气液分散、液液分散和固体溶解。

3. 切线流

　　物料围绕搅拌轴做圆周运动,如图 2-7(c)所示。平桨式搅拌器在转速不大且没有挡板时所产生的主要是切线流。切线流除了可以提高反应釜内壁的对流传热系数外,对其他的搅拌过程是不利的。切线流严重时,液体在心力的作用下涌向器壁,使器壁周围的液面上升,而中心部分液面下降,形成一个大漩涡,这种现象称"打漩",如图 2-7(d)所示。液体打漩时几乎不产生轴向混合作用,所以一般情况下应防止打漩。

知识点 3 常用搅拌器的型式和性能特征

在消耗同等功率的条件下,低转速、大直径的叶轮,可增大液体循环流量,同时减少液体受到的剪切作用,有利于宏观混合。反之,高转速、小直径的叶轮,结果与此恰恰相反。

目前工业常用的搅拌器有桨式、框式、锚式、旋桨式、涡轮式,螺带式、电磁式及超声波式等,机械搅拌器的主要类型,如图 2-8 所示。

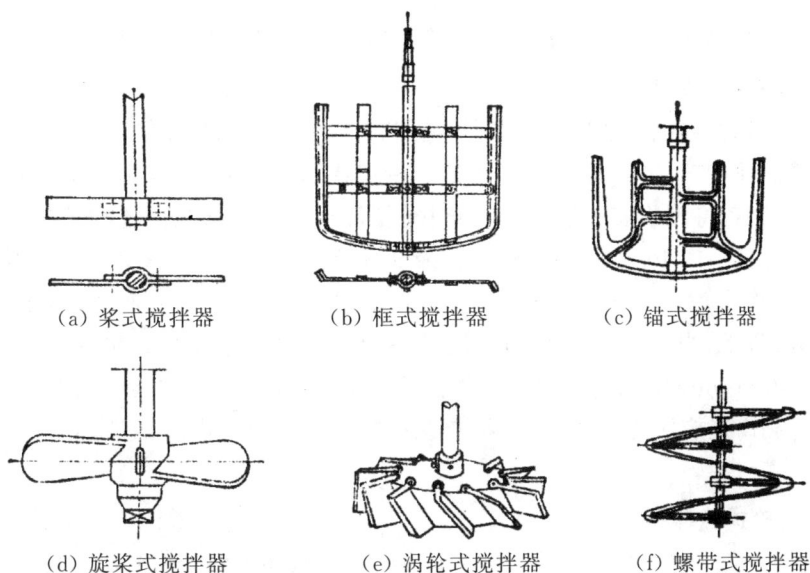

(a) 桨式搅拌器　　(b) 框式搅拌器　　(c) 锚式搅拌器

(d) 旋桨式搅拌器　　(e) 涡轮式搅拌器　　(f) 螺带式搅拌器

图 2-8　常用机械搅拌器的类型与结构

1. 桨式搅拌器

桨式搅拌器结构比较简单,桨叶呈长条形,一般用扁钢制造,当物料腐蚀性强时,可用不锈钢或在碳钢外包以橡胶、环氧树脂等。桨叶安装型式分为平直叶和折叶两种:平直叶的叶面与旋转方向垂直,主要使物料产生圆周运动,低速时主要产生切线流,转速高时以径向流为主;折叶桨的叶面与旋转方向倾斜一个角度,除了使物料产生圆周运动外,还能使物料上下翻动,产生轴向流,宏观混合效果较好。桨叶总长可取为釜体内径的 1/3～2/3,不宜过长,转速可为 20～80 r/min。桨式搅拌器可在较宽的黏度范围内适用,黏度高的可达 100 Pa·s,物料液层较深时可在轴上装置数排桨叶。

2. 框式搅拌器

框式搅拌器是由桨式搅拌器演变而成的,两层水平桨用垂直桨叶联成刚性框子,结构牢固,搅动物料量大。框的宽度可取釜内径的 0.9～0.98 倍,可以防止物料附在釜壁上。框式搅拌器转速较低,一般都小于 100 r/min。框式搅拌器的循环速度及剪切作用都较小,主要产生切线流。当物料黏度高时,可产生一定的径向流和轴向流。这类搅拌器常用于传热操作以及高黏度液体、高浓度淤浆和沉降性淤浆的搅拌。

3. 锚式搅拌器

当框式搅拌器的底部形状做成适应釜底形状时,就成为锚式搅拌器。

锚式搅拌器桨叶外缘形状与反应釜内壁一致,其间仅有很小间隙,搅拌器转动时几乎触及釜体的内壁,可及时刮除壁面沉积物,有利于传热。此种搅拌器适用于黏稠物料(黏度高达 200 Pa·s)的搅拌,转速可为 15～80 r/min,桨叶外缘的圆周速度为 0.5～1.5 m/s。

不足的是搅拌高黏度液体时,存在液层中有较大的停滞区的问题。

4. 旋桨式(推进式)搅拌器

旋桨式搅拌器也称推进式搅拌器,是用 2～3 片推进式桨叶装于转轴上而成。由于转轴的高速旋转,桨叶将液体搅动使之沿器壁和中心流动,在上下之间形成激烈的循环运动,若将旋桨装在圆形导流筒中,循环运动可更加强。这种搅拌器广泛应用于较低黏度(<2 Pa·s)的液体、乳浊液和颗粒在 10％以下的悬浮液的搅拌。操作时所用的转速为 400～500 r/min,对于黏度≥0.5 Pa·s 液体,其转速应在 400 r/min 以下,当搅拌黏性液体以及含有悬浮物或可形成泡沫的液体时,其转速应在 150～400 r/min 之间。旋桨式搅拌器具有结构简单、制造方便、可在较小的功率消耗下得到高速旋转的优点,但在搅拌黏度达 0.4 Pa·s 以上的液体时,搅拌效率不高。

5. 涡轮式搅拌器

涡轮就是在水平圆盘上安装 2～4 片平直的或弯曲的叶片后所组成的部件,涡轮搅拌器由一个或数个装置在直轴上的涡轮所构成。涡轮桨叶的外径、宽度与高度的比例,一般为 20：5：4。涡轮搅拌器的操作形式类似于离心泵的叶轮,当涡轮旋转时,液体经由中心沿轴被吸入,在离心力作用下,沿叶轮间通道,由中心甩向涡轮边缘,并沿切线方向以高速甩出,而造成剧烈的搅拌。

涡轮式搅拌器分为圆盘涡轮搅拌器和开启涡轮搅拌器(前者的循环速度低于后者);按照叶轮形状的不同又可分为平直叶和弯曲叶(弯叶的叶轮不易磨损,功率消耗低)。涡轮搅拌器速度较大,300～600 r/min。

涡轮搅拌器既产生很强的径向流,又产生较强的轴向流,这种搅拌器最适合于大量液体的连续搅拌操作,除稠厚的浆糊状物料外(被搅拌液体的黏度一般不超过 25 Pa·s),几乎可应用于任何情况。随着生产能力的提高和连续化操作的发展,涡轮搅拌器的应用范畴必将日益广泛,这种搅拌器的缺点是生产成本较高。

6. 螺带式搅拌器

螺带式搅拌器主要产生轴向流,加上导流筒后,可形成筒内外的上下循环流动。

它的转速较低,通常不超过 50 r/min。螺带的外径与螺距相等,专门用于搅拌高黏度液体(200~500 Pa·s)及拟塑性流体,通常在层流状态下操作。

知识点 4　搅拌器的选型

在工业上可根据物料的性质、要求物料的混合程度以及能耗等因素来选择适宜的搅拌器。在一般情况下,对低黏度的均相液体混合过程,可选用任何形式的搅拌器,而对非均相液体的分散混合,选择涡轮式、旋浆式搅拌器为好。在有固体悬浮物存在且固液密度差较大时选用涡轮式搅拌器,固液密度差较小时选用浆式搅拌器。对于物料黏稠性很大的液体混合过程,一般选用锚式搅拌器,对于需要更大搅拌强度或需要被搅拌物料作上下翻腾的运动情况,可根据需要在反应器内再装设横向或竖向挡板及导向筒等,以满足混合要求。

综上所述,根据被搅拌物料的性质、搅拌的主要目的,再结合搅拌器的性能的基本规律,搅拌器选择原则总结如下。

1. 按物料黏度选型

对于低黏度液体,宜选用小直径、高转速搅拌器,如推进式、涡轮式;对于高黏度液体,可选用大直径、低转速搅拌器,如锚式、框式和浆式。常见搅拌器黏度适用范围,如图 2-9 所示。

2. 按搅拌目的选型

对于低黏度均相液体的混合过程,主要考虑循环流量,各种搅拌器的循环流量从大到小排列:推进式、涡轮式、浆式;对于非均相液-液分散过程,首先考虑的是剪切作用,同时要求有较大的循环流量,各种搅拌器的剪切作用按从大到小的顺序排列为涡轮式、推进式、浆式。

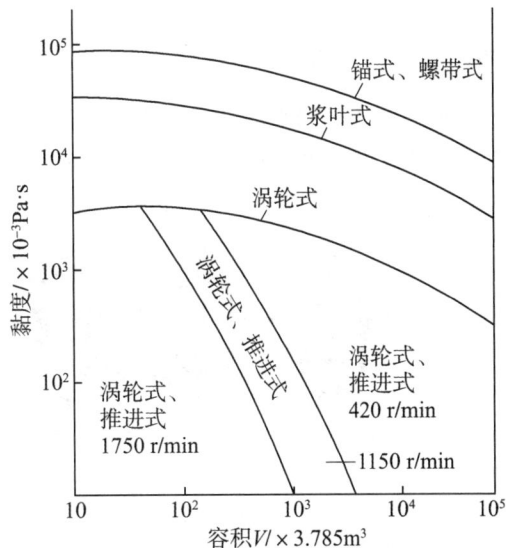

图 2-9　常见搅拌器的适用黏度范围

知识点 5　搅拌器的附件

反应釜搅拌器由伺服电机通过联轴器驱动,控制伺服电机的转速,便可达到控制搅拌转速的目的。它主要由旋转轴及装在轴上的叶轮组成,除此之外还包括辅助部件和附件,如密封装置、减速箱、搅拌电机、支架、挡板和导流筒等。其中密封装置为关键部件。

静止的搅拌釜封头和转动的搅拌轴之间设有搅拌轴密封装置(简称轴封),以防止釜内物料泄漏。

釜式反应器的轴封装置主要有填料密封和机械密封两种,已标准化,可根据需要直接选用。

填料密封结构简单,填料装卸方便,但使用寿命较短,难免有微量泄漏。当轴颈处圆周速度在 5 m/s 以上即不能使用,密封压力稍高时也不宜采用。

机械密封结构较复杂,造价高,但密封效果甚佳,泄漏量少,使用寿命长,磨擦功耗小,是目前应用最广的密封结构。此外还可用新型密封胶密封等。

思考练习题

釜式反应器的搅拌器类型有哪些?各用于什么场合?

任务三 釜式反应器换热装置的设计与选型

知识点 1 换热装置及特点

换热装置是用来加热或冷却反应物料,使之符合工艺要求的温度条件的设备。其结构型式主要有夹套式、蛇管式、列管式、外部循环式、回液冷凝式等,如图 2-10 所示。

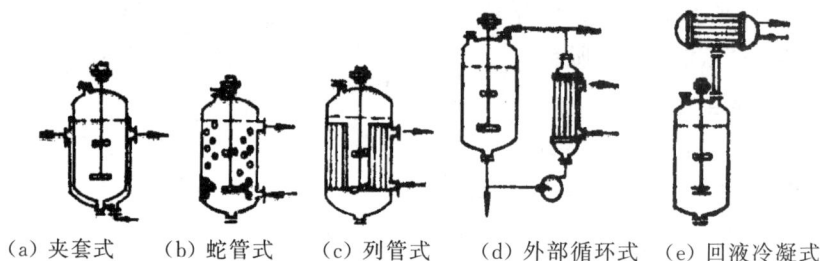

(a) 夹套式　　(b) 蛇管式　　(c) 列管式　　(d) 外部循环式　　(e) 回液冷凝式

图 2-10　釜式反应器的换热装置

一、夹套式

夹套一般由钢板焊接而成,它是套在反应器筒体外面能形成密封空间的容器,既简单又方便。夹套内通蒸汽时,其蒸汽压力一般不超过 0.6 MPa。当反应器的直径大或者加热蒸汽压力较高时,夹套必须采取加强措施。图 2-11 所示为几种加强的夹套传热结构。

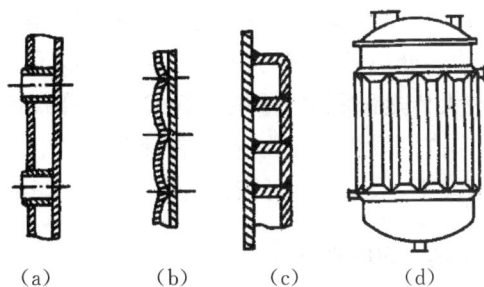

图 2-11　几种加强的夹套传热结构

图 2-11 中，(a)为一种支撑短管加强的"蜂窝夹套"，可用 1 MPa 饱和水蒸气加热至 180℃。

(b)为冲压式"蜂窝夹套"，可耐更高的压力。(c)和(d)为角钢焊在釜的外壁上的夹套，耐压强度可达到 5 M～6 MPa。

夹套与反应釜内壁的间距视反应釜直径的大小采用不同的数值，一般取 25～100 mm。夹套的高度取决于传热面积，而传热面积由工艺要求确定。但必须注意夹套高度一般应高于料液的高度，应比釜内液面高出 50～100 mm，以保证充分传热。

二、蛇管式

当工艺需要的传热面积大，单靠夹套传热不能满足要求时，或者是反应器内壁衬有橡胶、陶瓷等非金属材料时，可采用蛇管传热。

工业上常用的蛇管有两种：水平式和直立式蛇管。排列紧密的水平式蛇管能同时起到导流筒的作用，排列紧密的直立式蛇管同时起到挡板的作用，它们对于改善流体的流动状况和搅拌的效果起积极的作用。蛇管浸没在物料中，热量损失少，且由于蛇管内传热介质流速高，它的给热系数比夹套大很多。对于含有固体颗粒的物料及黏稠的物料，容易引起物料堆积和挂料，影响传热效果。

三、列管式

对于大型反应釜，需高速传热时，可在釜内安装列管式换热器。它的主要优点是单位体积内传热面积大，传热效果好；此外结构简单，操作弹性大。

四、外部循环式

当反应器的夹套和蛇管传热面积仍不能满足工艺要求，或由于工艺的特殊要求无法在反应器内安装蛇管，而夹套的传热面积又不能满足工艺要求时，可以通过泵将反应器内的料液抽出，经过外部换热器换热后再循环回反应器中。

五、回流冷凝式

当反应在沸腾温度下进行且反应热效应很大时，可以采用此种方式进行换热，使反应器内产生的蒸汽通过外部的冷凝器加以冷凝，冷凝液返回反应器中。采用这种方式进行传热，由于蒸汽在冷凝器中以冷凝的方式散热，可以得到很高的给热系数。

釜式反应器换热装置的选择主要决定于传热表面是否被污染而需要清洗,所需传热面积的大小、传热介质的泄漏可能造成的后果以及传热介质的温度、压力等等因素。一般需要较大传热面积时,采用蛇管式或列管式换热装置;反应在沸腾情况进行时,采用釜外回流冷凝式取走热量;在传热量不大、所需换热面积较小且换热介质压力又较小的情况下,采用造价低廉结构简单的夹套式换热装置是比较适宜的。

知识点 2 常见换热介质的选择

化工反应中换热目的主要有两种:一是将釜内物料加热,二是将釜内物料冷却。化工生产中的热量交换通常发生在两种流体之间,在换热过程中,参与换热的流体称为载热体。温度较高且放出热量的流体称为热载热体,简称热流体;温度较低且吸收热量的流体称为冷载热体,简称冷流体。据换热目的不同,载热体也有其他名称,若换热目的是为了将冷流体加热,此时所用热流体称为加热剂;若换热目的是为了将某种热流体冷却,此时所用冷流体称为冷却剂。

对于一定的化学反应任务,待冷却或加热物料的初始与终了温度常由工艺条件所决定,因此需要取出或提供的热量是一定的。热量的多少决定了传热过程的操作费用。但是,单位热量的费用则因载热体而异。例如,当冷却时,温度要求愈低,费用愈高;加热时,温度要求愈高,费用愈高。因此为了提高传热过程的经济效益,必须选择适当温度范围的载热体。

载热体选择须考虑以下几个方面因素:

(1) 载热体的温度易调节控制;

(2) 载热体的饱和蒸气压应较低,加热时不易分解;

(3) 载热体的毒性要小,不易燃、易爆,不易腐蚀设备;

(4) 价格便宜,来源容易。

一、常用的冷却剂

工业上常用的冷却剂有水、空气、冷冻盐水、液氨($-33.4℃$)等。其中水是最常用于釜式反应器的冷却剂。

水的主要来源是江河水和地下水,江河水的温度与当地的气候与季节有关,通常在 $10℃\sim30℃$,地下水的温度则较低,在 $4℃\sim15℃$。水热容量大,应用最为普遍,这也是化工企业靠水而建的原因之一。为了节约用水和保护环境,企业生产时应让水最大限度地循环使用,如在换热器用过的水,送到凉水塔内,与空气逆流接触,部分汽化而冷却,再重新作为冷却剂使用。

二、常用的加热剂

工业常用的加热剂有热水($40℃\sim100℃$)、饱和水蒸汽($100℃\sim180℃$)、矿物油或联苯或二苯醚混合物等低熔混合物($180℃\sim540℃$)、烟道气($50℃\sim1\,000℃$)等;除此之外还可用电来加热。

水蒸汽是最常用的加热剂。当要求温度低于 $180℃$ 时,常用饱和水蒸汽作加热剂,其优点是饱和蒸汽的压强和温度一一对应,调节其压强就可以控制加热温度,使用方便;饱和水蒸汽冷凝潜热大,因此蒸汽消耗量相对较小,此外蒸汽冷凝时给热系数很大、价廉、无毒、无火灾危险等。其缺点是饱和水蒸汽冷凝传热能达到的温度受压强的限制。因此一般超过200℃后,由于水蒸汽压力太高对设备的机械强度要求高,投资费用大。

其他工业常用的加热剂的种类、加热温度范围、优缺点详见表2-1。

表 2-1 化工常用加热剂的种类及适用范围

加热剂	温度范围	优点	缺点
饱和水蒸气	100℃～180℃	易于调节,冷凝潜热大,热利用率高	温度升高,压力也升高,设备有困难。180℃时对应的压力为10 MPa
热水	40℃～100℃	可利用工业废水和冷凝水的废热,作为回收热量的一种途径	只能用于低温、传热状况不好,本身易冷却,温度不易调节
联苯混合物	液体:15℃～255℃ 蒸气:255℃～380℃	加热均匀,热稳定性好,温度范围宽,易于调节,高温时蒸汽压很低,热焓值与水蒸气接近,对普通金属不腐蚀	易渗透软性昂贵石棉填料,蒸气易燃烧,但不爆炸,会刺激人的鼻黏膜
矿物油	≤250℃	不需要高压加热,温度较高	黏度大,传热系数小,热稳定性差,超过250℃时易分解,易着火,调节困难
甘油	200℃～250℃	无毒,不爆炸,价廉,来源方便,加热均匀	极易吸水,且吸水后沸点急剧下降
四氯联苯	100℃～300℃	400℃以下有较好的热稳定性,蒸汽压低,对铁、钢、不锈钢、青铜等均不腐蚀	蒸气可使人肝脏发生疾病
熔盐	142℃～530℃	常压下温度高	比热容小
烟道气	≥1000℃	温度高	传热差,比热容小,易局部过热

当然在实际生产中,载热体的选择更多应该是从装置的余热利用方面加以考虑。比如,对于一些高温下的放热反应,通常采取的换热方案就可以采用反应后高温物料预热反应前低温原料。这样在产物冷却的同时,也实现了预热原料的目的。

思考练习题

(1) 釜式反应器为什么要附有换热装置?换热装置的类型有哪些?

(2) 常用的高温热源有哪些?低温热源有哪些?各适用于什么场合?

任务四　间歇釜式反应器的仿真操作

以搅拌釜反应系统为例,说明釜式反应器的日常运行与维护。

一、反应器的开车

首先,通入惰性气体对系统进行试漏,进行惰性气体置换。检查传动设备的润滑情况,投运冷却水、蒸汽、热水、惰性气体、工厂风、仪表风、润滑油、密封油等系统。投运仪表、电气、安全联锁系统,往反应釜中加入原料。当釜内液体淹没最低一层搅拌叶时,启动反应釜搅拌器。继续往釜内加入原料,到达正常料位时停止。升温使釜温达到正常值。在升温的过程中,当温度达到某一规定值时,向釜内加入催化剂等辅料,并同时控制反应温度、压力、反应釜料位等工艺指标,使之达到正常值。

二、釜式反应器的操作

1. 反应温度控制

反应系统的操作是最关键的。反应温度的控制一般有如下三种方法。

(1)通过夹套冷却水换热。

(2)通过反应釜组成气相外循环系统,调节循环气体的温度,并使其中的易冷凝气冷凝,冷凝液流回反应釜,从而达到控制反应温度的目的。

(3)料液循环泵、料液换热器和反应釜组成料液外循环系统,通过料液换热器能够调节循环料液的温度,从而达到控制反应温度的目的。

2. 压力控制

反应温度恒定时,在反应物料为气相时,主要通过催化剂的加料量和反应物料的加料量来控制反应压力。当反应物料为液相时,反应釜的压力主要取决于物料的蒸气分压,也就是反应温度。反应釜气相中,不凝性惰性气体的含量过高是造成反应釜压力超高的原因之一。此时需放火炬,以便降低反应釜的压力。

3. 液位控制

应该严格控制反应釜的液位。反应釜的液位一般控制在70%左右,通过料液的出料速率来控制。连续反应时反应釜必须有自动料位控制系统,以确保准确控制液位。液位控制过低,反应产率低;液位控制过高,甚至满釜,就会造成物料浆液进入换热器、风机等设备中,容易造成事故。

4. 料液浓度控制

料液过浓,造成搅拌器电机电流过高,引起超负载跳闸,停转,就会造成釜内物料结块,甚至引发温度骤增,出现事故。停止搅拌是造成事故的主要原因之一。控制料液浓度主要通过控制溶剂的加入量和反应物产率来实现。

有些反应过程还要考虑控制加料速度以及催化剂用量。

三、釜式反应器的停车

首先停进催化剂、原料等;继续加入溶剂,维持反应系统继续运行;在化学反应停止后,停进所有物料,停搅拌器和其他传动设备,卸料;用惰性气体置换,置换合格后交检修。

知识点 1   生产原理及操作要点

2-巯基苯并噻唑是橡胶制品硫化促进剂 DM(2,2-二硫代苯并噻唑)的中间产品,它本身也是硫化促进剂,但活性不如 DM。

缩合反应共有三种原料,多硫化钠(Na_2Sn)、邻硝基氯苯($C_6H_4ClNO_2$)及二硫化碳(CS_2)。

主反应如下:

$$2C_6H_4NClO_2 + Na_2Sn \rightarrow C_{12}H_8N_2S_2O_4 + 2NaCl + (n-2)S\downarrow$$

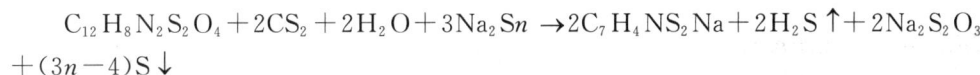
$$C_{12}H_8N_2S_2O_4 + 2CS_2 + 2H_2O + 3Na_2Sn \rightarrow 2C_7H_4NS_2Na + 2H_2S\uparrow + 2Na_2S_2O_3 + (3n-4)S\downarrow$$

副反应如下:

$$C_6H_4NClO_2 + Na_2Sn + H_2O \rightarrow C_6H_6NCl + Na_2S_2O_3 + (n-2)S\downarrow$$

主反应的活化能要比副反应的活化能要高,因此升温后更利于反应收率。在 90℃ 的时候,主反应和副反应的速度比较接近,因此,要尽量延长反应温度在 90℃ 以上时的时间,以获得更多的主反应产物。

知识点 2   工艺流程

生产工艺流程如图 2-12 所示,来自备料工序的 CS_2、$C_6H_4ClNO_2$、Na_2Sn 分别注入计量罐及沉淀罐中,经计量沉淀后利用位差及离心泵压入反应釜中,釜温由夹套中的蒸汽、冷却水及蛇管中的冷却水控制,设有分程控制 TIC101(只控制冷却水),通过控制反应釜温来控制反应速度及副反应速度,来获得较高的收率及确保反应过程安全。

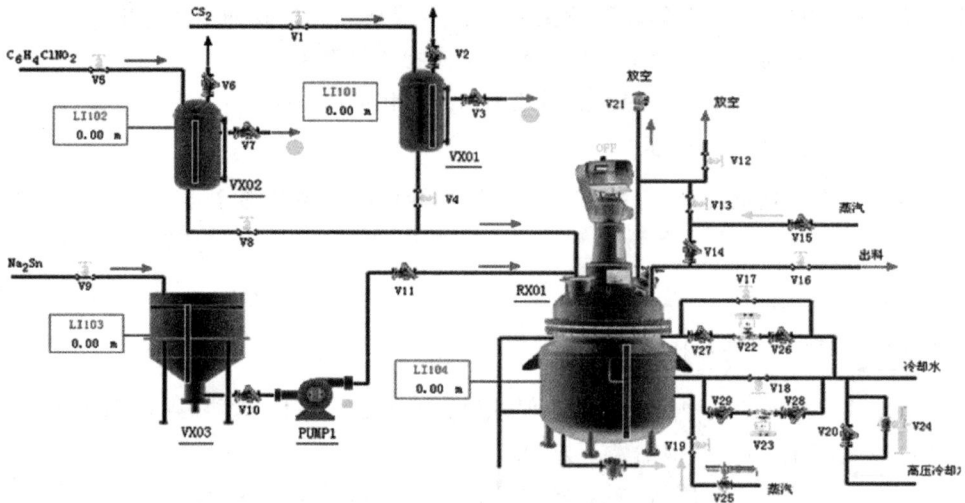

RX01:间歇反应釜;VX01:CS₂ 计量罐;VX02:邻硝基氯苯计量罐;

VX03:Na₂Sn 沉淀罐;PUMP1:离心泵

图 2-12　2-巯基苯并噻唑工艺流程图

知识点 3　操作规程

工艺参数要求:

(1) 反应釜中压力不大于 7 个大气压。

(2) 冷却水出口温度不小于 60℃,如小于 60℃易使硫在反应釜壁和蛇管表面结晶,使传热不畅。

四、间歇釜操作与控制

(一) 开车

装置开工状态为各计量罐、反应釜、沉淀罐处于常温、常压状态,各种物料均已备好,大部阀门、机泵处于关停状态(除蒸汽联锁阀外)。

1. 备料

(1) 向沉淀罐 VX03 进料(Na₂Sn)。开阀门 V9,开度约为 50%,向罐 VX03 充液,当 VX03 液位接近 3.60 m 时,关小 V9,至 3.60 m 时关闭 V9。静置 4 min(实际 4 h)备用。

(2) 向计量罐 VX01 进料(CS₂)。开放空阀门 V2。开溢流阀门 V3。开进料阀 V1,开度约为 50%,向罐 VX01 充液。液位接近 1.4 m 时可关小 V1,溢流标志变绿后,迅速关闭 V1。待溢流标志再度变红后,可关闭溢流阀 V3。

(3) 向计量罐 VX02 进料(邻硝基氯苯)。开放空阀门 V6。开溢流阀门 V7。开进料阀 V5,开度约为 50%,向罐 VX02 充液。液位接近 1.2 m 时可关小 V5,溢流标志变绿后,迅速关闭 V5。待溢流标志再度变红后,可关闭溢流阀 V7。

2. 进料

(1) 微开放空阀 V12,准备进料。

(2) 从 VX03 中向反应器 RX01 中进料(Na_2S_n)。打开泵前阀 V10,向进料泵 PUMP1 中充液。打开进料泵 PUMP1。打开泵后阀 V11,向 RX01 中进料。至液位小于 0.1 m 时停止进料。关泵后阀 V11。关泵 PUMP1。关泵前阀 V10。

(3) 从 VX01 中向反应器 RX01 中进料(CS_2)。检查放空阀 V2 开放。打开进料阀 V4 向 RX01 中进料。待进料完毕后关闭 V4。

(4) 从 VX02 中向反应器 RX01 中进料(邻硝基氯苯)。检查放空阀 V6 开放。打开进料阀 V8 向 RX01 中进料。待进料完毕后关闭 V8。

(5) 进料完毕后关闭放空阀 V12。

3. 开车

(1) 检查放空阀 V12 以及进料阀 V4、V8、V11 是否关闭。打开联锁控制。

(2) 开启反应釜搅拌电机 M1。

(3) 适当打开夹套蒸汽加热阀 V19,观察反应釜内温度和压力上升情况,保持适当的升温速度。

(4) 控制反应温度直至反应结束。

(二) 正常操作中主要工艺生产指标的调整方法

(1) 温度调节:操作过程中以温度为主要调节对象,以压力为辅助调节对象。升温慢会引起副反应速度大于主反应速度的时间段过长,因而引起反应的产率低。升温快则容易反应失控。

当温度升至 55~65℃,停止通蒸汽加热。

当温度大于 75℃时,通冷却水。

当温度升至 110℃以上时,是反应剧烈的阶段。应小心加以控制,防止超温。当温度难以控制时,打开高压水阀。并可关闭搅拌器以使反应降速。当压力过高时,可微开放空阀以降低气压,但放空会使 CS2 损失,污染大气。

反应温度大于 128℃时,相当于压力超过 8 atm,已处于事故状态,如联锁开关处于"on"的状态,联锁起动(开高压冷却水阀,关搅拌器,关加热蒸汽阀)。

(2) 压力调节:压力调节主要是通过调节温度实现的,但在超温的时候可以微开放空阀,使压力降低,以达到安全生产的目的。

压力超过 15 atm(相当于温度大于 160℃),反应釜安全阀发生作用。

(3) 收率:由于在 90℃以下时,副反应速度大于正反应速度,因此在安全的前提下快速升温是收率高的保证。

(三) 停车

在冷却水量很小的情况下,反应釜的温度下降仍较快,则说明反应接近尾声,可以进行停车出料操作了。

(1) 打开放空阀 V12 5~10 s,放掉釜内残存的可燃气体。关闭 V12。

（2）向釜内通增压蒸汽。打开蒸汽总阀 V15。打开蒸汽加压阀 V13 给釜内升压，使釜内气压高于 0.4 MPa。

（3）打开蒸汽预热阀 V14 片刻。

（4）打开出料阀门 V16。

（5）出料完毕后，保持开 V16 约 10 s 进行吹扫。

（6）关闭出料阀 V16。

（7）关闭蒸汽阀 V15。

知识点 4　异常现象及处理方法

生产 2-疏基苯并噻唑用反应釜常见异常现象及处理方法见表 2-2。

表 2-2　生产 2-疏基苯并噻唑用反应釜常见异常现象及处理方法

序号	异常现象	产生原因	处理方法
1	温度大于 128℃（气压大于 8 atm）	反应釜超温（超压）	（1）开大冷却水，打开高压冷却水阀 V20。 （2）关闭搅拌器 PUM1，使反应速度下降。 （3）如果气压超过 12 atm，打开放空阀 V12
2	反应速度逐渐下降为低值，产物浓度变化缓慢	搅拌器故障	停止操作，出料维修
3	开大冷却水阀对控制反应釜温度无作用，且出口温度稳步上升	蛇管冷却水阀 V22 卡	开冷却水旁路阀 V17 调节
4	出料时，内气压较高，但釜内液位下降很慢	出料管硫磺结晶，堵住出料管	开出料预热蒸汽阀 V14 吹扫 5 min 以上（仿真中采用）。拆下出料管用火烧化硫磺，或更换管段及阀门
5	温度显示置零	测温电阻连线断	改用压力显示对反应进行调节（调节冷却水用量）。 升温至压力为 0.3～0.75 atm 就停止加热。 升温至压力为 1.0～1.6 atm 开始通冷却水。 压力为 3.5～4 atm 以上为反应剧烈阶段。 反应压力大于 7 atm，相当于温度大于 128℃处于故障状态。 反应压力大于 10 atm，反应器联锁起动。 反应压力大于 15 atm，反应器安全阀起动。 （以上压力为表压）

任务五　釜式反应器换热装置的生产应用案例

乙酸正丁酯合成反应器的生产实例。

某化工企业用乙酸和丁醇为原料生产乙酸正丁酯,其反应式为:

$$CH_3COOH + C_4H_9OH \longrightarrow CH_3COOC_4H_9 + H_2O$$

反应在 373 K 等温条件下进行,以硫酸为催化剂,反应速率常数 $K = 0.017\ 4$ $m^3/(kmol \cdot min)$。该反应以乙酸(下标以 A 计)表示的动力学方程式为$(-r_A) = kC_A^2$。

现要求装置的生产能力为:乙酸正丁酯 665 t/a,工作时间 300 d/a。已知:原料乙酸密度为 970 kg/m^3,正丁醇密度为 811 kg/m^3,工艺规定进入反应器的原料中,乙酸与正丁醇的摩尔比为 1:5.4;要求乙酸转化率控制在 $x_{Af} = 50\%$,乙酸正丁酯收率为 90%。

试根据反应任务选择合适的反应器并确定其反应器的换热装置。

知识点1　工艺技术分析

乙酸和丁醇生产乙酸正丁酯,由于用硫酸作为催化剂,此反应属于液-液均相反应,根据各类反应器的适用条件,可以判断此反应任务既可以采用釜式反应器,也可以采用管式反应器。其中釜式反应器既可以连续操作,也可以间歇操作;既可以单釜操作,也可以多釜串联操作。

到底是选釜式还是选管式反应器,需进一步根据它们的工作过程特点及所需的反应器容积来确定。考虑到处理量较小,使用间歇釜式反应器投资不大,而且结构简单、操作方便、市场灵活性大、所以综合考虑最终选用间歇釜式反应器,这样可以节省成本。(关于管式反应器的相关知识,本书在项目六中有详细阐述)

根据釜式反应器的结构及所附设装置的特点,釜式反应器基本构造确定如下:

釜式反应器的筒体:采用钢板卷制而成,上封头选用椭圆形封头,下封头考虑到卸料的方便采用锥形封头。由于直径大于 900 mm,在上封头上开设一个圆形人孔,并安装一个带灯视镜,便于观察釜内物料反应情况。同时在上封头上安装压力表、下封头上开孔安装测温元件;考虑到操作的安全,安装弹簧式安全阀。

搅拌与轴封装置:由于工程项目中酯化反应物料为均相液体且黏度不大,又因为所用反应器容积较小,所以选用桨式搅拌器,采用机械密封装置。

换热装置:由于合成反应是酯化反应,放热不是很强烈,移走反应热不需要较大传热面积时,所用冷却介质为水,其压力也不是很高,加之反应器容积也比较小,故采用结构简单的夹套式换热装置。

知识点 2　技术理论

一、釜式反应器温度检测与控制方法认识

温度的检测与控制是保证釜式反应器内化学反应过程正常进行即保证产品质量、降低成本、确保安全生产的重要手段。

（一）反应温度的检测方式及仪表

温度不能直接测量，只能借助于冷热不同物体之间的热交换，以及物体的某些物理性质随冷热程度不同而变化的特性来加以间接测量。

温度测量仪表若按工作原理可分为膨胀式温度计、压力式温度计、热电偶温度计、热电阻温度计和辐射高温计五类。若按测量方式则分为接触式与非接触式两大类。前者测温元件直接与被测介质接触，这样可以使被测介质与测温元件进行充分热交换，而达到测温目的；后者测温元件与被测介质不相接触，通过辐射或对流实现热交换来达到测温的目的，按测量方式分类见表 2-3 所示。

表 2-3　反应温度测量用温度计的种类及优缺点

测温方式	温度计种类		测温范围/℃	优点	缺点
接触式测温仪表	膨胀式	玻璃液体	−50～600	结构简单、使用方便、测量准确、价格低廉	测量上限和精度受玻璃质量的限制、易碎、不能记录远传
		双金属	−80～600	结构紧凑、牢固可靠	精度低、量程和使用范围有限
	压力式	液体 气体 蒸汽	−30～600 −20～350 0～250	结构简单、耐震、防爆能记录、报警、价格低廉	精度低、测温距离短、滞后性大
	热电偶	铂铑—铂 镍铬—镍硅 镍铬—考铜	0～1 600 −50～1 000 −50～600	测温范围广、精度高、便于远距离、多点、集中测量和自动控制	需冷端温度补偿、在低温段测量精度较低
	热电阻	铂 铜	−200～600 −50～150	测量精度高、便于远距离、多点、集中测量和自动控制	不能测高温，须注意环境温度的影响
非接触式测温仪表	辐射式	辐射式 光学式 比色式	400～2 000 700～3 200 900～1 700	测温时，不破坏被测温度场	低温段测量不准，环境条件会影响测温准确度
	红外线	光电探测 热电探测	0～3 500 200～2 000	测温范围大、适于不破坏被测温度场、响应快	易受外界干扰、标定困难

釜式反应器内由于反应温度不是特别高也不是特别低,应用较多的接触式测温仪表,其中以热电阻和热电偶居多。

(二)釜式反应器温度的控制

1. 改变进料温度

物料经过预热器(或冷却器)进入反应釜。通过改变进入预热器(或冷却器)的热剂量(或冷剂量),可以改变反应釜的进料温度,从而达到维持釜内温度恒定的目的。

2. 改变加热剂或冷却剂流量

由于大多数反应釜均有传热面,以引入或移走反应热,所以用改变引入传热量多少的方法实现温度控制。当带夹套的反应釜内温度改变时,可用改变加热剂(或冷却剂)流量的方法来控制釜内温度。这种方案的结构比较简单,使用仪表少。但由于反应釜容量大,温度滞后严重,特别是当反应釜用来进行聚合反应时,釜内物料黏度大,传热效果较差,混合又不易均匀,就很难使温度控制达到严格的要求。

3. 串级控制

针对反应釜釜温滞后较大的特点,反应釜温度目前一般采用串级控制方案。串级控制方案就是根据进入反应釜的主要干扰的不同情况,可以采用釜温与加热剂(或冷却剂)流量串级控制见图 2-13(a)、釜温与夹套温度串级控制如图 2-13(b)所示及釜温与釜压串级控制见图 2-13(c)等。

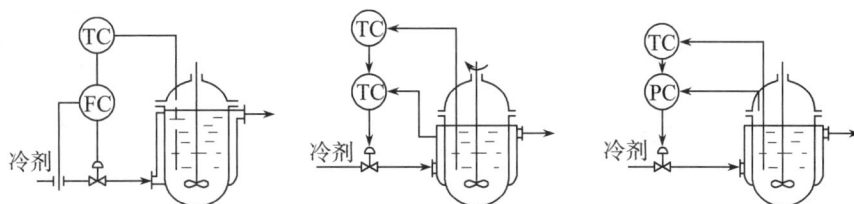

(a)釜温与冷剂流量串级控制　(b)釜温与夹套温度串级控制　(c)釜温与釜压串级控制

图 2-13　反应釜釜温串接控制方案示意图

二、釜式反应器操作效果的影响因素分析

影响釜式反应器操作效果的因素除了原料的配比、所用催化剂外,更主要的是操作条件的影响。当原料配比、催化剂一定时,主要影响因素有以下几个方面。

(一)搅拌性能的好坏

搅拌性能良好的反应器,增加了反应物分子之间的接触频率,有利于提高反应速率。

(二)反应压力控制的好坏

对于有气体参与的化学反应,其他条件不变时(除体积),增大压强,即体积减小,反应物浓度增大,单位体积内活化分子数增多,单位时间内有效碰撞次数增多,反应速率加快;反之则减小。若体积不变,加压(加入不参加此化学反应的气体)反应速率就不变。因为浓度不变,单位体积内活化分子数就不变。但在体积不变的情况下,加入反应物,同样是加压,增加反应物浓度,速率也会增加。

(三) 反应温度控制的情况

升高温度,反应物分子获得能量,一部分原来能量较低的分子变成活化分子,增加了活化分子的百分数,使得有效碰撞次数增多,故反应速率加大(主要原因)。当然,由于温度升高,分子运动速率加快,单位时间内反应物分子碰撞次数增多反应也会相应加快(次要原因)。因此,在不影响物料性质的前提下,在催化剂的活性温度范围内,尽量控制较高的反应温度,有利于提高反应速率,提高反应釜的生产能力。对于放热反应,利用换热装置及时将反应放出的热量移走,维持反应温度的恒定,有利于提高反应的平衡转化率。对于吸热反应要充分利用换热装置供给反应所需的热量,从而保证反应温度的恒定。因换热装置与温控系统性能的好坏,对反应温度的控制至关重要。

此外,对于间歇操作的反应釜,物料在釜内停留时间的控制对反应物的转化率、反应的选择性也有很大的影响。对于存在累积副反应的反应系统,物料的停留时间不能长,否则主产物的收率会降低。

思考练习题

如何控制反应釜的温度? 主要的换热措施有哪些?

项目三
固定床反应器的操作与控制

知识目标

☞ 了解固定床反应器的应用;

☞ 掌握固定床反应器的结构和特点;

☞ 熟悉催化剂的运输、储藏、装填注意事项;

☞ 掌握催化剂失活的原因和再生方法。

技能目标

☞ 能根据产品的生产原理选择合适的固定床反应器类型;

☞ 能规范操作固定床反应器;

☞ 能发现、分析、处理反应器出现的异常现象。

态度目标

☞ 具有团队精神和与人合作能力;

☞ 具有与人交流沟通能力;

☞ 具有较强的表达能力。

任务一　固定床反应器的认知

化学工业中最常用的气固相反应器主要有固定床反应器和流化床反应器,其他还有移动床和滴流床反应器等。气体反应物通过由静止不动的催化剂构成的床层进行化学反应的装置称为固定床催化反应器,简称固定床反应器。

知识点 1　固定床反应器的优缺点

在气固相催化反应过程中,气体反应物在催化剂表面上进行反应,因而其反应器属于非均相反应器,这与前面讨论的均相反应器存在明显差异,在反应过程、动力学方程表达式、传质与传热过程及设计计算任务等方面都有所不同。

二维码 3-1　固定床反应器整体浏览

一、固定床反应器的主要优点

(1) 当气体流速达一定值后,其在床层内流动可看成平推流,故化学反应速率较高,完成同样生产任务所需要的催化剂用量和反应器体积较小。

(2) 流体通过床层的停留时间可严格控制,温度分布可适当调节,这样更有利于提高反应的转化率和选择性。

(3) 列管式固定床反应器具有较好的耐压特性,适宜在高温高压条件下操作,有利于提高以气体反应物为原料的反应速率和设备生产能力。

(4) 固定床内的催化剂强度高,不易磨损,可长期连续使用。

二、固定床反应器缺点

(1) 由于固定床床层内催化剂是静止不动的,而催化剂往往是热的不良导体,这就造成了固定床传热性能差,容易积热,温控难。对于放热反应,在固定床气体流动方向上往往存在一个最高温度点,通常称为"热点"。

(2) 若固定床反应器设计或操作不当,以致床层内的"热点"温度超过工艺允许的最高温度,甚至失去控制,使催化剂活性、寿命、选择性、设备强度等受害,称为"飞温"。

(3) 固定床反应器的催化剂不能过细,否则会造成流体阻力增大,影响正常操作。

(4) 催化剂再生和更换不方便,也会影响正常生产。

知识点 2　固定床反应器的结构及分类

近几十年来,随着石油化工生产的迅猛发展,尤其是精细化工产品的生产过程对反应设备、操作条件、工艺参数的控制等要求越来越高,为此研究开发了很多结构型式的固定床反应器,以适应不同的传热要求和传热方式。固定床反应器主要有绝热式和换热式两大类,其中以换热式列管固定床反应器最为常见,其结构如图 3-1 所示。

一、绝热式固定床反应器

绝热式固定床反应器反应区不与外界进行热交换,分为单段绝热式和多段绝热式。

1. 单段绝热式固定床反应器

单段绝热式固定床床层底部的栅板上均匀堆积着催化剂,内部无任何换热装置,如图 3-2 所示。该反应器适用于热效应小,温度波动允许范围较宽,单程转化率较低,结构简单,造价低的反应,反应器体积利用率较高反应器。当反应速率快时,可用薄层催化剂,热效应大也适用,典型应用是乙苯脱氢制乙烯、乙烯水合制乙醇。如乙苯脱氢制苯乙烯、乙烯水合制乙醇等。图 3-3 是甲醇在银或铜的催化剂上被空气氧化制甲醛,催化剂床层仅有 20 cm,迅速进入冷却器,防止甲醛进一步氧化或分解。

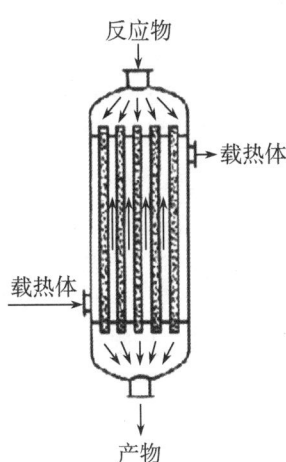

图 3-1 固定床反应   图 3-2 单段绝热式固   图 3-3 甲醇氧化制甲醛

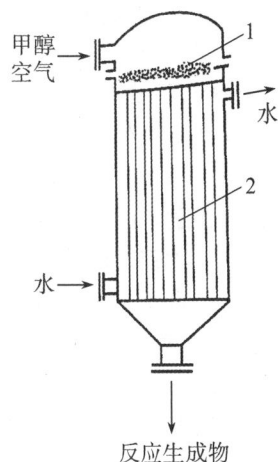

2. 多段绝热式

各段属于绝热式反应器,段间设有热交换,可改善反应区内轴向温度分布,使整个反应过程在适宜的温度下进行。段间换热可分为中间换热式和冷激式两种,见图 3-4。中间换热式是在段间安装换热器,作用是将上一段的反应器冷却,同时利用此热量将未反应的气体预热或通入外来载体取出多余反应热。此种换热是通过管壁完成热量交换,为间接换热。冷激式冷流体直接与上一段出口气体混合,以降低反应温度。

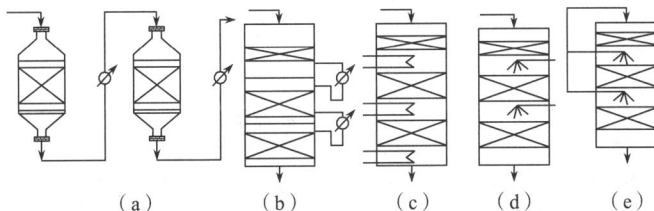

(a)、(b)、(c)中间换热式;(d)、(e)冷激式
图 3-4 多段绝热式换热器

二、换热式固定床反应器

当反应热效应较大时,为了维持一定的反应温度,必须利用换热介质移走或供给热量,换热式固定床反应器是目前应用最为广泛的固定床反应器。由于换热介质不同,可分为对外换热式和自身换热式两种。

1. 对外换热式固定床反应器

以各种载体为换热介质,通过管壁与反应物料换热。以列管式固定床反应器最

为常见。结构类似于列管式换热器,如图 3-5 所示。通常管内充填固体催化剂颗粒,管外走热载体。其特点是反应器换热效果较好,容易控制催化剂床层温度。该反应器适合于热效应较大的反应过程,尤其是以中间产物为目的产物的强放热复合反应。管径相对较小,所以径向温度分布均匀。

列管式固定床反应器的列管大多选用导热系数较大的金属材料。热效应大,选用小管径,但要有度,管径过小会造成气体流动阻力增大,一般管径取 20~50 mm 为宜。各列管中的催化剂要装填均匀,使各管阻力相等,为使管中压力降较小,催化剂粒径一般为 2~6 mm。壳程中的热载体可通过管壁换热的形式将反应热移走,以维持反应在适宜的温度下进行。通常根据反应所需要的温度范围、热效应大小、操作状况以及过程对温度波动的敏感性等来选择热载体。图 3-6 为以熔盐为热载体的反应装置示意图。热载体在反应条件下应该具有良好的热稳定性和较大的热容,不形成沉积物,对设备无腐蚀,能长期使用,价廉易得等。常用的热载体及使用温度范围,见表 3-1。图 3-7 为以导生油为热载体的固定床反应装置示意图。但需注意的是热载体温度与反应温度差不宜太大,以避免造成近壁处的催化剂过冷或过热。过冷的催化剂达不到"活性温度",不能发挥催化作用;过热的催化剂极有可能失活。热载体在管外通常采用强制循环的形式,以增强传热效果。

表 3-1 常用的热载体及温度范围

热载体	温度范围/K	组成	特点
水或加压水	373~573	水	潜热大,热稳定性好,无毒,腐蚀性小。使用时需注意水质处理,脱除水中溶解的氧气
导热油	473~623	烃、醚、醇、硅油、含卤烃及含氮杂环	黏度小,无腐蚀性,无相变,蒸气压低,使用方便,既可用于加热,又可用于制冷
熔盐	573~773	KNO_3、$NaNO_3$、$NaNO_2$ 按一定比例组成	在一定温度时呈熔融液体,挥发性很小。但高温下渗透性强,有较强的氧化性
烟道气	873~1 173	CO、CO_2 等混合气体	流动性好,传热效率高,操作简单

表 3-2 中列出了几种采用不同热载体和循环方式的列管式固定床反应器的结构型式。

表 3-2 几种常见的列管式固定床反应器

序号	结构型式	特点	生产实例
1	典型结构式	管内进行气固相催化反应,管外走热载体,通过管壁进行换热	例如,乙烯氧化法制备环氧乙烷,见图 3-1
2	沸腾循环式	管外走沸腾状态的水,通过水的部分汽化将反应热移走,而热载体温度保持恒定	例如,通过乙炔与氯化氢的反应制备氯乙烯,见图 3-5
3	内部循环式	热载体在管外与筒体内做循环流动,所吸收的反应热再传递给其他热载体。其结构复杂,多见于以熔盐为热载体的高温反应	例如丙烯腈、顺酐的生产,见图 3-6

续表

序号	结构型式	特点	生产实例
4	外部循环式	热载体通过泵进行内外部循环流动,再由外部换热器对热载体进行冷却,以移走吸收的热量	例如,乙烯氧化法制备环氧乙烷,见图3-7
5	气体换热式	当用液态热载体无法达到高温反应要求时,可以用流动性好的烟道气或其他惰性气体作为热载体	例如,乙苯脱氢反应器

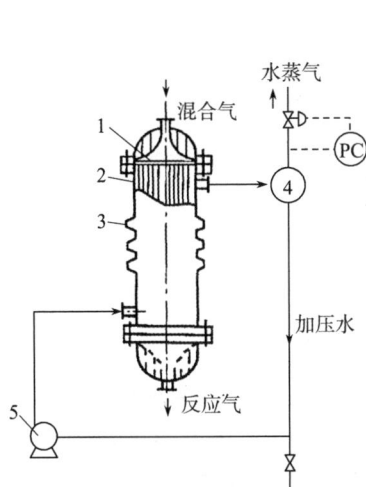

1—列管上花板;2—反应列管;
3—膨胀圈;4—汽水分离器;5—加压热水泵
图 3-5　以加压热水做热载体的固定床反应装置示意图

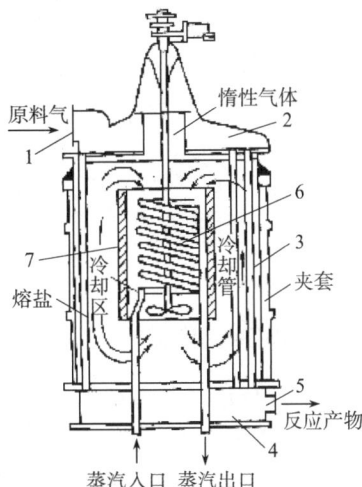

1—原料气进口;2—上头盖;
3—催化剂列管;4—下头盖;
5—反应器出口;6—人搅拌器;7—笼式冷却器
图 3-6　以熔盐为热载体的反应装置示意图

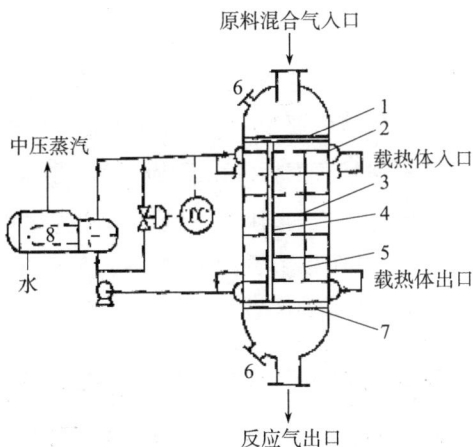

1—列管上花板;2,3—折流板;4—反应列管;5—折流板固定棒;
6—人孔;7—列管下花板;8—热载体冷却器
图 3-7　以导生油为热载体的固定床反应装置示意图

化学反应过程与设备

2. 自身换热式

以原料气为换热介质，它能通过管壁将床层反应热移走而本身达到预热目的。该反应器集反应与换热于一体，设备更紧凑、高效，热量利用率和自动化程度高，适用于热效应不大的放热反应以及高压反应过程，例如合成氨和甲醇（图 3-8）。

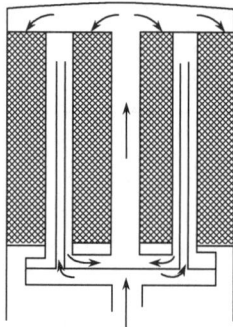

图 3-8　自热式固定床催化反应器结构示意图（双套管催化床）

知识点 3　固定床反应器的选择原则

选择固定床反应器应考虑温度是否能分布均匀、催化剂能否充分发挥作用。特别要控制好"热点温度"。轴向的温度分布主要决定于轴向各点的放热速率和管外热载体的移热速率。一般沿轴向温度分布都会出现最高温度，这个最高温度称为热点。整个催化床层会有部分催化剂在所要求的温度条件外工作，影响了作用的发挥。

一、控制"热点"温度就是使轴向温差降低，可采取的措施

（1）在原料气中带入微量抑制剂，使催化剂部分中毒。

（2）在原料气入口处附近的反应管上层放置一定高度的已部分老化的催化剂或一定高度的已被惰性载体稀释的催化剂。这两点可降低入口处附近的反应速率，以降低放热速率，使与移热速率尽可能平衡。

（3）采用分段冷却法，改变移热速率，使之与放热速率尽可能平衡。

二、当采用固定床反应器进行气固相催化反应时，为了强化生产过程可采取的措施

（1）保证径向、轴向温度分布均匀，使反应维持在最适宜的温度范围进行。

（2）保证催化剂装填量充足而且装填均匀，使催化剂能充分发挥催化作用，以提高设备生产能力和目的产物的生成速率。

知识点 4　固定床反应器在化工生产中的应用及发展趋势

目前，固定床反应器已经成为气固相催化反应的主要型式之一，它几乎适用于所有以气体反应物为原料在固体催化剂作用下的反应过程，因而在化工生产中得到广泛推广和应用。例如，石油炼制工业中的裂化、重整、加氢精制、异构化等；无机化学工业中的合成氨、合成硫酸、天然气转换等；有机化学工业中的乙苯脱氢制苯乙

· 94 ·

烯、苯加氢制环己烷、乙烯水合制乙醇、乙烯氧化制环氧乙烷等,这些都是固定床反应技术的典型应用实例。

近年来,径向固定床反应器在工业化生产中得到了广泛应用,它是为了提高催化剂利用率、降低床层压降而设计的。在径向固定床反应器中,催化剂呈圆环柱状堆积在床层中,反应气体从床层中心管进入后沿径向通过催化剂床层。径向流动的气体流程缩短,流道截面积增大,虽使用较细颗粒催化剂而压降却不大。这种反应器既节省了动力,又提高了催化剂表面利用率,如图 3-9 所示。正是由于径向固定床反应器的这些突出优点,引起了国内外科研机构相关人员的高度重视,他们纷纷加大了研究与开发固定床反应器的力度,变传统的轴向流为径向流反应器并改进现有的径向固定床反应器结构,使之既满足了工艺要求,又提高了反应效率,这已经成为目前固定床反应器研究开发的重点。例如,近期开发成功的乙苯负压脱氢制苯乙烯的轴向负压反应器,既保持了径向反应器所具有的低阻力特点,又能满足乙苯脱氢负压反应的工艺要求。径向固定床反应器最主要的难题是需要解决气体分布的均匀性问题,以避免出现因各处反应物料停留时间不同而造成返混、降低反应转化率和选择性等后果。

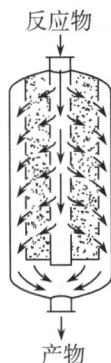

图 3-9　径向固定床反应器

思考练习题

(1) 气固相催化反应器有哪几类?如何进行选择?

(2) 工业上用合成气制甲醇,选择什么反应器合适?请说明理由。

(3) 固定床反应器分为哪几类?其结构有何特点?

(4) 绝热式和换热式固定床反应器的区别在哪里?

(5) 试述对外换热式与自热式固定床反应器的特点,并举出应用实例。

任务二　固定床反应器催化剂的使用

　　催化剂的正确使用与操作是确保催化剂正常发挥性能的前提。由于大多数化学反应都有催化剂参加,因此,化工厂的有效运行,很大程度上取决于操作人员对催化剂使用经验和操作技术的掌握。合理使用催化剂是延长催化剂寿命的主要手段。尤其是在催化剂的装填、储运及开车停车时更要注意,才能保证和提高催化剂的性能。

知识点 1　催化剂的运输、贮藏、填装

一、催化剂的运输

　　催化剂通常是装桶供应的,有金属桶(如 CO 变换催化剂)或纤维板桶(如 SO_2 接触氧化催化剂)包装。用纤维板桶装时,桶内有一塑料袋,以防止催化剂吸收空气中的水分而受潮。搬运装有催化剂的桶时应尽可能轻轻搬运,并严禁摔、滚、碰、撞击,以防催化剂破碎。

二、催化剂的贮藏

　　催化剂的贮藏要求防潮、防污染。例如,SO_2 接触氧化使用的钒催化剂,在贮藏过程中不与空气接触则可保存数年,性能不发生变化。对于合成氨催化剂,如用金属桶存放时间数月,且可置于户外,但要注意防雨防污做好密封工作。如有空气泄漏进入金属桶中,空气中含有水汽和硫化物等会与催化剂发生作用,导致催化剂失效。在贮藏期间如有雨水浸入,使催化剂表面润湿,这些催化剂就不宜使用。

三、催化剂的填装

　　催化剂的填装是非常重要的工作,填装的好坏对催化剂床层气流的均匀分布以降低床层的阻力从而有效地发挥催化剂的效能有重要的作用。催化剂在装入反应之前先要过筛,因为运输中所产生的碎末细粉会增加床层阻力,甚至被气流带出反应器阻塞管道阀门。在填装之前要认真检查催化剂支撑篦条或金属支网的状况,若在填装后发现问题就很难处理。

　　在填装固定床宽床层反应器时,一要避免催化剂从高处落下造成破损;二要保证床层分布均匀。如果在填装时造成严重破碎或出现不均匀的情况,会导致形成反应器断面各部分颗粒大小不均:小颗粒或粉尘集中的地方空隙率小、阻力大,而大颗粒集中的地方空隙率大、阻力小。这样气体必然更多地从空隙率大、阻力小的地方通过,影响了催化剂的利用率。催化剂的填装有三种方法,第一种是人需要进入反应器内,人工将一桶桶或一袋袋的催化剂逐一递进反应器内,再小心倒出并分散均匀。另外两种不需要人进入反应器:一种是采用装有加料斗的布袋,加料斗架在人孔外面,当布袋装满催化剂时,将其缓缓提起,使催化剂有控制地流进反应器,如图

3-10(a)所示。要不断地移动布袋,以防止催化剂总是被卸在同一地点。另一种方法叫绳斗法,该法使用的料斗如图 3-10(b)所示。料斗的底部装有活动的开口,上部有双绳装置,一根绳子吊起料斗,另一根绳子控制下部的开口,当料斗装满催化剂后,吊绳向下传送,使料斗到达反应器的底部,之后放松另一根绳子,使活动开口松开,催化剂即从斗中流出。催化剂填装好后,在催化剂床顶要安放固定栅条或一层重的惰性物质,以防高速气体冲击引起催化剂的移动。

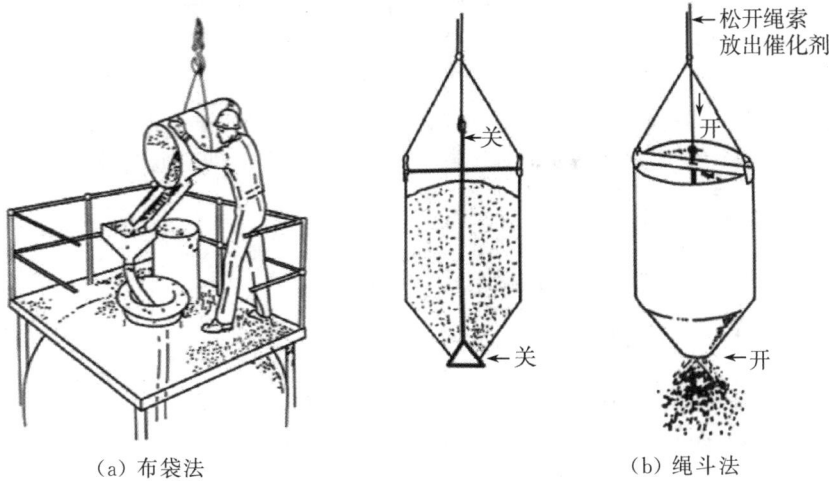

图 3-10　催化剂的加料方法

对于很高的固定床列管式反应器,管内装填催化剂时,不能将催化剂直接从高处加入管中,这样很容易造成催化剂的大量碎裂,同时容易形成"桥接"现象,使床层造成空洞,出现沟流,不利于催化反应,严重时还会造成管壁过热,因此填装要特别小心。管内填装的方法由可利用的入口而定,可采用"布袋法"或"多节杆法"。前者是在一个细长布袋内(直径比管子直径略小)装入催化剂,布袋顶端系一绳子,底端折起 300 mm 左右,将折叠处朝下放入管内,当布袋落于管底时轻轻地抖动绳子,折叠处在袋内催化剂的冲击下自行打开,催化剂便慢慢地被堆放在管中。后者则是采用多节杆来顶住管底支持催化剂的算条板,然后将其推举到管顶,倒入催化剂,抽去短杆,使算条慢慢地落下,催化剂不断地加入,直到算条落到原来管底的位置。

为了防止"桥接"现象,在填装过程中对管子应定时震动。催化剂在装填前应先称重,确保装入管子的催化剂量一致,装填后应仔细测量管中催化剂的高度,确保设备在操作条件下管子里均有催化剂。最后,对每根装有催化剂的管子应进行阻力降的测定,控制使每根管子阻力降的相对误差在一定的范围内,以保证在生产运行中各根管子气体量分配均匀。

知识点 2　催化剂的活化

催化剂在装填好后使用之前通常需要活化,一般是升温与还原的过程。该过程实际上是其制备过程的继续,是投入使用前的最后一道工序,也是催化剂形成活性结构的过程。在此过程中,既有化学变化也有宏观性的变化。通过此操作可以除去吸附和沉积的外来杂质,可以改变催化剂的性质,使之达到预期的要求。例如,一些金属氧化物(如 CuO、NiO、CoO 等)在氢或其他还原性气体作用下还原成金属时,表面积将大大增加,而催化活性和表面状态也与还原条件有关,用 CO 还原时还可能析炭。因此,升温还原的好坏将直接影响到催化剂的使用性能。

催化剂的还原必须到达一定的温度后才能进行。因此,从室温到还原开始以及开始还原到还原终点,催化剂床层都需逐渐升温,稳定而缓慢地进行,这就需要升温到某一阶段需恒温一段时间,然后再继续升温,特别在接近还原温度时恒温显得更重要。还原开始后,一般会有热量放出,这时候更要小心调节温度,避免温度发生急剧改变。例如,低温 CO 变换用的 CuO—ZnO 催化剂,还原热高达 88 kJ/mol,而铜催化剂对温度很敏感,极易烧结,这时可以采用 N_2 等惰性气体来稀释 CO,降低还原速率。

知识点 3　开停车及钝化

催化剂的起始开工是确定催化剂最终性能的关键。因此需要有专门的开工程序。若催化剂为点火开车,则首先用纯氮气或惰性气体置换整个系统,然后用气体循环加热到一定温度,再通入工艺气体(或还原性气体)。对于某些催化剂,还必须通入一定量的蒸汽进行升温还原。当催化剂不是用工艺还原时,则在还原后期逐步加入工艺气体。如果是停车后再开车,催化剂只是表面钝化,就可用工艺气直接进行升温开车,不需要进行长时间的还原处理。

反应器的停车也需要特别的小心。不同的工艺过程对停车的要求也不同。临时性的短期停车,只需关闭催化反应器的进出口阀门,保持催化剂床层的温度,维持系统正压即可。当短时间停车检修时,为了防止空气漏入引起已还原催化剂的剧烈氧化,可用纯氮气充满床层,保护催化剂不与空气接触。若系统停车时间较长,生产使用的催化剂又是具有活性的金属或低价金属氧化物,为防止催化剂与空气中的氧反应,放热烧坏催化剂和反应器,则要对催化剂进行钝化处理,即用含有少量氧的氮气或水蒸气处理,使催化剂缓慢氧化,氮气或水蒸气作为载热体带走热量,逐步降温。操作的关键是通过控制适宜的配氧浓度来控制温度,开始钝化时氧的浓度不能过大,在催化剂无明显升温的情况下再逐步递增氧含量。

若是更换催化剂的停车,则应包括催化剂的降温、氧化和卸出几个步骤。先将催化剂床层降到一定的温度,用惰性气体或过热蒸汽置换床层,并逐步加入空气进行氧化。要求氧化温度不超过正常操作温度,空气量要逐步加大。当进出口空气中的氧含量不变时,可以认为氧化结束,再将反应器的温度降至 50℃ 以下。有些催化剂床层采用惰性气体循环法降温,催化剂也可以不氧化。但当温度降到 50℃ 以下时,需加入少量空气,观察有没有温度回升现象。如果没有温度回升,则可加大空气量吹一段时间后,再打开人孔,即可卸出催化剂。

知识点 4　固体催化剂的失活与再生

一、催化剂的失活

所有催化剂的活性都是随着使用时间的延长而不断下降,在使用过程中缓慢地失活是正常的、允许的,但是催化剂活性的迅速下降将会导致工艺过程在经济上失去生命力。失活的原因是各种各样的,一般分为中毒、结焦和堵塞、烧结和热失活三大类。

(一)中毒引起的失活

中毒是指原料中极微量的杂质比反应物能够更强烈地吸附在催化剂活性中心上,导致催化剂活性的迅速下降的现象。有以下三种情况:

1. 暂时中毒

毒物在活性中心上吸附或化合时,生成的键强度相对较弱,可以采取适当的方法除去毒物,使催化剂活性恢复而不会影响催化剂的性质,这种中毒叫作可逆中毒或暂时中毒。

2. 永久中毒

毒物与催化剂活性组分相互作用,形成很强的化学键,难以用一般的方法将毒物除去以使催化剂活性恢复,这种中毒叫作不可逆中毒或永久中毒。

3. 选择性中毒

催化剂中毒之后可能失去对某一反应的催化能力,但对别的反应仍有催化活性,这种现象称为选择性中毒。在连串反应中,如果毒物仅使后继反应的活性位中毒,则可使反应停留在中间阶段,获得高产率的中间产物。

(二)结焦和堵塞引起的失活

催化剂表面上的含碳沉积物称为结焦。以有机物为原料、以固体为催化剂的多相催化反应过程几乎都可能发生结焦。由于含碳物质和/或其他物质在催化剂孔中沉积造成孔径减小(或孔口缩小)使反应物分子不能扩散进入孔中的这种现象称为堵塞。所以常把堵塞归并为结焦中总的活性衰退称为结焦失活,它是催化剂失活中最普遍和常见的失活形式。通常含碳沉积物可与水蒸气或氢气作用经气化除去,所以结焦失活是个可逆过程。与催化剂中毒相比,引起催化剂结焦和堵塞的物质要比催化剂毒物多得多。积炭是催化剂在使用过程中,逐渐在表面沉积一层炭质化合物,减少了可利用的表面积,引起催化活性的衰退。故积炭也可看作是副产物的毒化作用。

在实际的结焦研究中,人们发现催化剂结焦存在一个很快的初期失活,然后是在活性方面的一个准平稳态,有报道称结焦沉积主要发生在最初阶段(在 0.15 s 内),也有人发现大约有 50% 形成的碳在前 20 s 内沉积。结焦失活又是可逆的,通过控制反应前期的结焦,可以极大改善催化剂的活性,这也正是结焦失活研究日益活跃的重要因素。

(三)烧结和热失活(固态转变)

催化剂的烧结和热失活是指由高温引起的催化剂结构和性能的变化。高温除了引起催化剂的烧结外,还会引起其他变化,主要包括化学组成和相组成的变化、半熔、晶粒长大、活性组分被载体包埋、活性组分由于生成挥发性物质或可升华的物质而流失等。

事实上,在高温下所有的催化剂都将逐渐发生不可逆的结构变化,只是这种变化的快慢程度随着催化剂的不同而异。

烧结和热失活与多种因素有关,如与催化剂的预处理、还原和再生过程以及所加的促进剂和载体等有关。

当然催化剂失活的原因是错综复杂的,每一种催化剂失活并不仅仅按上述分类的某一种进行,而往往是由两种或两种以上的原因引起的。

二、催化剂的再生

催化剂活性下降后,需要通过适当的处理使其活性得到恢复,这个过程叫再生。再生是延长催化剂的寿命、降低生产成本的一种重要手段。催化剂的失活可分为暂时性失活和永久性失活。对于暂时性失活,可以通过再生的方法使其恢复活性。而永久性失活则是无法通过再生操作恢复活性的。工业上常用的再生方法有蒸汽处理、空气处理、用酸或碱溶液处理和通入氢气或不含毒物的还原性气体处理。催化剂再生的操作有以下三种。

(一)催化剂在反应过程中再生

如顺丁烯二酸酐的生产过程中,因磷的氧化物的升华损失而造成催化剂性能下降,此时可采用在原料中添加少量的有机磷化物,以补充催化剂在使用过程中磷的损失。

(二)生产后停车再生

该操作主要发生在催化剂使用过程中因结炭或吸附碳氢化合物而引起的催化剂活性下降时。此时可以在原固定床反应器中通入蒸汽或空气将催化剂表面的结炭或碳氢化合物烧掉,使催化剂得以再生。如果是焦油状的碳氢化合物,可以通入 H_2 或其他还原性气体使催化剂得以再生。

(三)在催化剂再生条件下再生

通常催化剂再生的条件与反应条件有较大差异,这样往往对能量或设备材料消耗比较多,为此可以在反应器外选择便于催化剂再生的条件进行操作,使催化剂得以再生。

思考练习题

(1)催化剂失活的原因有哪些?

(2)如何避免或推迟结焦造成的催化剂失活?

(3)何为催化剂的三性?

(4)催化剂在装入反应器前为何先要过筛?

任务三　固定床反应器的仿真操作

知识点 1　生产过程概述

本流程为利用催化加氢脱乙炔的工艺。乙炔是通过等温加氢反应器除掉的,反应器温度由壳侧中冷剂的温度控制。

主反应为：$nC_2H_2 + 2nH_2 \rightarrow (C_2H_6)_n$，该反应是放热反应。每克乙炔反应后放出热量约为 34 000 千卡。温度超过 66℃时有副反应为：$2nC_2H_4 \rightarrow (C_4H_8)_n$，该反应也是放热反应。

冷却介质为液态丁烷，通过丁烷蒸发带走反应器中的热量，丁烷蒸汽通过冷却水冷凝。

知识点 2　生产工艺流程与设备

生产工艺流程如图 3-11 所示。反应原料分两股，一股为约 $-15℃$ 的以 C_2 为主的烃原料，进料量由流量控制器 FIC1425 控制；另一股为 H_2 与 CH_4 的混合气，温度约 10℃，进料量由流量控制器 FIC1427 控制。FIC1425 与 FIC1427 为比值控制，两股原料按一定比例在管线中混合后经原料气/反应气换热器（EH－423）预热，再经原料预热器（EH－424）预热到 38℃，进入固定床反应器（ER－424A/B）。预热温度由温度控制器 TIC1466 通过调节预热器 EH－424 加热蒸汽（S3）的流量来控制。

ER－424A/B 中的反应原料在 2.523 MPa、44℃下反应生成 C_2H_6。当温度过高时会发生 C_2H_4 聚合生成 C_4H_8 的副反应。反应器中的热量由反应器壳侧循环的加压 C4 冷剂蒸发带走。C4 蒸汽在水冷器 EH－429 中由冷却水冷凝，而 C4 冷剂的压力由压力控制器 PIC－1426 通过调节 C4 蒸汽冷凝回流量来控制，从而保持 C4 冷剂的温度。

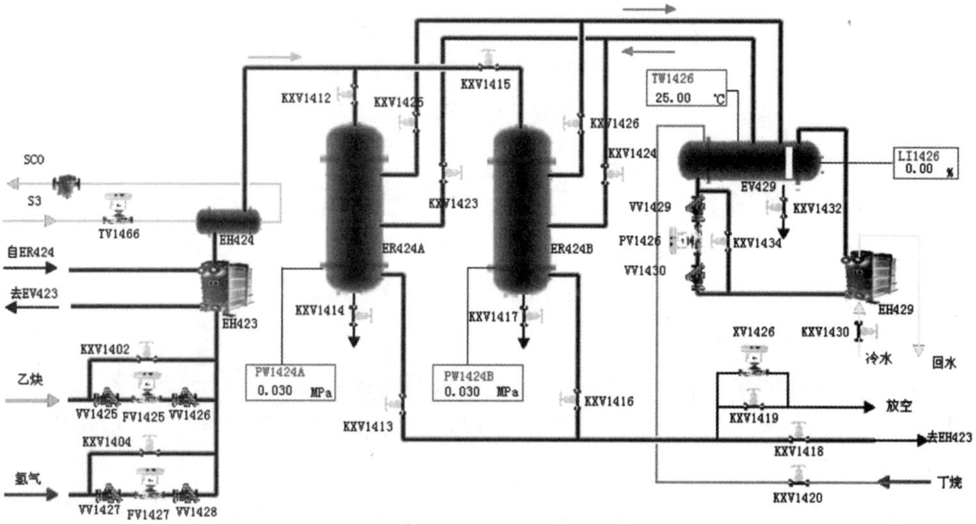

EH－423：原料气/反应气换热器；EH－424：原料气预热器；EH－429：C4 蒸汽冷凝器；
EV－429：C4 闪蒸罐；ER424A/B：C2X 加氢反应器
图 3-11　催化加氢脱乙炔工艺流程图

本反应器中压力、温度要求为 2.523 MPa、44℃，进料量控制 $H_2/C_2 = 2.0$。

主要设备如表 3-3 所示。

表 3-3　主要设备一览表

设备位号	设备名称	设备位号	设备名称
EH－423	原料气/反应气换热器	EV－429	C_4 闪蒸罐
EH－424	原料气预热器	ER424A	碳二加氢固定床反应器
EH－429	C_4 蒸汽冷凝器	ER424B	碳二加氢固定床反应器(备用)

知识点 3　操作规程

本单元所用原料均为易燃易爆性气体,操作中必须严格按照生产规程进行。出现事故时,要先冷静分析问题,正确作出判断,根据具体情况制订处理方案。

一、开车操作

装置的开工状态为反应器和闪蒸罐都处于已进行过氮气冲压置换后,保压在 0.03 MPa 状态。可以直接进行实气冲压置换。

1. EV－429 闪蒸器充丁烷

(1) 确认 EV－429 压力为 0.03 MPa。

(2) 打开 EV－429 回流阀 PV1426 的前后阀 VV1429、VV1430。

(3) 调节 PV1426(PIC1426)阀开度为 50%。

(4) EH－429 通冷却水,打开 KXV1430,开度为 50%。

(5) 打开 EV－429 的丁烷进料阀门 KXV1420,开度 50%。

(6) 当 EV－429 液位到达 50%时,关进料阀 KXV1420。

2. ER－424A 反应器充丁烷

(1) 确认事项。① 反应器 0.03 MPa 保压。② EV－429 液位到达 50%。

(2) 充丁烷。打开丁烷冷剂进 ER－424A 壳层的阀门 KXV1423,有液体流过,充液结束;同时打开出 ER－424A 壳层的阀门 KXV1425。

3. ER－424A 启动

(1) 启动前准备工作。① ER－424A 壳层有液体流过。② 打开 S3 蒸汽进料控制 TIC1466 开度 30%。③ 调节 PIC－1426 设定,压力控制设定在 0.4 MPa,设自动。

(2) ER－424A 充压、实气置换。① 打开 FIC1425 的前后阀 VV1425、VV1426 和 KXV1412。② 打开阀 KXV1418,开度为 50%。③ 微开 ER－424A 出料阀 KXV1413,乙炔进料控制 FIC1425(手动),慢慢增加进料,提高反应器压力,充压至 2.523 MPa。④ 慢开 ER－424A 出料阀 KXV1413 至 50%,充压至压力平衡。⑤ 乙炔原料进料控制 FIC1425,设自动,设定值 56186.8 KG/H。

(3) ER－424A 配氢,调整丁烷冷剂压力。① 稳定反应器入口温度在 38.0℃,设自动,使 ER－424A 升温。② 当反应器温度接近 38.0℃(超过 32.0℃),准备配氢。打开 FV1427 的前后阀 VV1427、VV1428。③ 氢气进料控制 FIC1427,设自动,流量设定 80 KG/H。④ 观察反应器温度变化,当氢气量稳定 2 min 后,FIC1427 设手动。⑤ 缓慢增加氢气量,注意观察反应器温度变化。⑥ 氢气流量控制阀开度每次增加不超过 5%。⑦ 氢气量最终加至 200 KG/H 左右,此时 $H2/C2 = 2.0$,FIC1427 设串级。⑧ 控制反应器温度 44.0℃左右。

二、正常操作

1. 正常工况下工艺参数

(1) 氢气流量 FIC1427 稳定在 200 KG/H 左右。

(2) FIC1425 设自动,设定值 56186.8 KG/H,FIC1427 设串级。

(3) PIC1426 压力控制在 0.4 MPa。

(4) 反应器 ER-424A 压力 PI1424A 控制在 2.523 MPa。

(5) TIC1466 设自动,设定值 38.0℃。

(6) 反应器温度 TI1467A:44.0℃。

(7) EV429 液位 LI1426 为 50%。

(8) EV-429 温度 TI1426 控制在 38.0℃。

2. ER-424A 与 ER-424B 间切换

(1) 关闭氢气进料。

(2) ER-424A 温度下降低于 38.0℃ 后,打开 C4 冷剂进 ER-424B 的阀 KXV1424、KXV1426,关闭 C4 冷剂进 ER-424A 的阀 KXV1423、KXV1425。

(3) 开 C2H2 进 ER-424B 的阀 KXV1415,微开 KXV1416。关 C2H2 进 ER-424A 的阀 KXV1412。

3. ER-424B 的操作

ER-424B 的操作与 ER-424A 操作相同。

三、停车操作

1. 正常停车

(1) 关闭氢气进料,关 VV1427、VV1428,FIC1427 设手动,设定值为 0%。

(2) 关闭加热器 EH-424 蒸汽进料,TIC1466 设手动,开度 0%。

(3) 闪蒸器冷凝回流控制 PIC1426 设手动,开度 100%。

(4) 逐渐减少乙炔进料阀 FV1425,开大 EH-429 冷却水进料阀 KXV1430。

(5) 逐渐降低反应器温度、压力,至常温、常压。

(6) 逐渐降低闪蒸器温度、压力,至常温、常压。

2. 紧急停车

(1) 与停车操作规程相同。

(2) 也可按急停车按钮(在现场操作图上)。

3. 联锁说明

该单元有一联锁。

（1）现场手动紧急停车（紧急停车按钮）。

（2）反应器温度高报（TI1467A/B＞66℃）。

联锁动作：

（1）关闭氢气进料，FIC1427 设手动；

（2）关闭加热器 EH-424 蒸汽进料，TIC1466 设手动；

（3）闪蒸器冷凝回流控制 PIC1426 设手动，开度 100%；

（4）自动打开电磁阀 XV1426。

知识点4　异常现象及处理方法

催化加氢脱乙炔用固定床反应器常见异常现象及处理方法见表 3-4。

表 3-4　催化加氢脱乙炔用固定床反应器常见异常现象及处理方法

序号	异常现象	产生原因	处理方法
1	氢气量无法自动调节	氢气进料阀 FIC1427 卡	降低 EH-429 冷却水的量；用旁路阀 KXV1404 手工调节氢气量
2	换热器出口温度超高	预热器 EH-424 阀 TIC1466 卡	增加 EH-429 冷却水的量；减少配氢量
3	闪蒸罐压力、温度超高	闪蒸罐压力调节阀 PIC1426 卡	增加 EH-429 冷却水的量；用旁路阀 KXV1434 手工调节
4	反应器压力迅速降低	反应器漏气，KXV1414 卡	停工
5	闪蒸罐压力、温度超高	EH-429 冷却水供应停止	停工
6	反应器温度超高，会引发乙烯聚合的副反应	闪蒸罐通向反应器的管路有堵塞	增加 EH-429 冷却水的量

思考练习题

（1）结合本单元说明比例控制的工作原理。

（2）为什么是根据乙醛的进料量调节配氢气的量，而不是根据氢气的量调节乙炔的进料量？

（3）根据本单元实际情况说明反应器冷却剂的自循环原理。

（4）观察在 EH-429 冷却器的冷却水中断后会造成的结果。

（5）结合本单元实际理解"连锁"和"连锁复位"的概念。

任务四　固定床反应器的生产应用案例

苯乙烯在常温下为无色透明液体,具有辛辣香味,易燃,难溶于水,易溶于甲醇、乙醇及乙醚等溶剂中,对皮肤有刺激性。苯乙烯易自聚和共聚,所以是合成橡胶、聚苯乙烯、塑料和其他各种共聚树脂的主要原料之一。

知识点 1　生产原理

工业上苯乙烯可以用乙苯脱氢制得,此反应为催化反应。广泛采用的催化剂是氧化铁系催化剂,其组成为 Fe_2O_3 87%～90%、Cr_2O_3 2%～3%、K_2O 8%～10%。氧化铁为活性组分,氧化铬是结构性助剂,作为高熔点金属氧化物来提高催化剂的热稳定性,同时稳定铁的价态。氧化钾属于助催化剂,可提高活性组分的活性,且能改变催化剂的酸度,减少裂解副反应的进行。此外,氧化钾还可提高催化剂的抗结焦性能,能催化水煤气反应,从而提高催化剂的再生能力,延长催化剂的使用寿命。

氧化铁系催化剂具有良好的活性和选择性,但是若在还原气氛中脱氢,其选择性很快下降,因此要求反应必须在氧化气氛中进行。水蒸气是氧化性气体,在水蒸气存在下可防止氧化铁过度还原,从而得到较高的选择性,因此采用氧化铁系催化剂脱氢时总是以水蒸气作稀释剂。

乙苯脱氢制苯乙烯主反应:

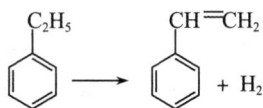

伴随发生的副反应主要有:

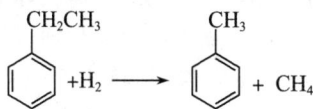

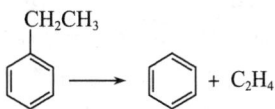

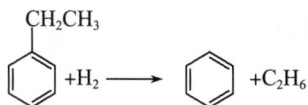

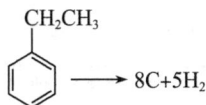

知识点 2　技术理论

乙苯催化脱氢反应为强吸热反应,需要在高温下向系统供给大量的热来满足反应需要。目前按照供热方式的不同,可分为两种不同形式的反应器,绝热反应器和等温反应器。下面简单介绍下两种反应器工艺流程。

一、等温反应器脱氢工艺流程

该反应器为外加热列管式反应器,由许多耐高温的镍铬不锈钢管或内衬铜锰合金的耐热钢管组成。管长一般为 3 m,管内装填催化剂,管外由烟道气加热,供给反应所需的热量,保持反应在等温下进行,故称等温反应器。其脱氢工艺流程如图 3-12 所示。

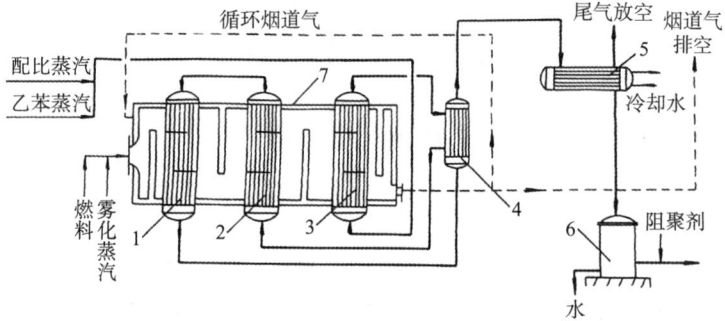

1—脱氢反应器; 2—第二预热器; 3—第一预热器;
4—热交换器; 5—冷凝器; 6—粗苯艺烯贮槽

图 3-12 等温反应器脱氢工艺流程图

原料乙苯蒸气和一定量的水蒸气混合后,经第一预热器、热交换器、第二预热器热至 540℃ 左右后进入反应器进行脱氢反应。反应后的脱氢产物温度为 580～600℃,经热交换器进行热量交换,以回收能量,然后进入冷凝器进行冷凝冷却。冷凝液入油水分离器,在此烃相和水相分离,除去水的脱氢产物(又称炉油)送至粗苯乙烯贮槽,准备分离精制。不凝气约含 90% 的 H_2,其他为 CO_2 和少量的 C_1、C_2,一般可用作燃料或氢源。

采用等温反应器脱氢,稀释剂水蒸气与乙苯的用量比(摩尔比)一般为(6～9):1。脱氢温度与催化剂活性有关,新鲜催化剂反应温度一般控制在 580℃ 左右,已老化的催化剂反应温度可提高至 620℃ 左右。要使反应保持在等温下进行,理论上应要求沿反应器管长传热速率的改变需与反应所需吸收热量的速率变化相等,但实际上难以做到,往往是传给催化剂的热量大于反应所需的热量,故反应器温度沿催化剂床层逐渐升高,一般出口温度比进口温度高出数十度。采用等温反应器,其转化率较高,一般可达 40%～45%,苯乙烯选择性达 92%～95%。对等温反应器进行不断研究改进,其列管直径为 25.4～101.6 mm,管长为 3～6 m,生产能力大大增加。

二、绝热反应器脱氢工艺流程

绝热反应器中,反应所需热量全部由过热水蒸气供给,故该方法所需水蒸气量较大,比等温反应器所需水蒸气多一倍左右,且要求也高。其脱氢工艺流程如图 3-13 所示。

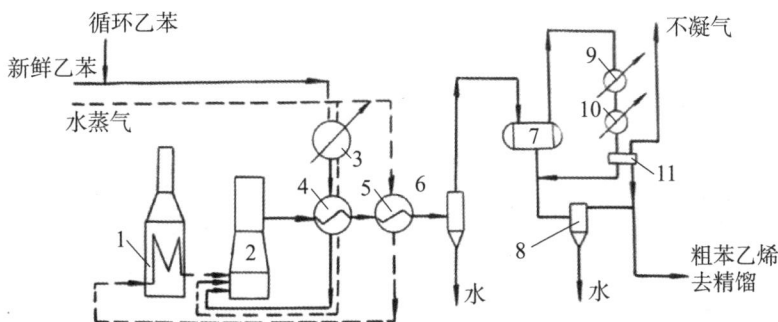

1—水蒸气过热炉； 2—绝热反应器； 3—预热器； 4—第一换热器；
5—第二换热器； 6.8— 油水分离器； 7.9— 冷凝器； 10—冷冻盐、水冷凝器； 11—回收装置

图 3-13 绝热反应器脱氢工艺流程

新鲜乙苯和循环乙苯经预热,与高温产物进行热交换被加热至 520～570℃进入反应器。10%的水蒸气经预热和热交换后进入反应器,余下的 90%的水蒸气经换热后进入过热炉,过热至 720℃后进入脱氢反应器。反应器出口温度 580℃左右,反应产物经热交换器利用其热量后入冷凝冷却器中,冷凝液进入油水分离器,分出所含水分,油层进入粗苯乙烯贮槽以备分离精制,不凝气可用作燃料或氢源或排空。

绝热反应器脱氢时反应需吸收大量的热量,故反应器的进口温度必然比出口温度要高,单段绝热反应器的进、出口温差在 61℃左右。这样的温度分布对脱氢反应速度和反应选择性都会产生不利影响。反应器进口处乙苯浓度最高,温度高则会使平行副反应加剧,影响选择性;出口温度低,使反应速度减慢,限制了转化率的提高。故单段绝热反应器脱氢的转化率和生成苯乙烯的选择性都较低,一般乙苯转化率在 35%～40%,生成苯乙烯的选择性为 90%左右。

绝热反应器的优点是结构简单,制造费用低,生产能力大。缺点如上所述。自 20 世纪 70 年代以来,为了克服以上缺点,在反应器设计与脱氢条件方面进行了许多研究改进。由单段发展到多段,从常压操作发展到减压操作,反应物从轴向流动发展到径向流动,均收到了较好的效果。

常用的多段绝热反应器及床层温度分布如图 3-14 所示。

将整个催化剂床层分成多段,过热水蒸气分别在段间加入,这样可降低反应器入口温度,提高反应器出口温度,可提高转化率和选择性。转化率一般可达 65%～70%,选择性可达 92%左右。为了进一步降低压降并使混合接触均匀,又研制出多段绝热径向反应器。该形式反应器降低了系统压力降,可提高转化率和选择性。三段绝热径向反应器如图 3-15 所示。

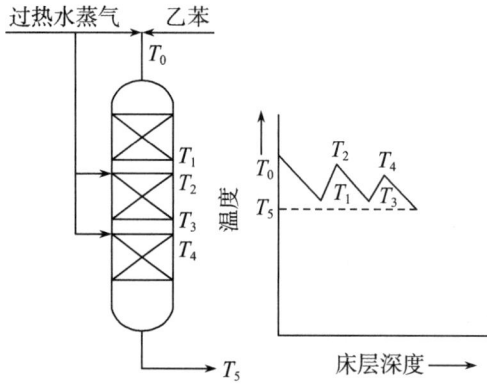

图 3-14　多段绝热反应器及床层温度分布

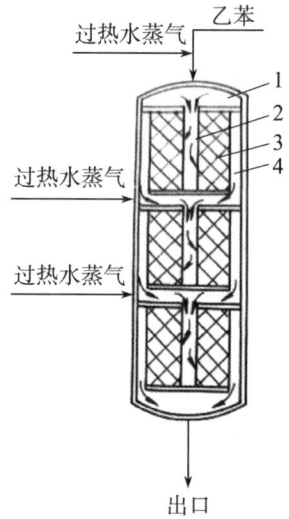

图 3-15　三段绝热径向反应器

　　等温反应器和绝热反应器各有优缺点,等温反应器所需水蒸气少且品位较低,反应器纵向温度分布均匀,生产易于控制;缺点是设备复杂,制造困难,生产规模较小,一般适用于小规模生产。绝热反应器结构简单,制造方便,生产能力大,但转化率、选择性低,水蒸气用量大且品位较高,一般适用于大规模生产。脱氢反应器的改进方向主要是减少能耗,降低压降,提高单程转化率。目前,国外大都采用绝热反应器生产苯乙烯,我国一些规模较小的厂家仍采用等温反应器,而新建的生产能力较大的装置大都采用绝热式反应器。

思考练习题

(1) 乙苯脱氢过程中为什么要加入水蒸气?

(2) 为什么对反应液进行减压分离?

(3) 实训装置和工业生产装置有哪些主要区别?

项目四

流化床反应器的操作与控制

知识目标

☞ 掌握流化床反应器的基本结构及其基本特点；

☞ 理解流化床反应器部件及分类；

☞ 掌握流化床反应器操作工艺设计方法；

☞ 理解流化床反应器操作工艺参数的控制方案；

☞ 理解流化床反应器稳定操作的重要性和方法；

☞ 掌握间歇操作流化床反应器、连续操作流化床反应器的操作方法和控制规律；

☞ 掌握流化床反应器的开车要点及反应操作条件的控制。

技能目标

☞ 具有数学计算和应用的能力；

☞ 具有自我学习和自我提高的能力；

☞ 具有工作计划制订和决策的能力；

☞ 具有发现问题、分析问题和解决问题的能力；

☞ 能够完成流化床反应器的冷态开车、正常停车和事故处理；

☞ 会分析流化床反应器内的传质传热过程；

☞ 会分析流化床反应器内的流体流动。

态度目标

☞ 具有团队精神和与人合作的能力；

☞ 具有与人交流沟通的能力；

☞ 具有较强的表达能力。

任务一　流化床反应器的认知

　　化学工业广泛使用固体流态化技术进行固体的物理加工、颗粒输送、催化和非催化化学加工。现在我国流化床催化反应器已应用于丁二烯、丙烯腈、苯酐的生产，乙烯氧氯化制二氯乙烷，气相法聚乙烯等有机合成及石油加工中的催化裂化等。固体流态化技术除应用于催化反应过程外，还可以应用于矿石焙烧，如硫酸生产中黄铁矿的焙烧、纯碱生产中石灰石的焙烧等。循环流化床燃烧技术是近20年来发展起来的新一代燃烧技术，被认为是煤炭燃烧技术的革新，已在世界范围内得到了广泛应用。流化床干燥器在化工生产中被广泛使用，此外，它还常应用于冶金工业中的矿石浮选等其他工业部门。

知识点 1　固体流化态

　　原料气以一定的流动速度使催化剂颗粒呈悬浮湍动，并在催化剂作用下进行化学反应的设备称为流化床反应器。流化床反应器中，在气流的作用下，床层上的固体催化剂颗粒剧烈搅动，上下沉浮，这种粒子像流体一样流动的现象称为固体流态化。

　　流态化是一种使固体颗粒通过与流体接触而转变成类似于流体状态的操作。近年来，这种技术发展很快。许多工业部门在处理粉粒状物料的输送、混合、涂层、换热、干燥、吸附、煅烧和气固反应等过程中，都广泛应用了流态化技术。

　　流化床反应器是固体流态化技术在化工生产中应用的一项重要成就，由于流化床具有很高的传热效率，温度分布均匀，气固相有很大的接触面积，因而大大强化了操作，简化了流程。

一、流态化的形成

　　在流化床反应器中，大量固体颗粒悬浮于运动的流体中从而具有类似于流体的某些宏观表现特征，这种流-固接触状态称为固体流态化。

　　在固定床反应器内，流体（气体或液体）流经固体颗粒间的空隙而颗粒并不浮动，一旦流体的空塔流动速度达到某一数值时，颗粒开始出现浮动。这种流态化过程的基本现象，见图4-1。

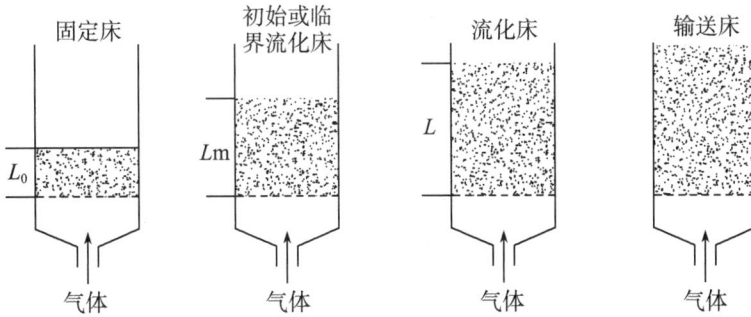

图 4-1　不同流速时床层的变化

当流体自下而上流过颗粒床层时,如流速较低时,固体颗粒静止不动,颗粒之间仍保持接触,床层的空隙率及高度都不变,流体只在颗粒间的缝隙中通过,此时属于固定床。如增大流速,当流体通过固体颗粒产生的摩擦力与固体颗粒的浮力之和等于颗粒自身重力时,颗粒位置开始有所变化,床层略有膨胀,但颗粒还不能自由运动,颗粒间仍处于接触状态,此时称为初始或临界流化床。当流速进一步增加到高于初始流化的流速时,颗粒全部悬浮于向上流动的流体中,即进入流化状态。随着流速的继续增加,固体颗粒在床层中的运动也愈激烈,此时的流固系统中的固体颗粒完全悬浮,具有类似于流体的特征,这时的床层称为流化床。在流化床阶段,床层高度发生变化,床层随流速的增加而不断膨胀,床层空隙率随之增大,但有明显的上界面,只要床层有明显的上界面,流化床即称为密相流化床或床层的密相段,密相床中行如水沸,所以流化床又称为沸腾床。当气流速度升高到某一极限值时,流化床上界而消失。颗粒分散悬浮在气流中,被气流带走,这种状态称为气流输送或稀相输送床。

1. 理想流化床的压力降与流速

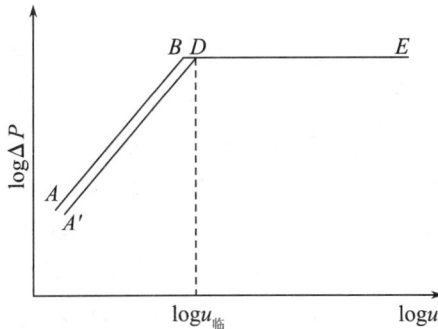

图 4-2　流化床压降-流速关系

固定床阶段,压力降 ΔP 随着流速 u 的增加而增加,如图 4-2 的 AB 段所示。

流化床阶段,床层的压降却保持不变,如图 4-2 中 DE 段所示。

流体输送阶段,流体的压力降与流体在空管道中相似。

2. 实际流化床的压力降与流速

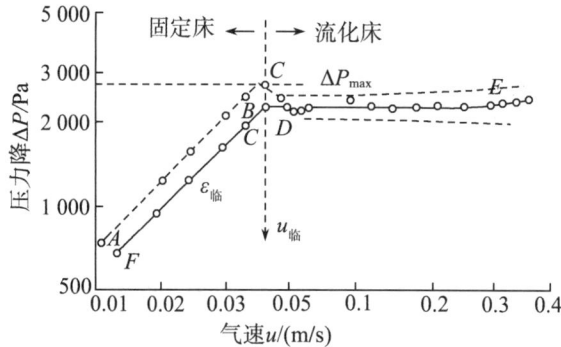

图 4-3　实际流化床的 $\Delta P\text{-}u$ 关系图

实际流化床与理想流化床差异的原因：

形成的原因是固定床阶段,颗粒之间由于相互接触,部分颗粒可能有架桥、嵌接等情况,造成开始流化时需要大于理论值的推动力才能使床层松动,即形成较大的压力降。$\Delta P\text{-}u$ 的应用是通过观察流化床的压力降变化来判断流化质量(图 4-3)。如正常操作时,压力降的波动幅度一般较小,波动幅度随流速的增加而有所增加。在一定的流速下,如果发现压力突然增加,而后又突然下降,表明床层产生了腾涌现象。形成气栓时压降直线上升,气栓达到表面时料面崩裂,压降突然下降,如此循环下去。这种大幅度的压降波动破坏了床层的均匀性,使气固接触显著恶化,严重影响了系统的产量和质量。有时压降比正常操作时低,说明气体形成短路,床层产生了沟流现象。

3. 流化气速的确定

临界流化速度,也称起始流化速度、最低流化速度,是指颗粒层由固定床转为流化床时流体的表观速度,用 u_{mf} 表示。实际操作速度常取临界流化速度的倍数(又称流化数)来表示。临界流化速度对流化床的研究、计算与操作都是一个重要参数,确定其大小是很有必要的。确定临界流化速度最好是用实验测定,也可用公式计算。

临界点时,床层的压降 ΔP 既符合固定床的规律,同时又符合流化床的规律,即此点固定床的压降等于流化床的压降。均匀粒度颗粒的固定床压降可用埃冈(Ergun)方程表,从而得出 ΔP 的计算理论计算公式,可以参考有关书籍。

固定床的压降等于流化床的压降。均匀粒度颗粒的固定床压降可用埃冈(Ergun)方程表,从而得出 ΔP 的计算理论计算公式,可以参考有关书籍。

影响临界流化速度的因素有颗粒直径、颗粒密度、流体黏度等。

颗粒带出速度是流化床中流体速度的上限,流体对粒子的曳力与粒子的重力相等,粒子将被气流带走。这一带出速度,或称终端速度,近似地等于粒子的自由沉降速度。

实际生产中,流化气速是根据具体情况确定的。流化数 u/u_{mf} 一般在 1.5～10

的范围内,也有高达几十甚至几百的。另外也有按 $u/u_t=0.1\sim0.4$ 左右来选取的。通常采用的气速在 $0.15\sim0.5$ m/s。对热效应不大、反应速率慢、催化剂粒度小、筛分宽、床内无内部构件和要求催化剂带出量少的情况,宜选用较低气速。反之,则宜用较高的气速。

当流体通过固体颗粒床层时,随着气速的改变,分别经历固定床、流化床和输送床三个阶段。这三个阶段具有不同的规律,从不同流速对床层压降的影响可以明显看出其中的规律性,如图 4-3 所示。两者在对数坐标图上呈直线关系,其特性参看表 4-1。

表 4-1　流态化的形成过程

操作过程	图示	特性	说明
固定床阶段	ABC	流速较低、床层压降 ΔP 随着流速 u 的增加而增加	B 点时,床层刚好被托起而变松动。流速继续增大,超过 C 点时,开始流化
流化床阶段	CE	床层不断膨胀,但床层的压降却保持不变	C 点称为临界流化点,与之对应的流速称为临界流化速度,用 U_{mf} 表示
输送床阶段	EF	当流速进一步增大到某一数值时,床层上界而消失,颗粒被流体带走	E 点流速称为带出速度或最大流化速度,用 u_t 表示

说明:对已经流化的床层,如流速减小,则 ΔP 将沿 EC 线返回 C 点,固体颗粒开始互相接触而又成为静止的固体床。若继续降低流速,压降不再沿 CB、BA 线变化,而是沿 CA' 线下降。原因是床层经过流化后重新落下,空隙率比原来增大,压降减小。

二、散式流态化和聚式流态化

1. 散式流态化

对于液固系统,当流速高于最小流化速度时,随着流速的增加,得到的是平稳的、逐渐膨胀的床层,固体颗粒均匀地分布于床层各处,床面清晰可辨,略有波动,但相当稳定,床层压降的波动也很小且基本保持不变。即使在流速较大时,也看不到鼓泡或不均匀的现象。这种床层称为散式流化床,或均匀流化床、液体流化床。

2. 聚式流态化

气固系统,$u>u_{mf}$ 时,有相当一部分气体以气泡形式通过床层,气泡在床层中上升并相互聚集,引起床层的波动。这种波动随流速的增大而增大,同时床面也有相应的波动。波动剧烈时,很难确定其具体位置,这与液固系统中清晰床面大不相同。由于床内存在气泡,气泡向上运动时将部分颗粒夹带至床面,到达床面时气泡发生破裂。这部分颗粒由于自身重力作用又落回床内,整个过程中气泡不断产生和破裂。所以,气固流化床的外观与液固系统的外观不同,颗粒不是均匀地分散于床层内,而是不同程度地一团一团聚集在一起,作不规则的运动。在固体颗粒粒度比较小时,这种现象更为明显。

3. 两种流态化的判别

颗粒与流体之间的密度差是散式流态化和聚式流态化之间的主要区别（图4-4）。一般认为液固流态化为散式流态化，而气固流态化为聚式流态化，通过压降与流速关系图，可以了解两种状态化的差异。

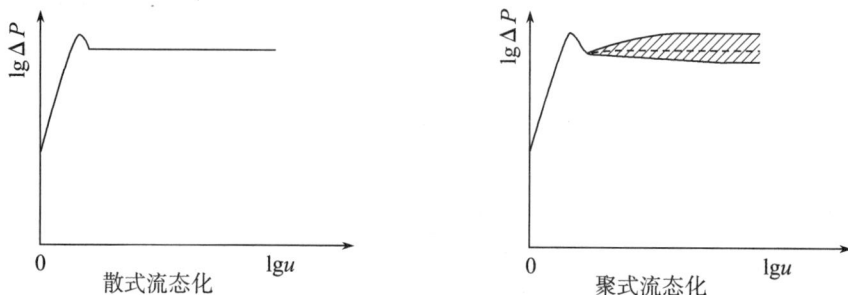

图 4-4　两种流态化 ΔP 与 u 的关系

（1）"驼峰"形成的原因：固定床阶段，颗粒之间由于相互接触，部分颗粒可能有架桥、嵌接等情况，造成开始流化时需要大于理论值的推动力才能使床层松动，即形成较大的压力降，一旦颗粒松动到使颗粒刚能悬浮时，ΔP 即下降到水平位置。

（2）差异。

① 液固系统：正常流态化区域时，因固体颗粒在液流中均匀分散，压降 $\Delta P\text{-}u$ 关系曲线接近于理想状态，即 ΔP 不随 u 的增加而变化。

② 气固系统：$u>u_{mf}$ 时，进入流态化区域，成团湍动的固体颗粒在气流中很不稳定，使床面以每秒数次的频率上下波动，压降也随之在一定的范围内变化，只是其平均值随着气速的增加趋于不变。

三、流化速度（在 u_{mf} 与 u_t 之间确定 $u_{适操}$）

由于流化床的操作速度在理论上应处于临界流化速度（u_{mf}）和带出速度（u_t）之间，因此，首先要确定临界流化速度和带出速度，然后再参考生产或实验数据选取操作速度。

1. 临界流化速度（u_{mf}）

临界流化速度，也称起始流化速度、最低流化速度，是指颗粒层由固定床转为流化床时流体的表观速度，用 u_{mf} 表示。实际操作速度常取临界流化速度的倍数（又称流化数）来表示。临界流化速度对流化床的研究、计算与操作都是一个重要参数，确定其大小是很有必要的。确定临界流化速度最好用实验测定，也可用公式计算。

临界点时，床层的压降（ΔP）既符合固定床的规律，同时又符合流化床的规律，即此点固定床的压降等于流化床的压降。

$\because u<u_{mf}$ 为固定床阶段，$u\geqslant u_{mf}$ 为流化床阶段，

$\therefore$ 当 $u=u_{mf}$ 时，$\Delta P_{固}=\Delta P_{流}$，则

$$u_{mf}=9.23\times10^{-3}\times\frac{d_p^{1.82}(\rho_s-\rho_f)^{0.94}}{\mu_f^{0.88}\rho_f^{0.06}}$$

（4-1）

式中，u_{mf} 为临界流化速度（以空塔计），m/s；P_s 为颗粒密度，kg/m^3；p_f 为流体密度，kg/m^3；μ_f 为流体黏度，Pa·s；d_p 为固体颗粒平均直径，m。

适用范围：$Re_{mf} < 5$；当 $Re_{mf} > 5$，求得 μ_{mf} 需乘校正系数 F_G，由 Re_{mf} 查，F_G 图 4-5 查得。

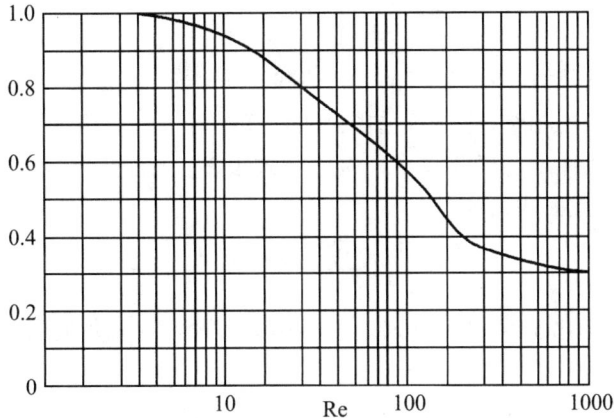

图 4-5 临界流化速度的校正系数

均匀粒度颗粒的固定床压降可用埃冈（Ergun）方程表示：

$$\frac{\Delta P}{L} = 150 \frac{(1-\varepsilon_{mf})^2}{\varepsilon_{mf}^3} \frac{\mu_f u_0}{(\phi_s d_p)^2} + 1.75 \frac{(1-\varepsilon_{mf})}{\varepsilon_{mf}^3} \frac{\rho_f u_0^2}{\phi_s d_p} \tag{4-2}$$

式中，u_0 为气体表观速度，m/s；

ϕ_s 为形状系数。

若将式（4-2）与式（4-1）联立起来，可以导出式（4-3）：

$$\frac{1.75}{\phi_s \varepsilon_{mf}^3} \left(\frac{d_p u_{mf} \rho_f}{\mu_f}\right)^2 + \frac{150(1-\varepsilon_{mf})}{\phi_s^2 \varepsilon_{mf}^3} \frac{d_p u_{mf} \rho_f}{\mu_f} = \frac{d_p^3 \rho_f (\rho_p - \rho_f) g}{\mu_f^2} \tag{4-3}$$

对于小颗粒，式（4-3）左侧第一项可以忽略，故得：

$$u_{mf} = \frac{(\phi_s d_p)^2}{150} \frac{(\rho_p - \rho_f)}{\mu_f} g \frac{\varepsilon_{mf}^3}{(1-\varepsilon_{mf})} \qquad Re < 20 \tag{4-4}$$

对于大颗粒，式（4-3）左侧第二项可忽略，得到：

$$u_{mf}^2 = \frac{\phi_s d_p}{1.75} \frac{(\rho_p - \rho_f)}{\rho_f} g \varepsilon_{mf}^3 \qquad Re > 1\,000 \tag{4-5}$$

如果 ε_{mf} 和（或）ϕ_s 未知，可取近似值：

$$\frac{1}{\phi_s \varepsilon_{mf}^3} \cong 14 \qquad 及 \qquad \frac{1-\varepsilon_{mf}}{\phi_s^2 \varepsilon_{mf}^3} \cong 11$$

代入式（4-3）后即得到全部雷诺数范围的计算式：

$$\frac{d_p u_{mf} \rho_f}{\mu_f} = \left[(33.7)^2 + 0.0408 \frac{d_p^3 \rho_f (\rho_p - \rho_f) g}{\mu_f^2}\right]^{1/2} - 33.7 \tag{4-6}$$

化学反应过程与设备

对于小颗粒：

$$u_{\mathrm{mf}}=\frac{d_p^2(\rho_p-\rho_f)g}{1650\mu_f} \qquad \mathrm{Re}<20 \tag{4-7}$$

对于大颗粒：

$$u_{\mathrm{mf}}^2=\frac{d_p(\rho_p-\rho_f)g}{24.5\rho_f} \qquad \mathrm{Re}>1\,000 \tag{4-8}$$

用上述各式计算时，应将所得的 u_{mf} 值代入 $\mathrm{Re}=d_p u_{\mathrm{mf}}\rho_f/\mu f$ 中，检验其是否符合规定的范围。如不相符，应重新选择公式计算。

计算临界流化速度的经验或半经验关联式很多，下面再介绍一种便于应用而又较准确的公式（李伐公式）：

$$u_{\mathrm{mf}}=0.009\,23\frac{d_p^{1.82}(\rho_p-\rho_f)^{0.94}}{\mu_f^{0.88}\rho_f^{0.06}}(\mathrm{m/s}) \tag{4-9}$$

式中，u_{mf} 为临界流化速度（以空塔计），m/s；d_p 为颗粒的平均直径，m；μ_f 为气体黏度，Pa·s。

此式只适用于 $\mathrm{Re}<10$，即较细的颗粒。如果 $\mathrm{Re}>10$，则需要再乘以图 4-5 中的校正系数即可得到所要求的临界流化速度。

影响临界流化速度的因素有颗粒直径、颗粒密度、流体黏度等。实际生产中，流化床内的固体颗粒总是存在一定的颗粒分布，形状也各不相同。因此，在计算临界流化速度时，要采用当量直径和平均形状系数。另外，大而均匀的颗粒在流化时流动性差，容易发生腾涌现象，加剧颗粒、设备和管道的磨损，操作的气速范围也很狭窄。在大颗粒床层中，添加适量的细粉有利于改善流化质量，但受细粉回收率的限制，不易添加过多。

【例 4-1】某流化床，已知有以下数据：床层空隙率 $\varepsilon_{\mathrm{mf}}=0.55$；流化气体为空气 $\rho_s=1.2\ \mathrm{kg/m^3}$，$\mu=18\times10^{-6}\mathrm{Pa}\cdot\mathrm{s}$；固体颗粒（不规则状的砂）$d_p=160\ \mu\mathrm{m}$，$\phi_s=0.67$，$\rho_s=2\,600\mathrm{kg/m^3}$，求临界流化速度 u_{mf}。

解：

解法一 将已知数据代入式（4-4）得

$$u_{\mathrm{mf}}=\frac{(160\times10^{-6})^2\times(2\,600-1.2)\times9.8}{150\times18\times10^{-6}}\times\frac{0.55^3\times0.67^2}{1-0.55}=0.04\ (\mathrm{m/s})$$

验算 $\mathrm{Re}_{p,\mathrm{mf}}$ $\qquad \mathrm{Re}_{p,\mathrm{mf}}=\dfrac{160\times10^{-6}\times0.04\times1.2}{18\times10^{-6}}=0.43<20$

因此，以上计算是合理的。

解法二 若不知道 $\varepsilon_{\mathrm{mf}}$ 和 ϕ_s 的情况下，可用式（4-6）计算

$$Ar=\frac{(160\times10^{-6})^3\times1.2\times(2\,600-1.2)\times9.8}{(18\times10^{-6})^2}=387$$

$$\mathrm{Re}_{p,\mathrm{mf}}=\sqrt{33.7^2+0.0408\times387}-33.7=0.234$$

$$u_{\mathrm{mf}}=\frac{0.234\times18\times10^{-6}}{160\times10^{-6}\times1.2}=0.022\ (\mathrm{m/s})$$

可见,两种方法计算结果相差很大。

为了可靠起见,设计中通常不是选用一个而是同时选用几个公式来计算,并将其结果进行分析比较以确定取舍或求其平均值。要得出较精确的 u_{mf},可以借助试验方法测定或利用专门适用某反应体系的公式加以计算得到。

2. 颗粒带出速度(u_t)

颗粒带出速度 u_t 是流化床中流体速度的上限,也就是气速增大到此值时,流体对粒子的曳力与粒子的重力相等,粒子将被气流带走。此带出速度,或称终端速度,近似等于粒子的自由沉降速度。因此,只要求出颗粒的沉降速度即可得出带出速度 u_t。颗粒在流体中沉降时,受到重力、流体的浮力和流体与颗粒间摩擦力的作用。此时,有重力=浮力+摩擦阻力。

当球形颗粒等速沉降时,可得出式(4-10):

$$\frac{\pi}{6}d_p^3\rho_p = C_D\frac{\pi}{4}d_p^2\frac{u_t^2\rho_f}{2g} + \frac{\pi}{6}d_p^3\rho_f \qquad (4\text{-}10)$$

整理后得

$$u_t = \left[\frac{4}{3}\frac{d_p(\rho_p-\rho_f)g}{\rho_f C_D}\right]^{1/2} \qquad (4\text{-}11)$$

式中,C_D 为阻力系数,是 $Re_t = \dfrac{d_p u_t \rho_f}{\mu_f}$ 的函数。

对球形颗粒:

$$C_D = 24/Re_t \qquad 当\ Re_t < 0.4$$
$$C_D = 10/Re_t^{1/2} \qquad 当\ 0.4 < Re_t < 500$$
$$C_D = 0.43 \qquad 当\ 500 < Re_t < 2\times10^5$$

分别代入式(4-3)得

$$u_t = \frac{d_p^2(\rho_p-\rho_f)g}{18\mu_f} \qquad Re_t < 0.4 \qquad (4\text{-}12)$$

$$u_t = \left[\frac{4}{225}\frac{(\rho_p-\rho_f)^2 g^2}{\rho_f \mu_f}\right]^{1/3} d_p \qquad 0.4 < Re_t < 500 \qquad (4\text{-}13)$$

$$u_t = \left[\frac{3.14_p(\rho_p-\rho_f)g}{\rho_f}\right]^{1/2} \qquad 500 < Re_t < 2\times10^5 \qquad (4\text{-}14)$$

用上列诸式计算的 u_t 也需再代入 Re_t 中以检验其范围是否相符。

对于非球形粒子,C_D 可用非对应的经验公式来计算,或者查阅相应的图表。但在查阅中应特别注意适用的范围。

用上面的公式还可以考察对于大、小颗粒流化范围的影响。如对细粒子:

当 $Re_t < 0.4$ 时

$$\frac{u_t}{u_{mf}} = \frac{式(4-13)}{式(4-8)} = 91.6 \qquad (4\text{-}15)$$

对大颗粒,当 $Re_t > 1\,000$ 时

$$\frac{u_t}{u_{mf}} = \frac{式(4-15)}{式(4-9)} = 8.72 \tag{4-16}$$

可见，u_t/u_{mf} 的大致范围在 $10 \sim 90$ 之间，颗粒愈细，比值越大，即表示从能够流化起来到被带走为止的这一范围就愈广，这就说明了为什么在流化床中用细的粒子比较适宜的原因。

【例 4-2】 计算粒径分别为 $10~\mu m$，$100~\mu m$，$1~000~\mu m$ 的微球形催化剂在下列条件下的带出速度。已知颗粒密度 $\rho_p = 2~500~kg/m^3$，颗粒的球形度 $\phi_s = 1$，流体密度 $\rho_f = 1.2~kg/m^3$，流体黏度 $\mu_f = 1.8 \times 10^{-5}~Pa \cdot s$。

解：(1) $d_p = 10~\mu m = 1 \times 10^{-5}~m$

$$u_t = \frac{d_p^2 (\rho_p - \rho_f)g}{18\mu_f} = \frac{(1 \times 10^{-5})^2 \times (2~500 - 1.2) \times 9.81}{18 \times 1.8 \times 10^{-5}} = 0.007~56~(m/s)$$

$$Re_t = \frac{d_p u_t \rho_f}{\mu_f} = \frac{1 \times 10^{-5} \times 0.00756 \times 1.2}{1.8 \times 10^{-5}} = 0.005 < 0.4$$

(2) $d_p = 100~\mu m = 1 \times 10^{-4}~m$

$$u_t = \left[\frac{4}{225} \times \frac{(\rho_p - \rho_f)^2 g^2}{\rho_f \mu_f} \right]^{1/3} d_p = \left[\frac{4}{225} \times \frac{(2~500 - 1.2)^2 \times 9.81^2}{1.2 \times 1.8 \times 10^{-5}} \right]^{1/3} \times 1 \times 10^{-4}$$
$$= 0.53~(m/s)$$

$$Re_t = \frac{d_p u_t \rho_f}{\mu_f} = \frac{1 \times 10^{-4} \times 0.53 \times 1.2}{1.8 \times 10^{-5}} = 3.5 > 0.4$$

(3) $d_p = 1~000~\mu m = 1 \times 10^{-3}~m$

$$u_t = \left[\frac{3.1 d_p (\rho_p - \rho_f)g}{\rho_f} \right]^{1/2} = \left[\frac{3.1 \times 1 \times 10^{-3} \times (2~500 - 1.2) \times 9.81}{1.2} \right]^{1/2}$$
$$= 7.86~m/s$$

$$Re_t = \frac{d_p u_t \rho_f}{\mu_f} = \frac{1 \times 10^{-3} \times 7.86 \times 1.2}{1.8 \times 10^{-5}} = 524 > 500$$

【例 4-3】 计算粒径为 $80~\mu m$ 的球形砂子在 20℃ 空气中的带出速度。砂子的密度为 $\rho_p = 2650~kg/m^3$，20℃ 空气的密度 $\rho_f = 1.205~kg/m^3$，空气的黏度 $\mu_f = 1.85 \times 10^{-5}~Pa \cdot s$。

解：$d_p = 80~\mu m = 8 \times 10^{-5}~m$

先考虑在层流区求带出速度：

$$u_t = \frac{d_p^2 (\rho_p - \rho_f)g}{18\mu_f}$$

因空气密度 ρ_f 比颗粒密度 ρ_p 小得多，故 $\rho_p - \rho_f \approx \rho_p$，于是上式可简化为

$$u_t = \frac{d_p^2 \rho_p g}{18\mu_f} = \frac{(8 \times 10^{-5})^2 \times 2650 \times 9.81}{18 \times 1.85 \times 10^{-5}} = 0.50~(m/s)$$

$$Re_t = \frac{d_p u_t \rho_f}{\mu_f} = \frac{8 \times 10^{-5} \times 0.50 \times 1.205}{1.85 \times 10^{-5}} = 2.605 > 0.4$$

因 $\mathrm{Re}_t > 0.4$，故不能用层流区公式求 u_t，改用过渡区公式计算得

$$u_t = \left[\frac{4}{225} \times \frac{\rho_p^2 g^2}{\rho_f \mu_f}\right]^{1/3} d_p = \left[\frac{4}{225} \times \frac{2\,650^2 \times 9.81^2}{1.205 \times 1.85 \times 10^{-5}}\right]^{1/3} \times (8 \times 10^{-5})$$

$$= 0.65 \ (\mathrm{m/s})$$

$$\mathrm{Re}_t = \frac{d_p u_t \rho_f}{\mu_f} = \frac{8 \times 10^{-5} \times 0.65 \times 1.205}{1.85 \times 10^{-5}} = 3.39 > 0.4$$

表明可用过渡区公式求带出速度。

由以上可以看出，应用式(4-6)至(4-8)计算球形颗粒的沉降速度时，需要根据雷诺数的大小来选用计算公式，由于 u_t 尚未知，因此要用试差法计算。

3. 流化态的操作速度（$u_{操}$）

选择流化态的操作速度的原则如下：

(1) 在催化剂强度差、易于粉碎，反应热不大，反应速度较慢或床层高窄等情况下，选择较小的操作速度。

(2) 当反应速率较快，反应热效应较大，颗粒强度高或床层要求等温，床层内设构件改善了流化质量时，尽可能选择较高的操作速度。

一般认为，流化床的操作速度在临界流化速度和带出速度之间，但实际上颗粒大部分存在于乳化相中。所以，尽管有些工业装置的操作速度高于带出速度，由于受向下的固体循环速度的影响，使得乳化相中的流速仍然很低，颗粒夹带并不严重。

为了表示操作速度的大小，引入了流化数的概念，流化数是操作速度与临界流化速度之比，即

$$k = \frac{u_0}{u_{\mathrm{mf}}} \tag{4-17}$$

式中，u_0 为操作空塔速度，m/s。

在实际生产中，操作气速是根据具体情况确定的，流化数一般在 $1.5 \sim 10$ 的范围内，也有高达几十甚至几百的，如制苯酐的流化数 $k \geqslant 10 \sim 40$，石油催化裂化 $k = 300 \sim 1\,000$。

设计流化床时，根据计算结果、经验数据并考虑各种因素的影响，经过反复计算和比较经济效益，方能确定较合适的流化床反应器的实际操作速度。实际生产中的部分流化床操作速度数据，见表 4-2。

表 4-2　部分流化床反应器操作速度

产品	反应温度/K	颗粒直径/目	操作空塔速度/(m·s⁻¹)
丁烯氧化脱氢制丁二烯	$653 \sim 773$	$40 \sim 80$	$0.8 \sim 1.2$
丙烯氨氧化制丙烯腈	748	$40 \sim 80$	$0.6 \sim 0.8$
萘氧化制苯酐	643	40	$0.7 \sim 0.8\ (0.3 \sim 0.4)$
乙烯制醋酸乙烯	473	$24 \sim 48$	$0.25 \sim 0.3$

续表

产品	反应温度/K	颗粒直径/目	操作空塔速度/(m·s^{-1})
石油催化裂化	723~783	20~80	0.6~1.8
砂子炉原油裂解			1.6

4. 流化床的压降

在忽略器壁效应的情况下,作用于颗粒上的力有三个:向下的重力、向上的浮力及流体阻力。颗粒悬浮静止时,受力平衡,可表示为

$$重力 = 浮力 + 流体阻力$$

平衡时

$$h_{mf}L_{mf}(1-\varepsilon_{mf})\rho_s g = L_{mf}h_{mf}(1-\varepsilon_{mf})\rho_f g + \Delta P$$

所以

$$\Delta P = (1-\varepsilon_{mf})h_{mf}(\rho_s-\rho_f)g = (1-\varepsilon_{mf})h_f(\rho_s-\rho_f)g \tag{4-18}$$

式(4-18)说明流化床床层压降与流速无关,随着流速的增大,床层高度及空隙率增加,但床层压降不变。

根据流化床的压降变化可以判断流化质量。正常操作时,压降的波动幅度一般较小,波动幅度随流速的增加而有所增加。在一定的流速下,如果发现压降突然增加,而后又突然下降,表明床层产生了腾涌现象。形成气栓时,压降直线上升,气栓达到表面时料面崩裂,压降突然下降,如此循环下去。这种大幅度的压降波动破坏了床层的均匀性,使气固接触显著恶化,严重影响了系统的产量和质量。有时,压降比正常操作时低,说明气体形成短路,床层产生了沟流现象。

知识点 2 流化床反应器的结构

一、流化床反应器的特点

流化床反应器是固定床反应器的进一步发展。流化床又称为沸腾床。流化床与固定床的主要区别是,参与化学反应或作为催化剂的固体颗粒物料在反应过程中处于激烈的运动状态,这使得流化床反应器具有以下特点。

1. 流化床反应器的优点

(1)由于可采用细粉颗粒,并在悬浮状态下与流体接触,液固相界面积大(可高达 3 280~16 400 m^2/m^3),有利于非均相反应的进行,提高了催化剂的利用率。

(2)由于颗粒在床内混合激烈,使全床内的温度和浓度均匀一致,床层与内浸换热器表面间的传热系数很高[200~400 W/(m^2·K)],全床热容量大,热稳定性高,这些都有利于强放热反应的等温操作。这也是许多工艺过程的反应装置选择流化床的重要原因之一。

(3)流体与颗粒之间传热、传质速率也较其他接触方式大。

(4)流化床的颗粒群有类似流体的性质,可以大量从装置中引入、移出,并可以

实现在两个流化床之间大量循环,这使得一些反应-再生、吸热-放热、正反应-逆反应等反应耦合过程和反应-分离耦合过程得以实现,使得易失活催化剂能够在工程中使用。

(5)由于流-固体系中空隙率的变化可以引起颗粒曳力系数的大幅度变化,这样可在很宽的范围内均能形成较浓密的床层。所以,流态化技术的操作弹性范围宽,单位设备生产能力大,设备结构简单、造价低,符合现代化大生产的需要。

二维码 4-1　流化床反应器原理展示

2. 流化床反应器的缺点

(1)气体流动状态与活塞流偏离较大,气流与床层颗粒发生返混,以致在床层轴向没有温度差及浓度差,加之气体可能成大气泡状态通过床层,使气固接触不良,使反应的转化率降低。因此,流化床一般达不到固定床的转化率。

(2)催化剂颗粒间相互剧烈碰撞,造成了催化剂的破碎,增加了催化剂的损失和除尘的困难。同时,由于固体颗粒的磨蚀作用,导致管子和容器的磨损严重。

所以,流化床反应器比较适用于下列过程:热效应很大的放热或吸热过程;要求有均一的催化剂温度和需要精确控制温度的反应;催化剂寿命比较短,操作较短时间就需要换(或活化)的反应;有爆炸危险的反应,某些能够比较安全地在高浓度下操作的氧化反应,可以提高生产能力,减少分离和精制的负担。另外,流化床反应器一般不适于如下情况:要求高转化率的反应及要求催化剂层有温度分布的反应。

二、流化床反应器的基本结构

尽管流化床反应器的结构型式很多,但无论何种型式,一般都是由壳体、气体分布板、内部构件(比如挡板、挡网等)、内换热器、气固分离装置和固体颗粒加入和卸出装置所组成,如图 4-6 所示。图 4-6 为一典型的圆筒形壳体的流化床反应器结构图。

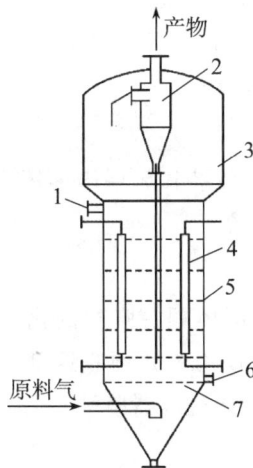

1—加料口;2—气固分离装置;3—壳体;4—换热器;5—内部构件;6—卸料口;7—气体分布装置

图 4-6　圆筒形壳体的流化床反应器结构图

1. 壳体

壳体的作用主要是保证流化过程局限在一定的范围内进行,对于存在强烈的吸热或放热的反应过程,保证热量不散失或少散失。一般壳体由三层组成,由内向外,内层为耐火层,通常由耐火砖构成;中间层为保温层,由耐火纤维和矿渣棉等材料构成;最外层为钢壳,有的在钢壳外还设有保温层。耐火层和保温层材料的选择和厚度要根据结构设计和传热计算确定,对于常温过程,一般只有一层钢壳即可。

2. 气体分布装置

该装置包括气体预分布器和气体分布板两部分。气体预分布器由外壳和导向板组成(或其他),是连接鼓风设备和分布板的部件。气体预分布器的作用是使气体的压力均匀,使气体均匀进入分布板,从而减少气体分布板在均匀分布气体方面的负荷。与气体分布板相比,气体预分布器则居于次要地位。常用气体预分布器的结构形式,如图4-7所示。气体分布板将在下面作详细介绍。

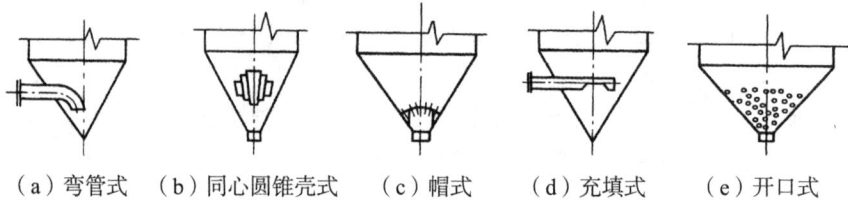

（a）弯管式　（b）同心圆锥壳式　（c）帽式　（d）充填式　（e）开口式

图 4-7　常见气体预分布器的结构形式

3. 内部构件

内部构件有水平构件和垂直构件之分,有不同结构形式。挡板和挡网是其常用的形式,主要用来破碎气泡,改善气固接触,减少返混,从而提高反应速率和反应转化率。大多数反应器设置内部构件,对于自由床(流化床燃烧器)则不设内部构件,床内只有换热管或称为水冷壁和管束。

4. 换热装置

流化床反应器的换热装置可以装在床层内即床内换热器,也可以使用夹套式换热器,作用是及时移走或供给热量。

5. 气固分离装置

流化床在运行过程中,由于固体颗粒强烈的扰动,一些细小的颗粒总要随气体溢出流化床外,气固分离装置的作用就是回收这部分细小颗粒使其返回床层,常用的气固分离装置有旋风分离器和内过滤器两种。

三、气体分布板

气体分布板位于流化床底部,是保证流化床具有良好而稳定流态化的重要构件,它的作用是支承床层上的催化剂或者其他固体颗粒;具有均匀分布气流的作用,造成良好的起始流化条件;可抑制气固系统恶性的聚式流态化,有利于保证床层的稳定。分布板对整个流化床的直接作用范围仅为 0.3~0.4 m,然而,它对整个床层流态化状态却具有决定性的影响。在生产过程中,分布板设计不合理以及气体分布不均匀常常会造成沟流和死区等异常现象。

1. 分布板的型式和结构

工业生产用的气体分布板的型式很多,主要有直孔型、直流型、侧流型、密孔型、填充型、短管式分布板以及多管式气流分布器等,而每一种型式又有多种不同的结构。

(1) 直孔型分布板包括直孔筛分布板、凹形筛孔分布板和直孔泡帽分布板,如图4-8 所示。

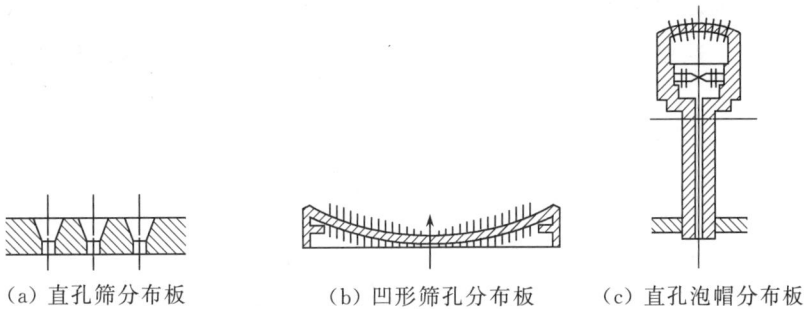

(a) 直孔筛分布板　　　(b) 凹形筛孔分布板　　　(c) 直孔泡帽分布板

图 4-8　直孔型分布板

(2) 直流型分布板结构简单,易于设计制造。这种型式的分布板,由于气流正对床层,易产生沟流和气体分布不均匀的现象,流化质量较差。小孔容易堵塞,停车时又容易漏料。所以,一般在单层流化床和多层流化床的第一层不采用这种型式。新型流化催化裂化反应器,因为催化剂颗粒与气流同时通过分布板,故采用凹形筛孔分布板。

(3) 侧流型分布板如图4-9 所示。这种分布板有多种型式,有条形侧缝分布板、锥形侧缝分布板、锥形侧孔分布板、泡帽侧缝分布板、泡帽侧孔分布板等。其中,锥形侧缝分布板是目前公认较好的一种,现已为流化床反应器广泛采用。它是在分布板孔中装有锥形风帽,气流从锥帽底部的侧缝或锥帽四周的侧孔流出,因其不会在顶部形成小的死区,气体紧贴分布板吹出,不致使板面温度过高,避免发生烧结和分布板磨蚀现象,避免了直孔型分布板的不足。锥帽是浇铸并经车床简单加工做成的,故施工、安装、检修都比较方便。

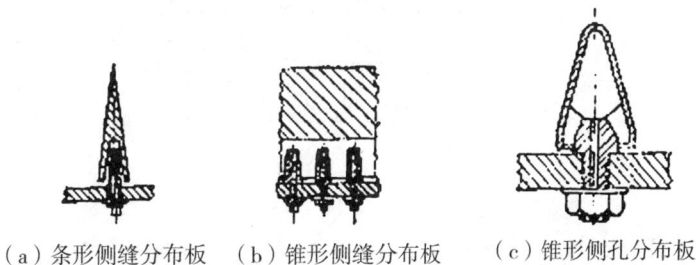

(a) 条形侧缝分布板　　(b) 锥形侧缝分布板　　　(c) 锥形侧孔分布板

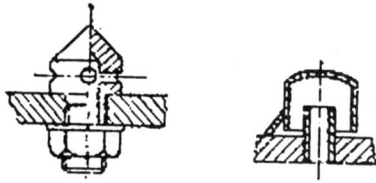

（d）泡帽侧缝分布板　　（e）泡帽侧孔分布板

图 4-9　侧流型分布板

图 4-10 为无分布板的旋流式喷嘴图。气体通过 6 个方向上倾斜 10°的喷嘴喷出，托起颗粒，使颗粒激烈搅动。中部的二次空气喷嘴均偏离径向 20°～25°，造成了向上旋转的气流。这种流态化方式一般应用于对气体产品要求不高的粗粒流态化床中。

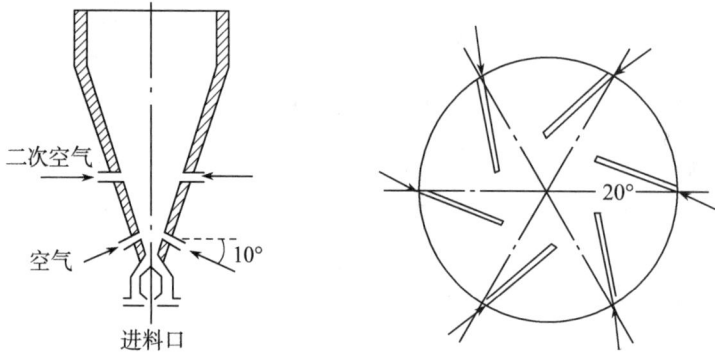

二次空气

空气

10°

进料口

20°

图 4-10　无分布板的旋流式喷嘴

（4）密孔型分布板又称烧结板，被认为是气体分布均匀、初生气泡细小、流态化质量较好的一种分布板。但因易被堵塞，并且堵塞后不易排出，加上造价较高，所以工业中较少使用。

（5）填充式分布板（图 4-11）是在多孔板和金属丝网上间隔地铺上石英砂、卵石，再用金属丝网压紧。其结构简单，制造容易，并能达到均匀分布气体的要求，流态化质量较好。但在操作过程中，固体颗粒一旦进入填充层就很难被吹出，容易造成烧结。另外经过长期使用后，填充层常有松动，造成移位，降低了布气的均匀程度。

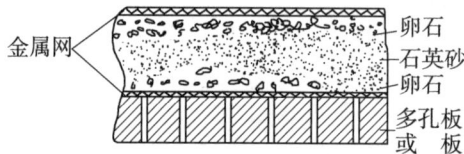

金属网

卵石
石英砂
卵石
多孔板
或板

图 4-11　填充式分布板

（6）短管式分布板。短管式分布板（图 4-12）是在整个分布板上均匀设置了若干根短管,每根短管下部有一个气体流入的小孔。孔径为 $9\sim10$ mm,为管径的 $1/4\sim1/3$,开孔率约为 0.2%。短管长度为 200 mm。短管及其下部的小孔可以防止气体涡流,有利于均匀布气,使流化床操作稳定。

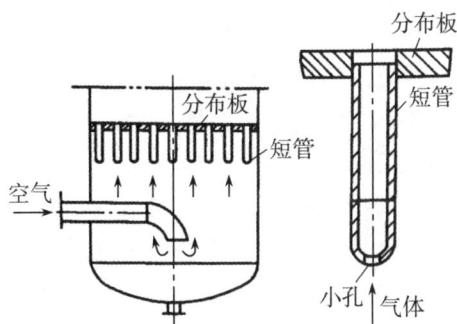

图 4-12 短管式分布板

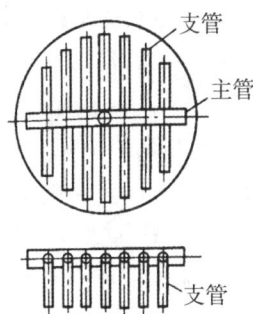

图 4-13 多管式气流分布板器

(7) 多管式气流分布板器。多管式气流分布板器(图 4-13)是近年来发展起来的一种新型分布器,由一个主管和若干带喷射管的支管组成。由于气体向下射出,可消除床层死区,也不存在固体泄漏问题,并且可以根据工艺要求设计成均匀布气或非均匀布气的结构。

选择和确定分布板型式,首先应考虑的是要有较好的流化质量,对于高温反应,还应注意分布板的材料和结构的选择,尽量避免高温变形影响气流分布,同时其压降要小,在操作过程中不易被堵塞和磨蚀。

2. 气体预分布器的选择

分布板前气体的引入状态对均匀布气起重要的作用。一般都在气体进入流化床反应器锥底前先通过预分布器,然后进入分布板,以防气流直冲分布板,影响均匀布气。常用气体预分布器的结构型式,见图 4-14。

帽式   同心圆锥壳式   充填式   开口式   弯管式

图 4-14 气体预分布器的结构型式

四、内部构件

气固相催化反应在流化床中进行,对保持恒温反应、强化传热以及催化剂的连续再生等都具有独特的优点。但由于固体颗粒不但运动,使气体返混,再加上生成的气泡不断长大以及颗粒密集的原因,造成气固接触不良和气体的短路,并且随着设备直径的增大,情况更加恶化,降低了反应的转化率,而这也成为流化床反应器的主要缺点。

为了提高流化床反应器的转化率,提高反应器的生产能力,必须增强气泡和连续相间的气体交换,减少气体返混,使气泡破碎以便增加气固相间接触。实践证明,在床内设置内部构件是目前改善流化床操作的重要方法之一。

内部构件有垂直内部构件(如在床层中均匀配置直立的换热器)和水平内部构件(如栅格、波纹挡板、多孔板或换热管,而最常用的是挡板(图 4-15)和挡网)两种。

1. 斜片挡板的结构与特性

工业上采用的百叶窗式斜片挡板分为单旋导向挡板和多旋导向挡板两种。在气速较低(＜0.3m/s)的流化床层,采用挡板或挡网的效果差别不大。

由于挡板的导向作用使气固两相剧烈搅动,催化剂的磨损较大,故在气速低而催化剂强度不高时,一般多采用挡网,反之则采用挡板。

(1)单旋导向挡板。单旋导向挡板使气流只有一个旋转中心,随着斜片倾斜方向不同,气流分别产生向心和离心两种旋转方向。向心斜片使粒子的分布特点为床中心稀而近壁处浓。离心斜片使粒子的分布为在半径的二分之一处浓度小,床中心和近壁处浓度大。因此,单旋挡板使粒子在床层中分布不均匀,这种现象对于较大床径更为显著。为解决这一问题,在大直径流化床中都采用多旋导向挡板。

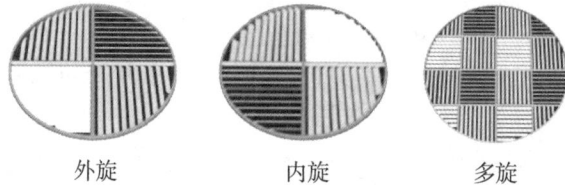

外旋　　　　　内旋　　　　　多旋
图 4-15　挡板

(2)多旋导向挡板。由于气流通过多旋导向挡板后产生几个旋转中心,使气固两相充分接触与混合,并使粒子的径向浓度分布趋于均匀,因而,提高了反应转化率。但是,由于多旋导向挡板较大程度限制了催化剂的轴向混合,因而增大了床层的轴向温度差。同时,多旋导向挡板结构复杂,加工不便。

2. 挡板、挡网的配置方式

挡网、挡板在床层中的配置方式在工业上有以下几种:向心挡板或离心挡板分别使用;向心挡板和离心挡板交错使用;挡网单独使用;挡板、挡网重叠使用。对于多旋导向挡板,每一组合件同为同旋,但还有左旋、右旋的区别,上、下两板的配置方位也有不同。其中,以采用单旋导向挡板向心排列的流化床反应器较多。至于哪一种配置方式更好,还需进一步研究。

五、流化床内换热器

常见的流化床内换热器如图 4-16 所示,其中列管式换热器是将换热管垂直放置在床层内密相或创面上稀相的区域中。常见的有单管式和套管式两种,根据传热面积的大小,排成一圈或者几圈。载热体由总环管导入,经连接管分配至若干根直立的换热主管中,换热后再汇集到总管导出。若主管较长,则连接管部分应考虑高温下热补偿,做成弯管,以防管道破裂。灌输式换热器分立式和横排两种,横排的管束式换热器对流化质量有不良影响,常用于流化质量要求不高而交换热量很大的场合,如沸腾燃烧锅炉等。鼠笼式换热器由多根直立支管与汇集横管焊接而成,这种换热器可以安排较大的传热面积,但焊缝较多。蛇管式换热器具有结构简单且不需要热补偿的优点,但与横排管束式换热器类似,换热效果差,对床层流态化质量有一定影响。U形管式换热器是经常采用的类型,具有结构简单、不易变形和损坏、催化剂寿命长以及温度控制十分平稳的优点。

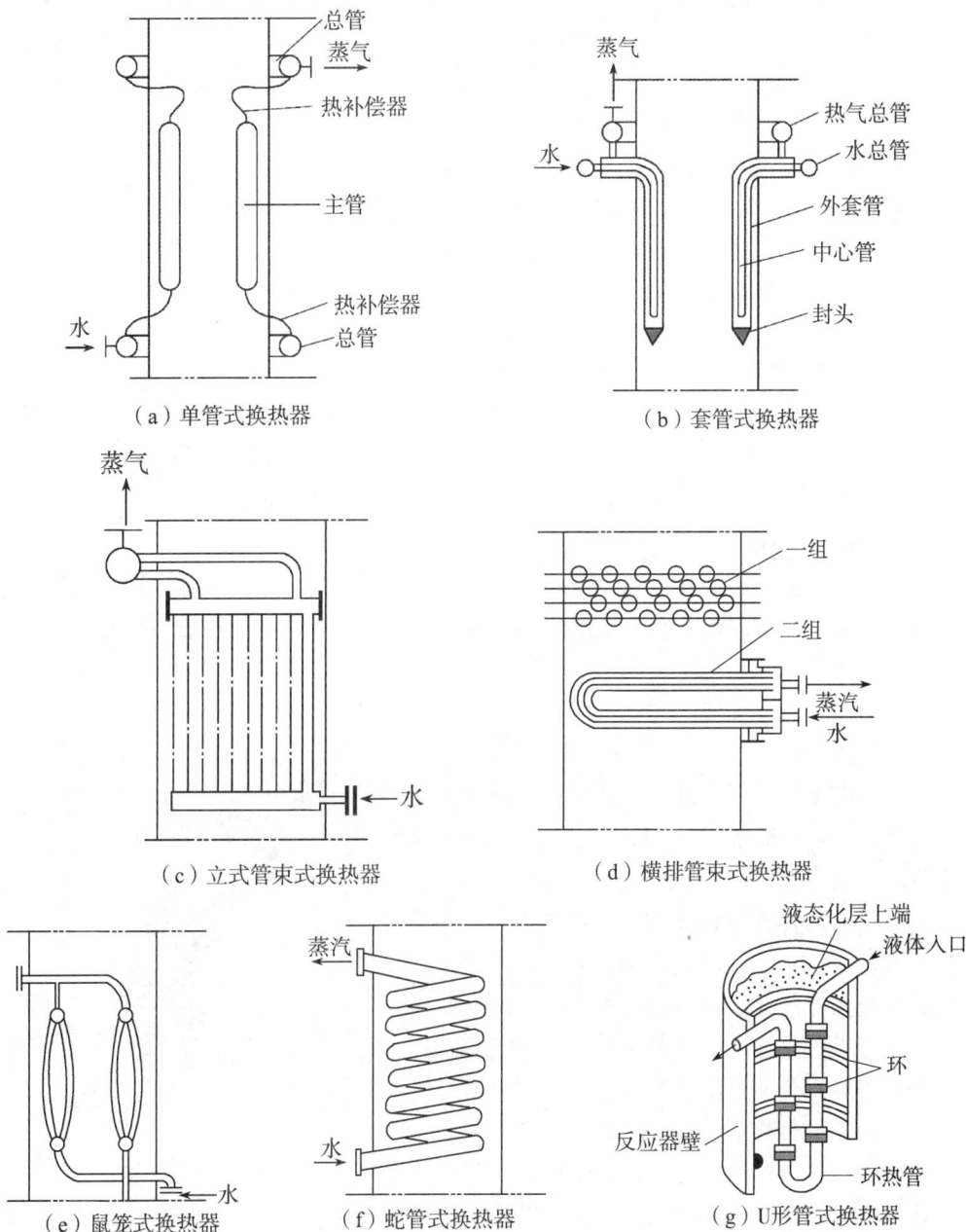

（a）单管式换热器

（b）套管式换热器

（c）立式管束式换热器

（d）横排管束式换热器

（e）鼠笼式换热器

（f）蛇管式换热器

（g）U形管式换热器

图 4-16　常见的流化床内换热器

六、气固分离装置

流化床中被气流夹带上去的固体颗粒,从经济或环境方面考虑,应当予以捕集回收。流化床回收固体颗粒的通用设备是内过滤管和旋风分离器。

1. 内过滤管

有些生产过程被带出床外的固体颗粒很细小,为使带出的粒子尽量小,一般多采用内过滤器来分离气体中的固体颗粒。内过滤器一般做成管式,材料有素瓷管、烧结陶瓷管、开孔铁管和金属丝网管等。在开孔铁管或金属丝网管的外面包扎数层玻璃纤维布,许多过滤管组成了过滤器。气体从玻璃纤维布的细孔隙中通过,被夹带的绝大部分固体颗粒可被过滤下来。

内过滤管,其分离效果好,离开反应器的气体纯净,但阻力较大,必须安设反吹装置,以便定时吹落积聚在过滤管上的粉尘,以减小气体的流动阻力。

过滤器结构尺寸的选择,主要考虑过滤面积和过滤管开孔率,一般均按生产经验数据确定。对小型流化床反应器,过滤面积取为其床层截面积的 8~10 倍,对大的流化床反应器取其床层截面积 4~5 倍。得出过滤面积后,便可按管总外表面积求过滤管的开孔率,或先确定总开孔率、管径和管数,再计算求的总过滤面积。

对分离要求不太高或固体颗粒与气体分离不甚困难的生产过程,或者为避免因床层温度控制不当,而在过滤管表面发生催化反应,引起过滤管温变甚至燃烧时以及必须保持较小压降操作时,可不用过滤管,而改用内旋风分离器。

2. 旋风分离器

旋风分离器广泛应用于石油、化工、冶金等工业部门的固体颗粒回收或除尘。旋风分离器是一种靠离心作用把固体颗粒和气体分开的装置。其结构示意图如图 4-17,主要由筒体、进气管、圆锥体、排气管和排尘管所组成。含有催化剂颗粒的气体由进气管沿切线方向进入旋风分离器内,在旋风分离器内作回旋运动而产生离心力,催化剂颗粒在离心力的作用下被抛向器壁,与器壁相撞后,借重力沉降到锥底,而气体则由上部排气管排出。为了加强分离效果,有些流化床反应器在设备中把三个旋风分离器串联起来使用,催化剂按大小不同的颗粒先后沉降至各级分离器锥底。

旋风分离器既可以安装在反应器里面,称为内旋风分离器,也可以安装在反应器外面,称为外旋风分离器。内旋风分离器的优点是设备比较紧凑,收集下来的催化剂细粒可以直接返回床层,保持原有的床层高度。因此,在没有内旋风分离器的床层内,催化剂细粒逐渐减少,需要定期补充新催化剂。由于内旋风分离器安装在设备内部,所以不必另行保温,这对由于某些反应气体冷凝而和催化剂"和泥"问题的解决尤为有利。例如,硝基苯催化还原氨化,在气固分离部分会有结晶产生,如果采用内过

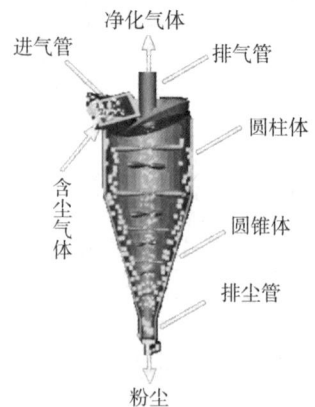

图 4-17 旋风分离器结构
示意图

滤器或未保温外旋风分离器,就很难维持正常生产,而采用内旋风分离器,该问题就容易得到解决。图4-17为旋风分离器结构示意图。

旋风分离器分离出来的催化剂靠自身重力通过料腿或下降管回到床层,此时料腿出料口有时能进气造成短路,使旋风分离器失去作用。因此,在料腿中加密封装置,防止气体进入。密封装置种类很多,如图4-18所示。

双锥堵头是靠催化剂本身的堆积防止气体窜入,当堆积到一定高度时,催化剂就能沿堵头斜面流出。第一级料腿用双锥堵头密封。第二级和第三极料腿出口常用翼阀密封。翼阀内装有活动挡板,当料腿中积存的催化剂的重量超过翼阀对出料口的压力时,此活动板便被打开,催化剂自动下落。料腿中催化剂下落后,活动挡板又恢复了原样,密封了料腿的出口。翼阀的动作在正常情况下是周期性的,时断时续,故又称断续阀。也有的采用在密封头部送入外加的气流,有时甚至在料腿上、中、下处都装有吹气管和测压口,以了解料面位置和保证细粒畅通。料腿密封装置是生产中的关键装置,要经常检修,保持灵活好使。

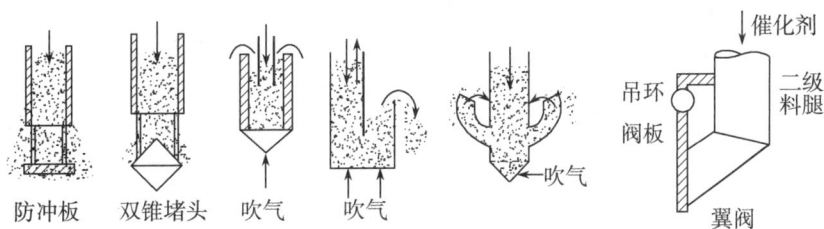

图 4-18　各种密封料腿示意图

知识点 3　流化床反应器的分类

流化床反应器的结构型式很多,主要有以下几种分类方式。

一、按照固体颗粒是否在系统内循环分类

按照固体颗粒是否在系统内循环分为非循环操作的单器流化床和循环操作的双器流化床。单器流化床在工业上应用最为广泛,多用于催化剂使用寿命较长的气固催化反应过程,如丙烯氨化氧化反应器、乙烯氧化反应器和萘氧化制苯酐反应器等,其结构如图4-19、图4-20、图4-21。双器流化床多用于催化剂寿命较短且容易再生的气固催化反应过程,如石油加工过程中的催化裂化装置,采用硅铝催化剂完成反应,其结构如图4-22。重油在催化剂上裂解获得轻质油和气态烃,同时发生结焦反应,形成焦炭,这些焦炭沉积在催化剂的表面,使催化剂失去活性,使催化裂化过程不能继续进行。因此,必须将沉积在催化剂表面上的焦炭烧去,才能使催化裂化过程继续进行。此烧焦过程在再生器中进行,焦炭燃烧时放出的热量加热了催化剂颗粒,再生后的催化剂带着显热为裂化过程提供所需的热量。催化剂在反应器和再生器间的循环,是靠控制两器的密度差所形成的压差实现的。催化剂在两器间的定量定向流动,同时也完成了催化反应和再生烧焦的连续操作过程。

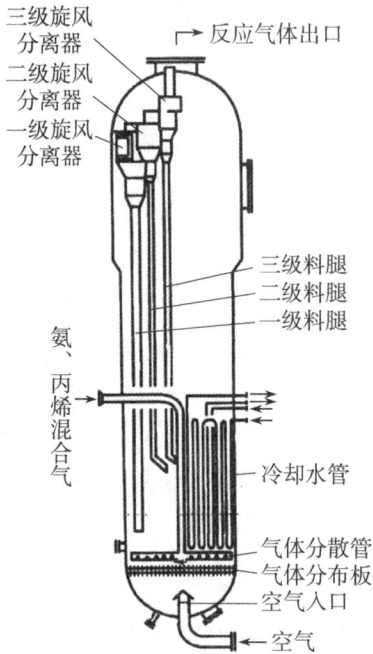

图 4-19 丙烯氨化氧化反应器

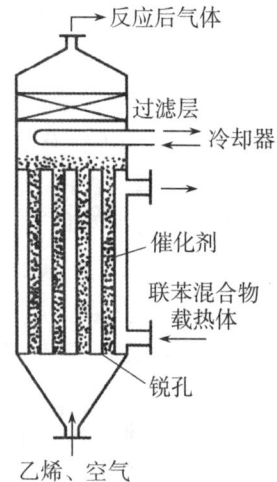

图 4-20 乙烯氧化反应器

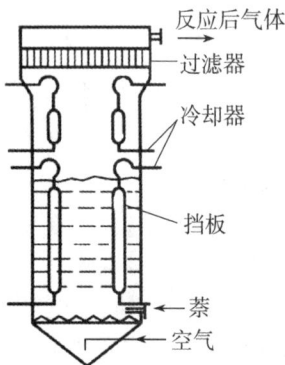

图 4-21 萘氧化反应器

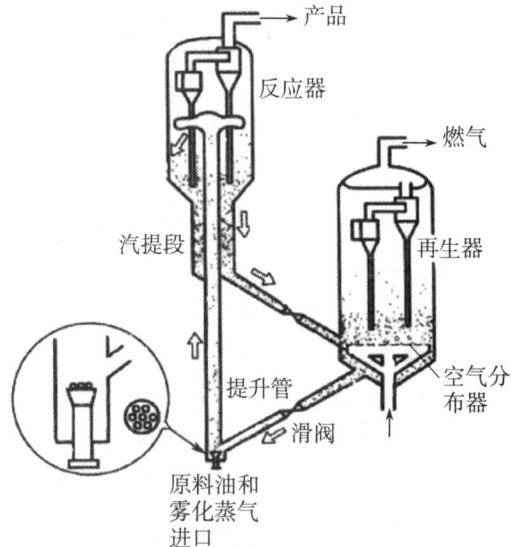

图 4-22 催化裂化反应装置(双器流化床)

二、按照床层外形分类

圆筒形流化床按照床层外形可分为圆筒形和圆锥形流化床。圆筒形流化床反应器如图 4-19 所示,结构简单,制造难度小,设备容积利用率高。圆锥形流化床如图

4-20 所示,结构比较复杂,制造难度较大,设备利用率较低,但因为其截面自下而上逐渐扩大,所以也具有很多优点:

(1)适用于催化剂粒度分布较宽的体系。由于圆锥床底部速度大,可保证较大颗粒的流化,避免分布板上的阻塞现象;而上部速度小,可减少小颗粒的夹带量,也减轻了气固分离设备的负荷。低速操作的工艺过程可获得较好的流化质量。

(2)圆锥形床层底部气体和固体颗粒的剧烈湍动,可使气体分布均匀,因而可大大简化气体分布板的设计。

(3)圆锥形床层底部气体和固体颗粒的剧烈湍动可强化传热,可使反应速率快和热效应大的反应,不致过分集中在底部,减少底部过热、堵塞和烧结现象。图 4-23 为圆锥形流化床乙炔醋酸合成醋酸乙烯反应器。

(4)适用于气体体积增大的反应过程,气体在床层中上升,随着静压力的减小,体积会相应增大,采用锥形床选择一定的锥角,可适应这种气体体积增大的特点,使流化更趋于平稳。

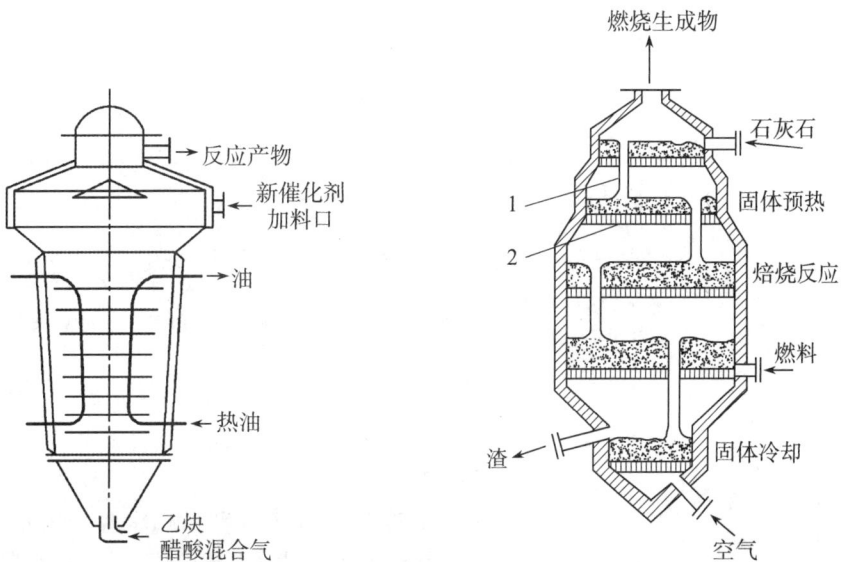

图 4-23　圆锥形流化床乙炔醋酸合成醋酸乙烯反应器　　图 4-24　多层流化床焙烧石灰石

三、按照反应器层数分类

按照反应器层数可分为单层和多层流化床。气固催化反应主要采用单层流化床,床中催化剂单层放置,床层温度、粒度分布和气体浓度都趋于均一。当过程对温度和浓度的分布有特别的要求或对热能的回收有较高的要求时,就要采用多层流化床。用于石灰石焙烧的多层流化床(图 4-24),其中的气流自下而上通过床层,流态化的固体颗粒则沿溢流管从上而下依次流过各层分布板,上部三层为预热段,第一、二、三层温度分别为 500℃、730℃ 和 850℃。第四层为煅烧室,其中温度高达1 015℃,热量靠喷入的燃料油燃烧提供。底层为空气预热段,也是石灰冷却段,温度约为 360℃。

四、按照床层中是否设置内部构件分类

按照床层中是否设置内部构件分为自由床和限制床,床中不专门设置内部构件以限制气体和固体的流动的称为自由床,床中反之则称为限制床。床中设置内部构件可提高气固接触效率,减少气体返混,改善气体的停留时间分布,提高床层稳定性,从而使高床层和高流速成为可能。许多流化床反应器都采用挡网、挡板等作为内部构件。

五、按照是否是催化反应分类

按照是否是催化反应可分为气固催化流化床反应器和气固非催化流化床反应器两种。反应过程使用催化剂,以一定的流动速度使催化剂颗粒呈悬浮湍动,此类反应的设备为气固相流化床催化反应器。非催化过程不需要使用催化剂,可采用非催化流化床反应器,原料气直接与悬浮湍动的固体原料发生化学反应,矿物加工多为非催化过程,如石灰石焙烧、硫铁矿焙烧等。

流化床反应器的分类方法见表 4-3。

表 4-3 流化床反应器的分类

分类方法	分类	特性
按固体颗粒是否在系统内循环分类	单器(或称非循环操作)流化床	多用于催化剂使用寿命较长的气固相催化反应过程,见图 4-19
	双器(或称循环操作)流化床	靠控制两器的密度差形成压差,实现反应器和再生器之间的循环。多用于催化剂使用寿命短、容易再生的气固相催化反应过程,见图 4-22
按照床层中是否有内部构件分类	自由床	床层中没有设置内部构件,适于反应速率快、延长接触时间不致产生严重副反应或对于产品要求不严的催化反应过程
	限制床	床层中采用挡网、挡板等作为内部构件。提高气固接触效率,减少气体返混,改善气体停留时间分布,提高床层的稳定性,从而使高床层和高流速操作成为可能
按照反应器内层数的多少分类	单层流化床	气固相间不能进行逆向操作,反应的转化率低,气固接触时间短
	多层流化床	气流由下往上通过各段床层,流态化的固体颗粒则沿着溢流管从上往下依次流过各层分布板,可以满足某些需要在不同的阶段控制不同反应温度的反应过程的要求。但各层的气相与固相在流量及组成方面都是互相牵制的,所以操作弹性较小,在要求比较高的反应中一般难以应用。示例见图 4-24

续表

分类方法	分类	特性
按反应器形状分类	圆筒形流化床	其结构简单,易于制造,设备容积利用率高,在设计和生产环节已较为成熟,目前在我国已得到了普遍应用
	圆锥形流化床	锥形一般为3~5°。固体粒子粒度较大,而且尺寸大小的范围又很宽,使大小粒子都能得到良好的流化,并且促进粒子的循环。示例见图4-23

知识点 4　流化床反应器的传质与传热过程

一、流化床反应器的传质过程

流化床反应器的传质是在流体与颗粒的接触中完成的,从而达到高效传质和传热的目的,这正是流化床反应器的突出优点。因而,流化床中的传质及传热也是非常重要的问题。传质是以两相间的具体运动为基础的,影响因素众多,情况也十分复杂,目前只能从机理性假设出发,推导出传质系数,但往往只适用于有限的问题,对于实际情况仍靠实验数据及关联式加以解决。

流化床中的传质,一般认为包括颗粒与流体间的、床层与壁或浸泡物体间的传质以及相间传质。以下分别加以介绍。

对于流化床,一般是以整个床中的情况综合来计算的。表 4-4 为根据实验数据关联提出的一些无量纲关联式,在计算时可视具体情况可分别选用。

表 4-4　颗粒与流体间的传质系数

作者	关联式	适用情况
Froessling	$S_h=2+0.6Re^{1/2}S_c^{1/3}$ $S_h=k_p d_p y/D_g$ $Re=d_p \rho u_0 \mu$ $s_c=\mu/\rho D_g$	单颗圆球 (y—惰性或非扩散组分的对数平均分率; u_0—相对速度; D_g—气体分子扩散系数)
Fan,Yang,Wen	$S_h=2.0+1.5[(1-\varepsilon_f)Re]^{0.5}S_c^{0.33}$	液固流化床 $5<Re<120,\varepsilon_f \leqslant 0.84$
Kato 等	当 $0.5\leqslant Re(d_p/L')^{0.6}\leqslant 80$ $S_h=0.43[Re(d_p/L')^{0.6}]^{0.97}S_c^{0.33}$ 当 $80\leqslant Re[(d_p/L')^{0.6}]\leqslant 1\,000$ $S_h=12.5[Re(d_p/L')^{0.6}]^{0.2}S_c^{0.33}$	气固流化床 $L'=LX_s$,有效床高 X_s—起传质作用的固体分率(无惰性物质时 $X_s=1$)

作者	关联式	适用情况
Beek	当 $5 < Re_p < 500$ $$\frac{k_d}{u_0}\varepsilon_f S_c^{2/3} = (0.81 \pm 0.05)Re_p^{-0.5}$$ 当 $50 < Re_p < 2\,000$ $$\frac{k_d}{u_0}\varepsilon_f S_c^{2/3} = (0.6 \pm 0.1)Re_p^{-0.43}$$	液固流化床 $100 < S_c < 1\,000$ $0.43 < \varepsilon_f < 0.63$ 气固及液固流化床 $0.6 < S_c < 2\,000$ $0.43 < \varepsilon_f < 0.75$
Chu	当 $1 < Re'_p < 30$, 当 $j_d = 5.7(Re'_p)^{-0.78}$ 当 $30 < Re'_p < 5\,000$ $j_d = 1.77(Re'_p)^{-0.44}$, $$j_d = \frac{k_d}{u}S_c^{2/3}$$	液固及气固流化床

1. 颗粒与流体间的传质

如前所述,气体进入床层后,部分通过乳化相流动,其余则以气泡的形式通过床层。乳化相中的气体与颗粒接触较为充分,而气泡中的气体与颗粒接触很不充分,原因是气泡中几乎不含颗粒,气体与颗粒接触的主要区域集中在气泡与气泡晕的相界面和尾涡处。流化床无论被用作反应器还是传质设备,颗粒与气体间的传质速率都将直接影响整个反应速率或总传质速率。所以,当流化床被用作反应器或传质设备时,颗粒与流体间的传质系数 k_G 是一个重要的参数。我们可以通过传质速率来判断整个过程的控制步骤。传质系数在文献报导的经验公式很多,它只在适用于一定的范围,使用时应注意适用条件。

2. 床层与浸没物体间的传质

此时的传质系数 k_s 的一个通用公式:

$$\frac{k_s}{u_0}\varepsilon_f S_c^{2/3} = C(Re)^{-m} \tag{4-19}$$

式中, $Re = \dfrac{d_p \rho u}{\mu(1-\varepsilon_f)}$ 。对于液固流化床,在 $6 < Re < 200$, $0.45 < \varepsilon_f < 0.85$ 时,则 $C = 1.2 \pm 0.1$, $m = 0.52$,如在 $200 < Re < 2\,800$, $0.47 < \varepsilon_f < 0.9$ 时,则 $C = 0.6 \pm 0.1$, $m = 0.375$;对于气固流化床来说,则有 $C = 0.7$, $m = 0$,(适用范围 $300 < Re < 12\,000$, $0.5 < \varepsilon_f < 0.95$)。

当 $\varepsilon_f = 0.6$ 时, k_s 的值达到最大,此时的表观气速 u_{max} 可以有如下公式计算: $C_D < 10$, $u_{max}/u_{mf} = (5.0 \pm 0.5)C_D^{0.75}$; $C_D > 10$, $u_{max}/u_{mf} = 36$;式中 C_D 是单颗粒子的阻力系数,对于不太细、太轻的粒子,这一比值(U_{max}/u_{mf})在 $3 \sim 5$。

3. 气泡与乳化相间的传质

流化床反应器中的反应实际上是在乳化相中进行的,所以,气泡与乳化相间的气体交换作用(也称相间传质)非常重要。相间传质速率与表面反应速率的快慢,对于选择合理的床型和操作参数都直接有关,从气泡经气泡晕到乳化相的传递是一个串联过程。以气泡的单位体积为基准,气泡与气泡晕之间的交换系数$(k_{bc})b$、气泡晕与乳化相之间的交换系数$(k_{ce})b$以及气泡与乳化相之间的总系数$(k_{be})b$(均以s^{-1}表示),气泡在经历dl(时间$d\tau$)的距离内的交换速率(以组分A表示),用单位时间单位气泡体积所传递的组分A的摩尔数来表示,即:

$$-\frac{1}{V_b}\frac{dN_{Ab}}{d\tau}=-u_b\frac{dc_{Ab}}{dl}=(k_{be})_b(c_{Ab}-c_{Ac})$$

$$=(k_{bc})_b(c_{Ab}-c_{Ac})\approx(k_{ce})_b(c_{Ac}-c_{Ae}) \tag{4-20}$$

式中,N_{Ab}为组分A的摩尔数,kmol;V_b为气泡体积,m^3;c_{Ab},c_{Ac},c_{Ae}分别为气泡相、气泡晕、乳化相中反应组分A的浓度,$kmol/m^3$。

气体交换系数的含义是在单位时间内以单位气泡体积为基准所交换的气体体积。三者间的关系如下:

$$\frac{1}{(k_{be})_b}\approx\frac{1}{(k_{bc})_b}+\frac{1}{(k_{ce})_b} \tag{4-21}$$

对于一个气泡而言,单位时间内与外界交换的气体体积Q可认为等于穿过气泡的穿流量q及相间扩散量之和,即:

$$Q=q+\pi d_e^2 K_{bc} \tag{4-22}$$

式中,$q=0.75\ u_{mf}\pi d_e^2$,而传质系数K_{bc}可由式(4-23)估算:

$$K_{bc}=0.975D^{1/2}(g/d_e)^{1/4}(cm/s) \tag{4-23}$$

式中,D为气体的扩散系数;d_e为气泡当量直径。将q的计算式和式(4-23)带入式(4-22)中可求得:

$$(k_{bc})_b=\frac{Q}{(\pi d_e^3/6)}=4.5\left(\frac{u_{mf}}{d_e}\right)+\left(5.85\ \frac{D^{1/2}g^{1/4}}{d_e^{5/4}}\right) \tag{4-24}$$

此外,$(k_{ce})_b$可由式(4-25)估算:

$$(k_{ce})_b=\frac{k_{ce}S_{bc}(d_c/d_e)^2}{V_b}\approx6.78\left(\frac{D_e\varepsilon_{mf}u_b}{d_e^3}\right)^{1/2} \tag{4-25}$$

式中,S_{bc}为气泡与气泡晕的相界面,cm^2;D_e为气体在乳化相中的扩散系数,cm^2/s。在目前还缺乏实测数据的情况下,可取$D_e=\varepsilon_{mf}D$到D之间的值。

需要指出的是,相关文献介绍的不同相间的交换系数及关联式,是根据不同的物理模型和不同的数据处理方法而得出的,引用时必须注意其适用条件。

二、流化床反应器的传热过程

由于流化床中流体与颗粒的快速循环,流化床具有传热效率高、床层温度均匀的优点。气体进入流化床后很快达到流化床温度,这是因为气固相接触面积大,颗粒循环速度高,颗粒混合得很均匀而且床层中颗粒比热容远比气体比热容高。研究流化床反应器的传热过程主要是为了确定维持流化床温度所必须的传热面积。在一般情况下,自由流化床是等温的,粒子与流体之间的温差(除特殊情况外)可以忽略不计。关于流化床中传热的理论和实验研究很多,但基于机理研究推导出的很多传热系数公式,但也只适用于有限定条件的情况。流化床中的传热,与传质类似,包括三种基本形式:一是颗粒与颗粒之间的传热;二是相间即气体与固体颗粒之间的传热;三是床层与内壁间和床层与浸没于床层中的换热器表面间的传热。在这三种形式中,前两种的给热速度要比第三种大得多,因此要提高整个流化床的传热速度,关键在于提高床层与器壁和换热器间的传热速度。下面着重讨论床层与器壁和换热器间的传热情况。流化床大多用于反应热负荷大的反应,床层中的大量热量仅靠器壁来传递是不能满足换热要求的,大多数情况下必须采用内换热器。

流化床与器壁的给热系数 α_W 比空管及固定床中都要高,下面简要说明床层对换热器壁给热系数的影响因素。

1. 操作速度的影响

在起始流化速度以上,α_W 随气速的增加而增大到一个极大值,然后下降。极大值的存在可用固体颗粒在流化床中的浓度随流速的增加而降低来解释。低速时,床层处于固定床阶段,给热系数随着气速的增大略有增大;当气速超过 u_{mf},处于流化床操作阶段,气速越大,由于颗粒的运动越激烈,给热系数剧增;但随着气速进一步增大,床层膨胀加大,床层空隙率也相应增加,对床层与换热器的换热不利,所以此时给热系数减小。

2. 颗粒直径的影响

在操作气速接近的情况下,颗粒直径越小,床层与器壁给热系数越大。因为颗粒越小,换热表面与颗粒的接触面积越大。

3. 换热器形状以及挡网、挡板的影响

因为上下排列的水平换热管对颗粒与中部管子的接触起了一定的阻碍作用,所以水平管的给热系数比垂直管的低,这就是流化床中尽可能少用水平管和斜管的主要原因。此外,管束排得过密或有横向挡板的存在,减弱了颗粒的湍动程度,对传热的影响复杂。加设挡网或挡板都会使颗粒的运动受阻而降低最大给热系数。但在错流气速较大时,挡板床的给热系数比自由床的要大。而分布板的结构如何也直接关系到气泡的大小和数量,因此对传热的影响也是显著的。

流化床与换热表面间的传热是一个复杂过程,给热系数的关联式与流体和颗粒的性质、流动条件、床层与换热面的几何形状等因素有关。目前文献上介绍的流化床换热面的给热系数关联式的局限性很大,遇到实际情况仍需依靠实验数据和关联式来解决。

这里简要介绍流化床层对换热器壁给热系数的计算。

(1)直立换热管。当换热管是直立管时,床层与换热器间的给热系数可按式

(4-26)计算:(适用条件:$\text{Re}=\dfrac{d_p u_0 \rho_f}{\mu_f}=0.01\sim 100$)

$$\frac{\alpha_0 d_p}{\lambda_f}=0.000\,35 c_R (1-\varepsilon_f)\left(\frac{c_f \rho_f}{\lambda_f}\right)^{0.43}\left(\frac{d_p u_0 \rho_f}{\mu_f}\right)^{0.23}\left(\frac{c_s}{c_f}\right)^{0.8}\left(\frac{\rho_p}{\rho_f}\right)^{0.66} \quad (4\text{-}26)$$

式中,c_R 为竖管距离床层中心的校正系数;$\dfrac{c_f \rho_f}{\lambda_f}$ 为有因次的物性数群,s/m^2;λ_f 为流体的热导率,$J/(m \cdot s \cdot K)$;c_f 为流体的比热容,$J/(kg \cdot K)$;c_s 为固体颗粒的比热容,$J/(kg \cdot K)$;u_0 为流化床的空床气速,m/s;ε_f 为流化床的空隙率;α_0 为床层与器壁间的给热系数,$W/(m^2 \cdot K)$。

(2)水平管。当 $\text{Re}=\dfrac{d_t u_0 \rho_f}{\mu_f}<2\,000$ 时,

$$\frac{\alpha_0 d_t}{\lambda_t}=0.66\left(\frac{c_f \mu_f}{\lambda_f}\right)^{0.3}\left[\left(\frac{d_t u_0 \rho_f}{\mu_f}\right)\left(\frac{\rho_p}{\rho_f}\right)\left(\frac{1-\varepsilon_f}{\varepsilon_f}\right)\right]^{0.44} \quad (4\text{-}27)$$

式中,d_t 为水平管外径,m。

当 $\text{Re}=\dfrac{d_t u_0 \rho_f}{\mu_f}>2\,500$ 时,

$$\frac{\alpha_0 d_t}{\lambda_f}=420\left(\frac{c_f \mu_f}{\lambda_f}\right)^{0.3}\left[\left(\frac{d_t u_0 \rho_f}{\mu_f}\right)\left(\frac{\rho_p}{\rho_f}\right)\left(\frac{\mu_f^2}{d_p^3 \rho_p^2 g}\right)\right]^{0.3} \quad (4\text{-}28)$$

当 $2\,000<\text{Re}<2\,500$ 时,取式(4-25)和(4-26)的平均值。

(3)外壁面。

$$\psi=\frac{(\alpha_0 d_p/\lambda_f)/\left[(1-\varepsilon_f)\varepsilon_s \rho_s/c_f \rho_f\right]}{1+7.5\exp\left[-0.44(L_h/D)(c_f/c_s)\right]} \quad (4\text{-}29)$$

式中,L_h 为换热面的长度,m;D 为流化床反应器的内径,m;ϕ,可查,见图4-26。

从流化床与换热器表面间传热的研究结果,可以得出各种参数对给热系数影响的定性规律。颗粒的导热系数及床层高度对 α_0 没有多少影响;颗粒的比热容增大,α_0 也增大;粒径增大,α_0 降低;流体的导热系数是 α_0 最主要的影响因素,α_0 与 λ^n 成正比,其中 $n=1/2\sim 2/3$;床层直径的影响较难判定;床内管子的管径小时,α_0 大,因为它上面的颗粒群更易于被更替下来;管子的位置对 α_0 的影响不太大,主要应根据工艺上的要求而定,但如果管束排列过密,则 α_0 降低;对水平管束来说,错列的影响更大些;横向挡板使可能达到的 α_0 的最大值降低而相应的气速却需要提高;分布板的开孔情况影响气泡的数量和尺寸,在气速小于最优值时,增加孔数和孔径将使 α_0 值降低。图4-25为竖管距中心位置的校正系数。图4-26为管壁给热系数关联图。

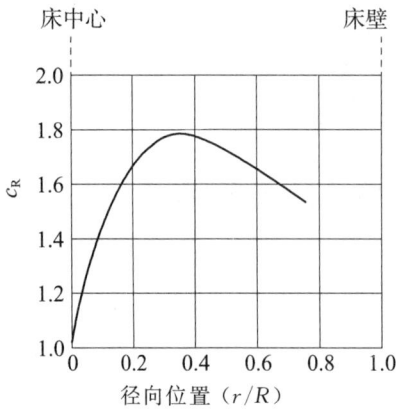

图 4-25　竖管距中心位置的校正系数

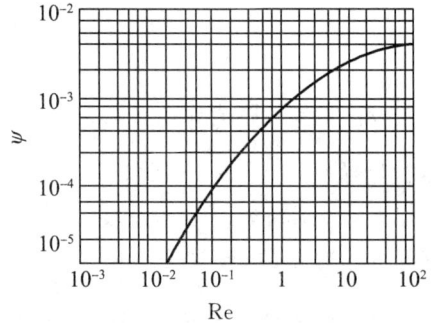

图 4-26　管壁给热系数关联图

【例 4-4】一流化床内设置了水平管换热器,换热管直径 20 mm,计算流化床层对换热管的给热系数。已知条件:$u_{mf}=0.013$ m/s,$u_0=0.26$ m/s,$\varepsilon_{mf}=0.45$,$\varepsilon_f=0.75$;颗粒 $d_p=1.55\times10^{-4}$ m,$\rho_s=1\ 600$ kg/m^3,$c_{ps}=0.629$ kJ/(kJ·K);气体 $\lambda_g=0.175$ kJ/(m·h·K),$\mu=0.09$ kg/(m·h)　$\rho_g=0.8$ kg/m^3,$c_{pg}=1.13$ kJ/(kg·K)。

解:首先判断 Re 的范围

$$\mathrm{Re}=\frac{d_{t0}\rho_g u_0}{\mu}=\frac{0.02\times0.8\times0.26\times3\ 600}{0.09}=166<2\ 000$$

可采用式(4-26)计算,将已知条件代入

$$\frac{\alpha_0 d_{t0}}{\lambda_g}=0.66\times\left(\frac{1.13\times0.09}{0.175}\right)^{0.3}\times\left(160\times\frac{1\ 600}{0.8}\times\frac{1-0.75}{0.75}\right)^{0.44}=0.56\times163.05=91.31$$

$$\therefore\alpha_0=\frac{91.31\times0.175}{0.02}=798.97\ \mathrm{kJ/(m^2\cdot h\cdot K)}。$$

知识拓展:流化床反应器内换热器的性能比较

可用于流化床的内部换热器种类较多,比较典型的有如下几种(图 4-27),每种换热器的结构特点不同,表现出的换热性能也有差异。

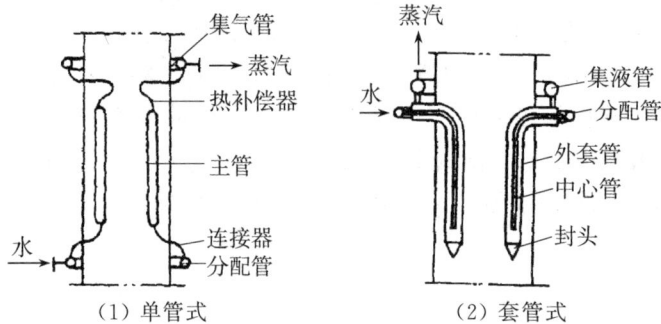

（1）单管式　　　　　　　　　　（2）套管式

（3）鼠笼式　　　　　　　　（4）直列管束式

（5）横列管束式　　　（6）U形管式　　　　（7）蛇管式

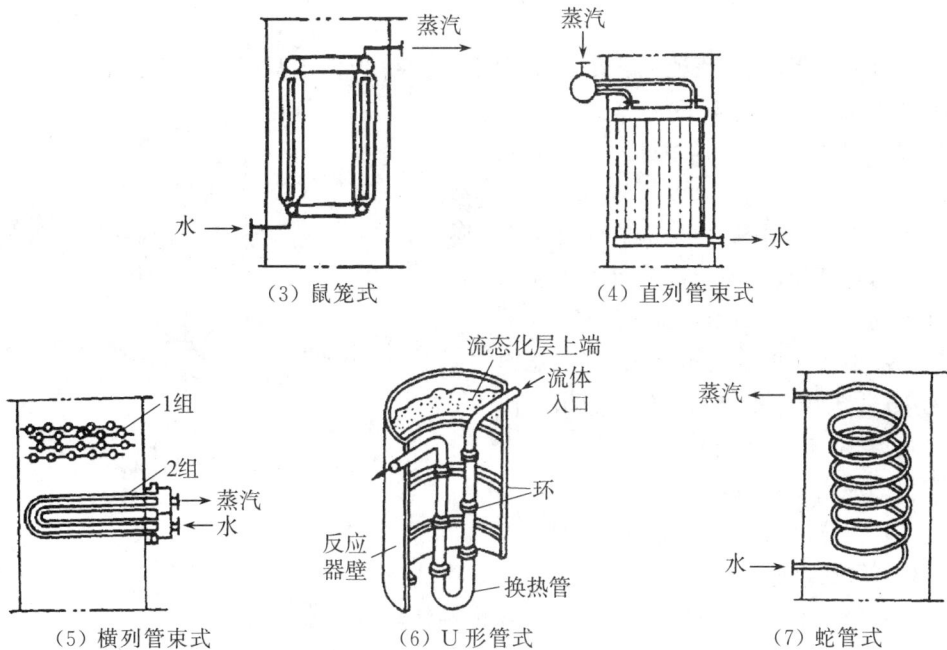

图 4-27　流化床常用的内部换热器

（1）列管式换热器是将换热管垂直放置在床层内密相或床面上稀相的区域中。常用的有单管式和套管式两种,根据传热面积的大小,排成一圈或几圈。

（2）鼠笼式换热器由多根直立支管与汇集横管焊接而成,这种换热器可以安排较大的传热面积,但焊缝较多。

（3）管束式换热器分直列和横列两种,但横列的管束式换热器常用于流化质量要求不高而换热量很大的场合,如沸腾燃烧锅炉等。U形管式换热器是经常采用的种类,具有结构简单、不易变形和损坏、催化剂寿命长、温度控制十分平稳的优点。

（4）蛇管式换热器也具有结构简单、不存在热补偿问题的优点,但也存在同水平管束式换热器类似的问题,即换热效果差,给热系数低,对床层流态化过程有干扰。

知识点 5　流化床反应器常见的异常现象认知

一、流化床反应器常见的异常现象

散式流化床是均匀的,各处的床层空隙率基本上相同,随着流速增加床层均匀变疏。但是,在化工生产中所用的气一固相反应则多为聚式流态化,其中气体和固体的接触是相当复杂的,经常产生一些不规则状态,常见的不正常现象有以下两种。

1. 沟流

气流通过床层,其流速虽然超过临界流化速度,但床内只形成一条狭窄通道,而大部分床层仍然处在固定状态,这种现象称为沟流,其特征是气体通过床层时形成短路。

沟流有两种情况:如果沟流穿过整个床层称为贯穿沟流;如果沟流仅发生在局部称为局部沟流。如图 4-28 所示。

沟流造成床层密度不均匀,有可能产生死床,造成催化剂烧结,降低催化剂使用寿命,降低转化率,降低生产能力。沟流产生的原因主要有:

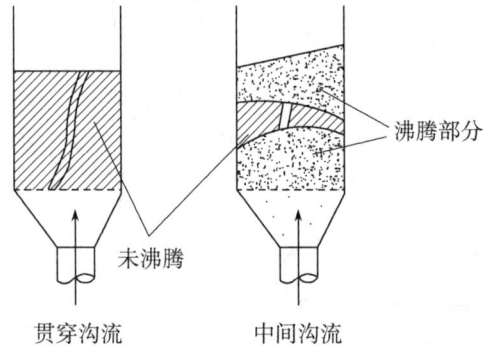

图 4-28　流化床中的沟流现象

(1) 颗粒很细、潮湿,物料易黏结,床层很薄;

(2) 气速过低或气流分布不均匀;

(3) 分布板结构不合理,开孔太少,床内构件阻碍气体的流动等。

要消除沟流应预先干燥物料并适当加大气速,在床内加内部构件及改善分布板结构等。

2. 大气泡和腾涌

在流化床中,生成的气泡在上升过程中不断增大是正常现象,但是如果床层中大气泡很多,气泡因不断搅动而破裂,而使气固接触极不均匀,床层波动也较大,就是不正常的大气泡现象;如果气速继续增大,则气泡可能增大到接近容器直径,使床内物料呈活塞状向上运动,于是床层被分成一段或几段,当达到某一高度后突然崩裂,颗粒散落而下,这种现象称为腾涌。大气泡和腾涌使床层极不稳定,床层的均匀性一旦被破坏,气固接触不良,从而严重影响产品的收率和质量,增加固体颗粒的机械磨损和带出,降低催化剂的使用寿命,床内构件也易磨损。

造成大气泡和腾涌现象的主要原因有:

(1) 床高和床直径之比较大;

(2) 颗粒粒度大;

(3) 床内气速较大。

消除腾涌的方法:在床内加设内部构件,以防止大气泡的产生,或在可能的情况下减小气速和床层高径比。

二、流化床反应器的操作与维护

流化床反应器的结构形式具有多样化和种类多的特点,但都由气体分布装置、内部构件、换热装置、气固分离装置组成。流化床反应器的操作维护主要围绕组成部件进行。

1. 气体分布装置的维护

气体分布装置位于流化床的底部,是保证流化床具有良好的流化效果的重要构件,其作用是支撑床层上的催化剂或者其他固体反应物颗粒;均匀分布气流;改善起始流化条件,有利于保证床层的稳定。

为了使气流在反应器内整个截面上均匀分布,一般采取如下办法保证气体均匀进入流化床:防止气体分布器生锈,流化床内固体颗粒不能太小,以防止堵塞小孔。

2. 内部构件

流化床内部构件能够抑制气泡的长大,改善气体在床内的停留时间分布,强化气泡相和乳浊相之间的质量交换,从而提高反应的转化率,这是人们所熟知的事实,并早已广泛地应用于生产装置的设计中。但是流化床反应器内部构件太容易磨损是最大的障碍,进行挡网、挡板的合理配置是消除磨损的关键。

3. 换热装置

流化床反应温度发生动荡或者反应温度变动,可能是由于换热装置所引起的,换热系统冷热物流受阻,目前应用较广的属于夹套换热器和内管式换热器。

4. 气体分离装置

气体分离装置最常见的是旋风分离器,与其他设备的故障维修相同,若旋风分离器出现问题时,可参照表 4-5 进行解决。

表 4-5　旋风分离器维修故障指南

可能问题	故障现象	解决方法
压降过高	由管道系统或鼓风机初始设计不恰当而导致的气流速率过高	除非这种情况在工艺过程中引起故障,否则,可以不用管它。若为后一种情况时,可改变鼓风机操作方式或增加额外的流速限制设施,以降低流速以及旋风分离器的压降
	在气流到达旋风分离器的过程中,可能有气体泄漏进系统中	对管道系统或收尘罩的泄漏之处进行修理
	旋风分离器内部阻塞	清理内部阻塞
	旋风分离器设计不合理	重新设计或更换旋风分离器
压降过低	由管道系统或鼓风机初始设计不恰当而导致的气流速率过低	改变鼓风机操作方式或用大一点的鼓风机替换
	气体泄漏进旋风分离器装置中	修理
	空气泄漏进下游系统部件中	修理

可能问题	故障现象	解决方法
效率过低	初始设计不合理	若要求的性能改善幅度较小和/或更高压降情况可接受时,可以对现有的旋风分离器进行重新设计。若更高的压降不可行和/或需要对集尘效率进行大幅度提升时,则需对旋风分离器进行更换。
	有气体泄漏进旋风分离器中	对泄漏处进行修理,并确保卸灰阀运转正常并有着合理的密封
	内部故障或堵塞	移除故障。若发生持续堵塞,可考虑重新制造或设法确定出一些根本性的问题和原因,并予以解决,如结露问题、粉尘排放口直径太小等问题。
	管道的入口设计欠妥当	重新设计并予以更换
堵塞	对实际的粉尘负荷,旋风分离器的粉尘排放口太小	以大直径的排放口来重新设计旋风分离器
	若旋风分离器用弧形封头时,可能有物质聚集于封头内部	将弧形封头顶盖以平顶、吊顶顶盖或者采用耐火材料衬里的平顶顶盖替换
	物质的黏性可能太大	以 PTFE 涂层、用电解法等优化处理内部表面
		采用振荡器
		安装用于清理的入口
	产生结露现象	加隔热层或保温
腐蚀	入口速度过高	降低流速
		以较低的流速重新设计入口
	自然腐蚀性微粒	最小化入口流速
		采用耐磨蚀性材料制造
		确保旋风分离器几何构造适合
		设计时保证部件的易修理和/或易更换性

思考练习题

(1) 请简述一下流态化形成的过程。

(2) 流化态操作速度的选择原则有哪些?

(3) 请简述一下流化床反应器的优缺点。

(4) 流化床反应器的基本结构包括哪些?

(5) 流化床反应器常见的异常现象及产生原因有哪些?

(6) 流化床反应器常见的故障有哪些?解决办法分别是什么?

任务二　流化床反应器的仿真操作

本任务以采用 HIMONT 工艺本体聚合生产高抗冲击共聚物的装置（流化床反应器）为例来说明非催化流化床反应器的操作。

知识点 1　高抗冲乙烯丙烯共聚物（HIMONT）本体聚合生产原理

乙烯、丙烯以及反应混合气在温度为 70°、压力为 1.35 Mpa 下，通过具有剩余活性的干均聚物（聚丙烯），在压差作用下自闪蒸罐 D-301 流到该气相共聚反应器 R-401。乙烯、丙烯以及反应混合气在一定的温度 70℃，一定的压力 1.35 MPa 下，通过具有剩余活性的干均聚物（聚丙烯）的引发，在流化床反应器里进行反应，同时加入氢气以改善共聚物的本征黏度，生成高抗冲击共聚物。

主要原料：乙烯，丙烯，具有剩余活性的干均聚物（聚丙烯），氢气。

反应方程式：

$$n C_2 H_4 + n C_3 H_6 \longrightarrow [C_2 H_4 - C_3 H_6]_n 。$$

主产物：高抗冲击共聚物（具有乙烯和丙烯单体的共聚物）。

副产物：无。

知识点 2　高抗冲乙烯丙烯共聚物（HIMONT）本体聚合工艺流程与设备

图 4-29 为生产高抗冲击共聚物生产工艺流程图。

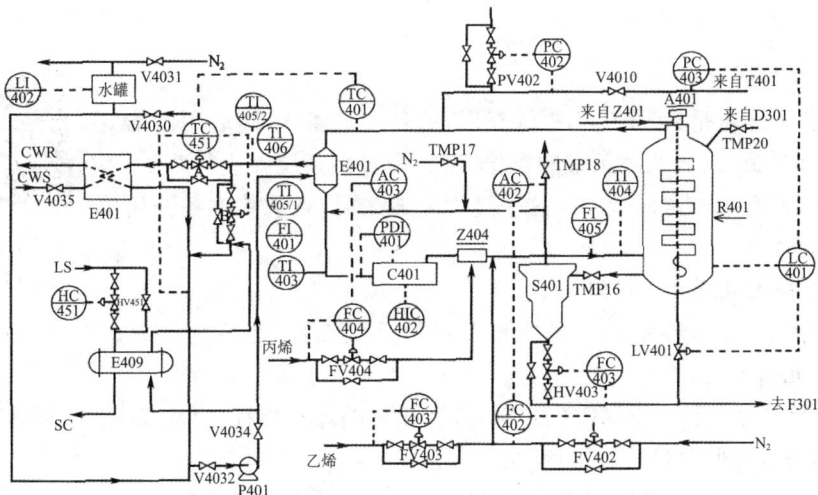

R401—反应器；S401—旋风分离器；P401—开车加热器；E409—夹套式换热器；

E401—冷却器；C401—循环压缩机；A401—刮刀

图 4-29　生产高抗冲击共聚物生产工艺流程图

该流化床反应器取材于 HIMONT 工艺本体聚合装置,用于生产高抗冲击共聚物。具有剩余活性的干均聚物(聚丙烯),在压差作用下自闪蒸罐 D-301 流到该气相共聚反应器 R-401。图 4-29 为生产高抗冲击共聚物生产工艺流程图。

在气体分析仪的控制下,氢气被加到乙烯进料管道中,以改进聚合物的本征黏度,满足加工需要。

聚合物从顶部进入流化床反应器,落在流化床的床层上。流化气体(反应单体)通过一个特殊设计的栅板进入反应器。由反应器底部出口管路上的控制阀来维持聚合物的料位。聚合物的料位决定了聚合物的停留时间,从而决定了聚合反应的程度,为了避免过度聚合的鳞片状产物堆积在反应器壁上,反应器内配置一转速较慢的刮刀,以使反应器壁保持干净。栅板下部夹带的聚合物细末,用一台小型旋风分离器 S401 除去,并送到下游的袋式过滤器中。所有未反应的单体循环返回到流化压缩机的吸入口。来自乙烯汽提塔顶部的回收气相与气相反应器出口的循环单体汇合,而补充的氢气,乙烯和丙烯加入压缩机排出口。

循环气体用工业色谱仪进行分析,调节氢气和丙烯的补充量。然后调节补充的丙烯进料量以保证反应器的进料气体满足工艺要求的组成。

用脱盐水作为冷却介质,用一台立式列管式换热器将聚合反应热撤出。该热交换器位于循环气体压缩机之前。

共聚物的反应压力约为 1.4 MPa(表),70℃,注意,该系统压力位于闪蒸罐压力和袋式过滤器压力之间,从而在整个聚合物管路中形成一定压力梯度,以避免容器间物料的返混并使聚合物向前流动。

知识点 3　本体聚合流化床反应器的操作规程

一、冷态开车操作与控制

1. 开车准备

准备工作包括:系统中用氮气充压,循环加热氮气,随后用乙烯对系统进行置换(按照实际正常的操作,用乙烯置换系统要进行两次,考虑到时间关系,只进行一次)。这一过程完成之后,系统将准备开始单体开车。

二维码 4-2
流化床开车

(1)系统氮气充压加热。

① 充氮:打开充氮阀,用氮气给反应器系统充压,当系统压力达 0.7 MPa(表)时,关闭充氮阀。

② 当氮充压至 0.1 MPa(表)时,按照正确的操作规程,启动 C401 共聚循环气体压缩机,将导流叶片(HIC402)定在 40%。

③ 环管充液:启动压缩机后,开进水阀 V4030,给水罐充液,开氮封阀 V4031。

④ 当水罐液位大于 10%时,开泵 P401 入口阀 V4032,启动泵 P401,调节泵出口

阀 V4034 至 60％开度。

⑤ 手动开低压蒸汽阀 HC451,启动换热器 E-409,对循环氮气(进行加热)。

⑥ 打开循环水阀 V4035。

⑦ 当循环氮气温度达到 70℃时,TC451 采用自动调节模式,调节其设定值,维持氮气温度 TC401 在 70℃左右。

(2)氮气循环。

① 当反应系统压力达到 0.7 MPa 时,关充氮阀。

② 在不停压缩机的情况下,用 PIC402 和排放阀给反应系统泄压至 0.0 MPa。

③ 在充氮泄压操作中,不断调节 TC451 设定值,维持 TC401 温度在 70℃左右。

(3)乙烯充压。

① 当系统压力降至 0.0 MPa 时,关闭排放阀。

② 由 FC403 开始乙烯进料,乙烯进料量设定在 567.0 kg/h 时投自动调节,乙烯使系统压力充至 0.25 MPa(表)。

2. 干态运行开车

本规程规定聚合物进入之前,共聚集反应系统应具备合适的单体浓度,另外通过干态运行开车步骤也可以在实际工艺条件下,预先对仪表进行操作和调节。

(1)反应进料。

① 当乙烯充压至 0.25 MPa(表)时,启动氢气的进料阀 FC402,氢气进料设定在 0.102 kg/h,FC402 设自动控制。

② 当系统压力升至 0.5 MPa(表)时,启动丙烯进料阀 FC404,丙烯进料设定在 400 kg/h,FC404 设自动控制。

③ 打开自乙烯汽提塔来的进料阀 V4010。

④ 当系统压力升至 0.8 MPa(表)时,打开旋风分离器 S-401 底部阀 HC403 至 20％开度,维持系统压力缓慢上升。

(2)准备接收 D301 来的均聚物。

① 再次加入丙烯,将 FIC404 改为手动,调节 FV404 为 85％。

② 当 AC402 和 AC403 平稳后,调节 HC403 开度至 25％。

③ 启动共聚反应器的刮刀,准备接收从闪蒸罐(D-301)来的均聚物。

3. 共聚反应物的开车

① 确认系统温度 TC451 维持在 70℃左右。

② 当系统压力升至 1.2 MPa(表)时,开大 HC403 开度在 40％和 LV401 在 20％~25％,以维持流态化。

③ 打开来自 D-301 的聚合物进料阀。

④ 停低压加热蒸汽,关闭 HV451。

4. 稳定状态的过渡

(1)反应器的液位。

① 随着 R401 料位的增加，系统温度将升高，及时降低 TC451 的设定值，不断取走反应热，维持 TC401 温度在 70℃左右。

② 调节反应系统压力在 1.35 MPa(表)时，PC402 自动控制。

③ 手动开启 LV401 至 30％，让共聚物稳定地流过此阀。

④ 当液位达到 60％时，将 LC401 设置设自动。

⑤ 随系统压力的增加，料位将缓慢下降，PC402 调节阀自动开大，为了维持系统压力在 1.35 MPa，缓慢提高 PC402 的设定值至 1.40 MPa(表)。

⑥ 当 LC401 在 60％设自动控制后，调节 TC451 的设定值，待 TC401 稳定在 70℃左右时，TC401 与 TC451 串级控制。

(2) 反应器压力和气相组成控制。

① 压力和组成趋于稳定时，将 LC401 和 PC403 设串级。

② FC404 和 AC403 串级联结。

③ FC402 和 AC402 串级联结。

正常工况下工艺参数的调节：

① FC402：调节氢气进料量(与 AC402 串级)正常值：0.35 kg/h。

② FC403：单回路调节乙烯进料量正常值：567.0 kg/h。

③ FC404：调节丙烯进料量(与 AC403 串级)正常值：400.0 kg/h。

④ PC402：单回路调节系统压力正常值：1.4 MPa。

⑤ PC403：主回路调节系统压力正常值：1.35 MPa。

⑥ LC401：反应器料位(与 PC403 串级)正常值：60％。

⑦ TC401：主回路调节循环气体温度正常值：70℃。

⑧ TC451：分程调节取走反应热量(与 TC401 串级)正常值：50℃。

⑨ AC402：主回路调节反应产物中 H_2/C_2 之比正常值：0.18。

⑩ AC403：主回路调节反应产物中 C_2/C_3&C_2 之比正常值：0.38。

二、停车操作

1. 正常停车

(1) 降反应器料位。

① 关闭催化剂来料阀 TMP20。

② 手动缓慢调节反应器料位。

(2) 关闭乙烯进料阀，保压。

① 当反应器料位降至 10％，关闭乙烯进料。

② 当反应器料位降至 0％，关闭反应器出口阀。

③ 关旋风分离器 S-401 上的出口阀。

(3) 关闭丙烯及氢气进料阀。

① 手动切断丙烯进料阀。

② 手动切断氢气进料阀。

二维码 4-3
流化床停车

③ 手动全开 PC402。

④ HC402 开到最大,等待 PC402 降到 0.01。

⑤ 关闭 C401。

(4)氮气吹扫。

① 将氮气加入该系统。

② 当压力达 0.35 MPa 时放火炬。

③ 停压缩机 C-401。

2. 紧急停车

紧急停车操作规程与正常停车操作规程相同。

知识点 4　本体聚合流化床反应器常见异常现象及处理方法

高抗冲击共聚物生产过程中的本体聚合流化床反应器常见异常现象及处理方法见表 4-6。

表 4-6　本体聚合流化床反应器常见异常现象及处理方法

序号	异常现象	产生原因	处理方法
1	温度调节器 TC451 急剧上升,然后 TC401 随之升高	运行泵 P401 停	(1) 调节丙烯进料阀 FV404,增加丙烯进料量; (2) 调节压力调节器 PC402,维持系统压力; (3) 调节乙烯进料阀 FV403,维持 C2/C3 比
2	系统压力急剧上升	压缩机 C-401 停	(1) 关闭催化剂来料阀 TMP20; (2) 手动调节 PC402,维持系统压力; (3) 手动调节 LC401,维持反应器料位
3	丙烯进料量为 0.0	丙烯进料阀卡	(1) 手动减小乙烯进料量,维持 C2/C3 比; (2) 关催化剂来料阀 TMP20; (3) 手动关小 PV402,维持压力; (4) 手动关小 LC401,维持料位
4	乙烯进料量为 0.0	乙烯进料阀卡	(1) 手动关丙烯进料,维持 C2/C3 比; (2) 手动关小氢气进料,维持 H2/C2 比
5	D301 供料停止	D301 供料阀 TMP20 关	(1) 手动关闭 LV401; (2) 手动关小丙烯和乙烯进料; (3) 手动调节压力

思考练习题

(1) 操作过程中,为什么会出现压缩机喘振现象?

(2) 为什么开车前要对系统进行乙烯置换?

(3) 气相共聚反应的停留时间是如何控制的?

(4) 叙述该单元的换热系统。

(5) TC401 的温度为多少,如何控制?

任务三　流化床反应器的生产应用案例

流化床反应器最早用于煤造气,后来在石油加工、矿石焙烧等方面得到广泛应用。按气固物料在反应中所起的作用,可分为催化反应和非催化反应。不论是何种反应,其运行与操作都是通过优化工艺条件,提高转化率和产品质量。本节以流化床催化反应器为例介绍流化床反应器的操作。

本实训单元以硝基苯还原制苯胺为例,讲述流化床催化反应器的实际操作步骤及过程。

知识点 1　工艺技术分析

一、实训目的

1. 掌握硝基苯还原制苯胺的反应原理及流化床反应器的实验操作技术。

2. 学会仪器、仪表的使用、保护和对产品的分析及数据处理。

3. 掌握催化剂性能的检测方法。

二、实训原理

硝基苯还原:$C_6H_5NO_2 + 3H_2 \longrightarrow C_6H_5NH_2 + 2H_2O + Q$

催化剂升温活化(催化剂为 Cu—SiO_2):

$$Cu(OH)_2\text{—}SiO_2 \longrightarrow Cu\text{—}SiO_2 + 2H_2O$$

三、实训流程

图 4-30 为硝基苯还原制苯胺工艺流程图。

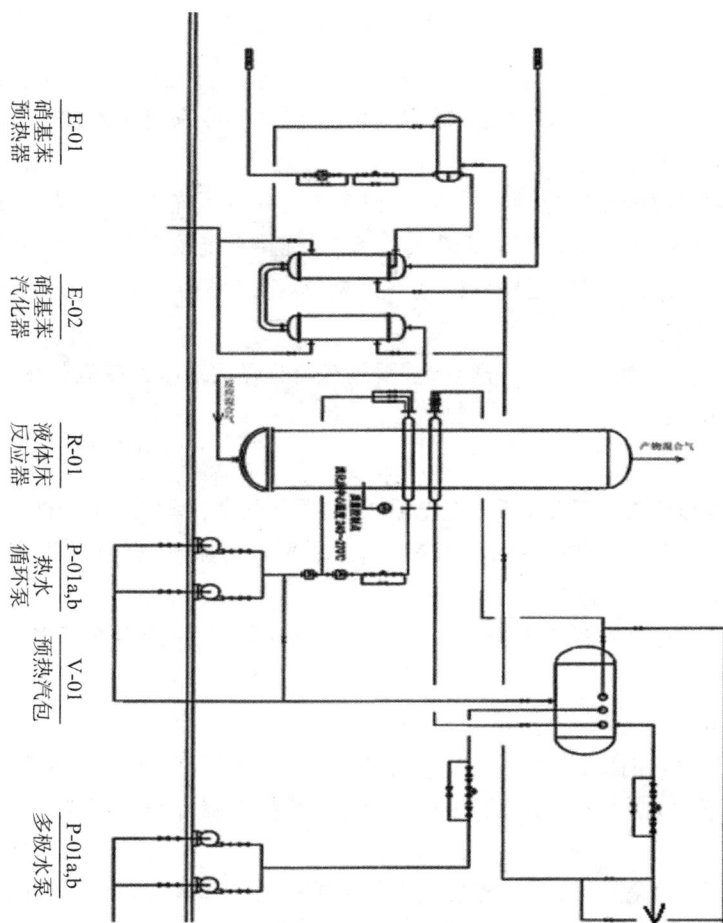

图 4-30　硝基苯还原制苯胺工艺流程图

硝基苯经泵打往预热器 E01，预热至 180℃左右进入汽化器 E02。

新氢气自储罐经中间罐进缓冲罐，与循环氢气混合进入氢气换热器后（回收流化床床顶产物热量），进入汽化器 E02。

汽化器中硝基苯气化后与氢气混合过热至 180℃后进入流化床 R01 底部。流化床中，硝基苯与氢气在催化剂 Cu—SiO$_2$ 作用下，反应生成苯胺。反应后的混合气从床顶逸出，经换热器、冷凝器实现气液分离。冷凝液冷却后在苯胺水分离器中进行分离，得到的粗苯胺和废水分别进入粗苯胺罐和苯胺水储罐，供下一工序进一步精制使用。

四、实训操作

1. 开车前准备

（1）检查所有设备管线是否处于良好状态；

（2）检查仪表状态；

（3）检查硝基苯、氢气、水、电是否准备齐全，准备开车。

2. 置换

（1）在系统处于冷态由氮气储罐进氮气，慢慢向还原系统通入，在系统压力升到 0.05 Mpa 时调节氮气阀。

（2）按照机泵操作法启动氢压机，工作正常后调节系统压力，待流化床内压力到 0.1 MPa，打开排开阀，并不断向系统补充氮气，维持系统压力在 0.11～0.12 MPa。

（3）经 30 min 后取尾气样分析氮中含氧量≤0.5% 为合格，高于此值再继续置换，直到分析合格。

（4）关闭氮气阀，同时调节排空阀，用氮气调节好系统压力使流化床内部压力控制在 0.10～0.12 MPa。

3. 升温

（1）将高压汽接入系统，开启汽化器、过热器加热蒸汽阀，并同时打开疏水阀，开始控制较小开启度，等流化床内无水锤声后，适当开大加热蒸汽阀，提高升温速度，为节省时间，可边置换边升温。

（2）当流化床中心温度升至 180℃ 后，缓慢补充氢气，一旦分布板温度开始上升，则活化开始。

（3）调节氢气量，控制升温速度≤50 ℃/h。

（4）维持活化温度在 190～220℃，当温度超过 200℃ 时，关闭高压蒸汽。当中心温度开始下降时，增加氢气量，降至 210℃ 时，开启换热器加热蒸汽阀，尽量在高温时维持不小于 8 h。

（5）在活化过程中，如升温速度过快或系统压力下降较快，可适量补充氮气。

4. 硝基苯还原（流化床中心温度≥180℃）

（1）催化剂活化 8 h 后，准备开车还原，保证开车前流化床温度维持在 180℃ 以上。

（2）启动硝基苯加料泵，打开预热器疏水和进汽阀，向系统进料，初始投料控制在 1 m³/h。

（3）当流化床中心温度达到 230℃ 时，开热水循环泵，向流化床列管进水。

（4）正常开车控制流化床中心温度在 235～270℃，系统运行稳定后缓慢提高硝基苯流量至 1.7～1.8 m³/h。

5. 催化剂再生

若还原终点连续 3 次分析大于 0.01%，即可判断催化剂单程寿命结束，按停车程序停车，停止加料，关闭硝基苯预热器加热阀，打开疏水阀，停止软水、热水输送泵，接入高压汽，维持床内温度≥180℃，对流化床进行吹料。

（1）高温吹料直至尾气氮气中氢含量≤0.5% 为合格，关闭氮气阀并调节放开阀，维持系统压力在 0.1～0.12 MPa。

（2）流化床中心温度小于 180℃ 时开大高压蒸汽阀将中心温度升至 180℃，准备再生。

（3）缓慢打开再生口阀门，调节尾气放空阀和循环氢阀，控制流化床升温速度小于 50 ℃/h。

（4）当流化床中心温度上升时关小蒸汽阀至全关，调节空气量使中心温度维持在 350～360℃，系统压力控制在 0.1～0.12 MPa。

（5）若流化床各点温度同时下降，应开大再生阀并调节放空阀控制系统压力稳定，如持续开大再生阀，流化床温度仍继续下降，则判断再生结束，此时开启氢气循环阀，调节尾气放空阀来控制系统压力保持稳定，系统自然降温至规定温度后，可以进行新的还原反应。

知识点 2 技术理论

一、流化床反应器结构

流化床反应器结构 $\left\{\begin{array}{l}\text{反应器壳体:保证流化过程在一定的范围内进行,有时要设扩大段。} \\ \text{气体分布板:包括气体预分布器和气体分布板两部分,使气体发布} \\ \qquad\text{均匀。} \\ \text{内部构件:主要用来破碎气泡,改善气固接触,减少返混。常用的内部} \\ \qquad\text{构件有挡板、挡网以及垂直管束等。} \\ \text{换热装置:一般采用内换热器。常用的形式有鼠笼式换热器、管束式} \\ \qquad\text{换热器和蛇管式换热器。} \\ \text{气固分离装置:用来回收被气流所夹带的催化剂颗粒。常用气固分离} \\ \qquad\text{装置有旋风分离器和内过滤器两种。}\end{array}\right.$

二、流化床反应器的工作原理

（1）固体流态化：将固体颗粒悬浮于运动的流体中，从而使颗粒具有类似于流体的某些宏观特性，这种流固接触状态称为固体流态化。

（2）流化床压降：$\Delta P = L_{mf}(1-\varepsilon_{mf})(\rho_s - \rho_f)g$。

（3）不正常的流化现象：

不正常流化现象 $\left\{\begin{array}{l}\text{沟流现象:气体通过床层时形成短路。沟流现象包括贯穿沟流} \\ \qquad\text{和局部沟流两种。} \\ \text{大气泡现象:流化过程中,气体形成的大气泡不断被搅动而破裂,} \\ \qquad\text{导致床层波动大,操作不稳定。} \\ \text{腾涌现象:当气泡直径大到与床径相等时,导致床层分为几段,} \\ \qquad\text{使颗粒层被气泡像活塞一样向上推动,达到一定高} \\ \qquad\text{度后气泡破裂,引起部分颗粒的分散下落。}\end{array}\right.$

（4）流化速度：

流化速度 $\begin{cases}临界流化速度：颗粒层由固定床转为流化床时流体的表观速度。\\ 颗粒带出速度：是流化床中流体速度的上限，即此时粒子将被气流带走。\\ 操作速度：处于临界流化速度和带出速度之间。\end{cases}$

（5）流化床的传质和传热：

传质：颗粒与流体间的传质、床层与浸没物体间的传质、气泡与乳化相间的传质

传热：颗粒与颗粒之间的传热；气体与固体颗粒之间的传热；床层与内壁间和床层与浸没于床层中的换热器表面间的传热

（三）流化床反应器的相关计算

1. 流化床反应器结构尺寸的计算

流化床直径：$D_R = \sqrt{\dfrac{4.132 T q_v}{9.828\pi \cdot u \cdot P}}$　　扩大段直径：$D_d = \sqrt{\dfrac{4\times 1.013 T q_v}{9.828\pi \times u_t \times P}}$

流化床高度：浓相段高度：$h_1 = R L_{mf}$　　　$L_{mf} = \dfrac{4 W_s \cdot \tau}{\pi D_R^2 \cdot \rho_P (1-\varepsilon_{mf})}$

稀相段高度 h_2：从床层面算起至气流中颗粒夹带量接近正常值处的高度。一般通过经验公式计算

$$锥底高度：h_3 = \dfrac{D_R}{2\tan\dfrac{\theta}{2}}$$

2. 流化床内部构件的计算

气体分布板：主要是开孔率的计算，开孔率是通过气体分布板的布气临界压降和稳定性临界压降计算的。

$$换热器的换热面积：A = \dfrac{Q}{K \Delta t_m}$$

旋风分离器：旋风分离器结构尺寸的确定。首先根据生产工艺的要求选择适宜的型号，选定型号后，就可以按照流化床稀相段或扩大段的气体流量选择进口气速 u_g，求得旋风分离器的进口面积，进而确定出各部分的尺寸。

流化床反应器的数学模型：两相模型和鼓泡床模型。

思考练习题

（1）请简述硝基苯催化加氢生产苯胺催化剂组成、特点及使用方法。

（2）影响硝基苯催化加氢生产苯胺反应过程的主要因素有哪些？

（3）绘制硝基苯催化加氢生产苯胺工艺流程图。

项目五
气液相反应器的操作与控制

知识目标

☞ 了解并掌握气液相反应器的分类及基本结构；

☞ 了解并掌握鼓泡塔内的流体流动过程；

☞ 掌握鼓泡塔反应器的开车要点及反应操作条件。

技能目标

☞ 具有信息检索的能力；

☞ 具有自我学习和自我提高的能力；

☞ 具有制订工作计划和决策的能力；

☞ 能根据产品的生产原理选择合适的气液相反应器类型；

☞ 能分析鼓泡塔内流体流动特征及各参数；

☞ 能够完成鼓泡塔反应器的冷态开车、正常停车和故障处理；

☞ 具有发现问题、分析问题和解决问题的能力。

态度目标

☞ 具有团队精神和与人合作的能力；

☞ 具有与人交流沟通的能力；

☞ 具有较强的表达能力。

气液相反应过程属于非均相反应过程，是指气相中的组分必须进入液相中才能进行反应的过程。一种情况是所有反应组分是气相的，而催化剂是液相的；另一种情况可能是一种反应物是气相的，而另一种反应物是液相的。不管是哪种形式，气相的反应物必须进入液相中才有可能发生反应。因此，气液相反应需要进行相间传递才能进行。用来进行气液相反应的反应器称为气液相反应器。

任务一　气液相反应器的结构

由于气液相反应器内进行的是非均相反应,由此它的结构比均相反应器的结构更复杂,需要具有一定的传递特性来满足气液相间的传质过程。气液相反应器的种类很多,从反应器的外形上则可以分为塔式(如填料塔、板式塔、喷雾塔、鼓泡塔等)和釜式两类。而根据气液两相的接触形态,反应器可以分为鼓泡式和膜式反应器,即气体以气泡的形式分散在液相中,液相是连续相,气相是分散相,如鼓泡塔、搅拌釜式反应器等;膜式反应器,即液体以膜状运动与气相进行接触,气、液两相均为连续相;液滴型反应器,即液体以液滴状分散在气相中,气相是连续相,液相是分散相,如喷雾塔、喷射塔、文丘里反应器等。下面介绍几种常用的反应器。

知识点 1　鼓泡塔反应器

气体以鼓泡的形式通过催化剂液层进行化学反应的塔式反应器,称作鼓泡塔(床)反应器,简称鼓泡塔。

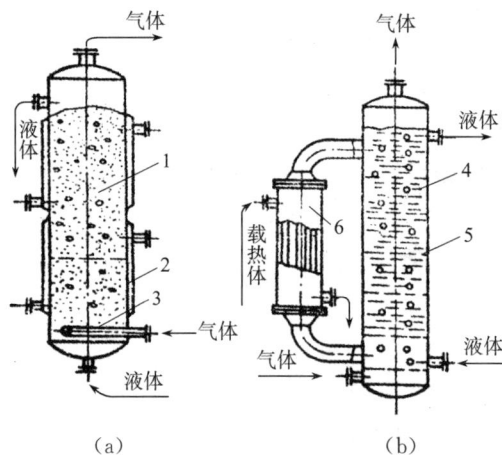

1—分布隔板;2—夹套;3—气体分布器;4—塔体;5—挡板;6—塔外换热器

图 5-1　鼓泡塔反应器

应用较为广泛的是简单鼓泡塔反应器,其基本结构是内盛液体的空心圆筒,底部装有气体分布器,壳外装有夹套或其他型式换热器或设有扩大段、液滴捕集器等。图 5-1 为鼓泡塔反应器。反应气体通过分布器上的小孔鼓泡而入,液体间歇或连续加入,连续加入的液体可以和气体并流或逆流,一般采用并流形式较多。气体在塔内为分散相,液体为连续相,液体返混程度较大。为了提高气体分散程度和减少液体轴向循环,可以在塔内安置水平多孔隔板。简单鼓泡塔内液体流型可近似视为理想混合模型,气相可近似视为理想置换模型。鼓泡塔结构简单,运行可靠,易于实现大型化生产;也适用于加压操作;在采取适当的防腐措施(如衬橡胶、瓷砖、搪瓷等)后,还有可以用于处理腐蚀性介质的优点。但是,不能在简单鼓泡塔内处理密度不均一的液体,如悬浊液等。

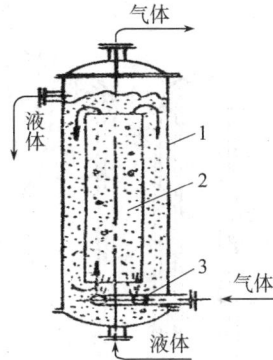

1—筒体;2—气升管;3—气体分布器

图 5-2　气体升液式鼓泡塔

为了能够处理密度不均一的液体,强化反应器内的传质过程,可采用气体升液式鼓泡塔。该反应器结构较为复杂,如图 5-2 所示。这种鼓泡塔与简单空床鼓泡塔的结构不同之处在于它的塔体内装有一根或多根气升管,它依靠气体分布器将气体输送到气升管的底部,在气升管中形成气液混合物。此混合物的密度小于气升管外液体的密度,因此,引起气液混合物向上流动,气升管外的液体向下流动,从而使液体在反应器内循环。因为气升管的操作像一个气体升液器,故有气体升液式鼓泡塔之称。在这种鼓泡塔中,虽然没有搅拌器,但气流的搅动要比简单鼓泡塔激烈得多。因此,它可以处理不均一的液体;如果把气升管做成夹套式,在内通热载体或冷载体,则气升管同时还具有换热作用。在反应过程中,气升管中的气体流型可视为理想置换模型,整个反应器中的液体则可视为理想混合模型。

为了增加气液相接触面积和减少返混,可在塔内的液体层中放置填料,这种塔称作填料鼓泡塔。它与一般填料塔不同。一般填料塔中的填料不浸泡在液体中,只是在填料表面形成液层。填料之间的空隙中是气体。而填料鼓泡塔中的填料是浸没在液体中。填料间的空隙全是鼓泡液体。这种塔的大部分反应空间被填料所占据,因而液体在反应器中的平均停留时间很短,虽有利于传质过程,但传质效率较低,故不如中间设有隔板的多段鼓泡塔效果好。

鼓泡塔反应器的换热方式根据热效应的大小可采用不同的形式。当反应过程热效应不大时,可采用夹套式进行换热,如图 5-1(a);热效应较大时,可在塔内增设换热装置(如蛇管、垂直管束、横管束等);还可以设置塔外换热器,以加强液体循环,

化学反应过程与设备

如图 5-1(b);同时也可以利用反应液蒸发的方法带走热量。

鼓泡塔反应器结构简单,造价低、易控制、易维修、防腐问题容易解决。但鼓泡塔内液体的返混程度大,气泡易聚并,故其反应效率低。

知识点 2 鼓泡管反应器

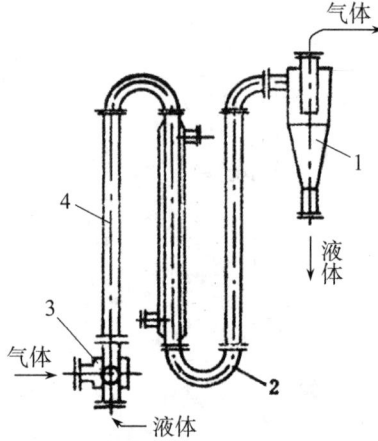

1—气液分离器;2—管接头;3—气液混合器;4—垂直管

图 5-3 鼓泡管反应器

鼓泡管反应器如图 5-3 所示。它是由管接头依次连接的许多垂直管组成的,在第一根管下端装有气液混合器,最后一根管与气液分离器相连接。这种反应器中,既有向上运动的气液混合物。又有下降的气液混合物。而下降的物流的流型变化有其独特的规律,下降管的直径较小。在其鼓泡流动时,气泡沿管截面的分布较均匀。但当气流速度较小时,反应器中某根管子会出现环状流,从而造成气流波动,引起总阻力显著增加,会使设备操作引起波动而处于不稳定状态,因此气体空塔流速不应过小,一般控制在大于 0.4 m/s。

鼓泡管反应器适用于要求物料停留时间较短(一般不超过 15~20 min)的生产过程,若物料要求在管内停留时间长,则必须增加管子的长度,而这样会造成反应器内流动阻力增大。此外,这种反应器特别适用于需要高压条件的生产过程,例如高压聚乙烯生产。

鼓泡管反应器的最大优点是生产过程中反应温度易于控制和调节。由于反应管内流体的流动属于理想置换模型,故达到一定转化率时所需要的反应体积较小,对要求避免返混的生产体系更有利。

知识点 3　搅拌釜式反应器

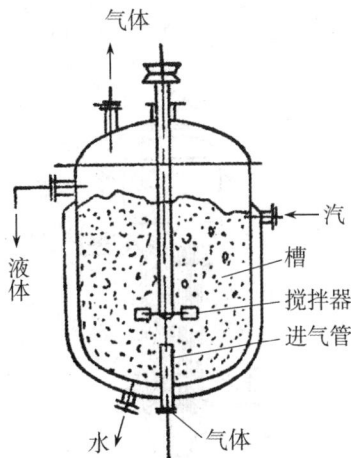

图 5-4　搅拌釜式反应器

　　用于气液相反应过程的搅拌釜式反应器结构,如图 5-4 所示。它与鼓泡塔反应器不同,气体的分散不是靠气体本身的鼓泡,而是靠机械搅拌。由于釜内装有搅拌器,使反应器内的气体能较好地分散成细小的气泡,增大气液接触面积,使液体达到充分混合。即使在气体流率很小时,搅拌也可以造成气体的充分分散。

　　一般搅拌釜式反应器的气体导入方式采用在搅拌器下设置各种静态预分布器的强制分散方法。搅拌器有很多种,最好选用圆盘形涡轮。若进气的方式是单管,将其置于涡轮桨下方的中心处,并接近桨翼。由于圆盘的存在,气体不致短路而必须通过桨翼被击碎。当气量较大时,可采用环形多孔管分布器,环的直径不大于桨翼直径的 80%,气泡一经喷出便可被转动桨翼刮碎并卷到翼片后面的涡流中而被进一步粉碎,同时沿着半径方向迅速甩出,碰壁后又折向搅拌器上下两处循环旋转。气液混合物在离桨翼不远处含气量最高,成为传质的主要地区。当液层高度与釜直径之比大于 1.2 以上时,一般需要两层或多层桨翼,有时桨翼间还要安置多孔挡板。气体在搅拌釜中的通过能力受液泛限制,超过液泛的气体不能在液体中分散,它们只能沿釜壁纵向上升。液体流量由反应时间决定。

　　用于气液相反应的搅拌釜式反应器的优点是气体分散良好,气液相界面大,强化了传质、传热过程,并能使非均相液体均匀稳定。其主要缺点是搅拌器的密封较难解决,在处理腐蚀性介质及加压操作时,应采用封闭式电动传动设备;达到相同转化率时,所需要反应体积较大。

知识点 4　膜式反应器

　　膜式反应器的结构类似于管壳式换热器,即反应管垂直安装,液体在反应管内壁呈膜状流动,气体和液体以并流或逆流的形式接触并进行化学反应,这样可以保证气体和液体沿着反应管的径向均匀分布。

根据反应器内液膜的运动特点,膜式反应器可分为降膜式、升膜式和旋转气液流膜式反应器,见图 5-5。

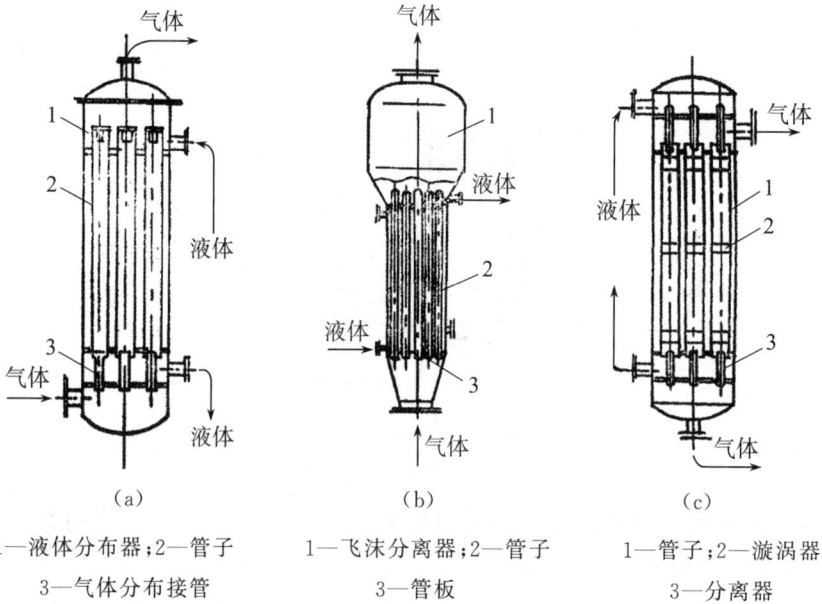

（a）

1—液体分布器;2—管子
3—气体分布接管

（b）

1—飞沫分离器;2—管子
3—管板

（c）

1—管子;2—漩涡器
3—分离器

图 5-5　膜式反应器

1. 降膜式反应器

降膜式反应器是列管式结构,见图 5-5(a)。液体由上管板经液体分布器形成液膜,沿各管壁均匀向下流动,气体自下而上经过气体分布管分配进各管中,热载体流经管间空隙以排出反应热,因传热面积较大,故非常适合热效应大的反应过程。

因为这种反应器液体在管内停留时间较短,所以必要时可依靠液体循环来增加停留时间。在采取气液逆流操作时,管内向上的气流速度不大于 $5\sim7$ m/s,以避免下流液体断流和夹带气体。如采取气液并流时,则可允许较大的气体流速。

在降膜式反应器中,气体受到的阻力小,气体和液体都接近于理想流动模型,结构比较简单,操作性能可靠。但当液体中掺杂固体颗粒时,其工作性能将大大降低。

2. 升膜式反应器

升膜式反应器的结构,见图 5-5(b)。将液体加到管子下部的管板上,被气流带动并以膜的形式沿管壁均匀分布向上流动。在反应器上部装有用来分离液滴的飞沫分离器。

这种反应器在反应管内的气流速度可以在很大范围内变化,操作时可按照气体和液体的性质,根据工艺要求在 $10\sim50$ m/s 范围选定。它比降膜式反应器中的气体传质强度更高。

3. 旋转气液流膜式反应器

旋转气液流膜式反应器的结构,见图5-5(c)。这种反应器中的每根管内都装有旋涡器,气流在旋涡器中将上部加入的液体甩向管壁,使其沿管壁呈膜式旋转流动。为使液膜一直保持旋转,在气液分离器前沿管装有多个旋涡器。

旋转气液流膜式反应器与前两种膜式反应器比较,提高了传质传热效率,降低喷淋密度,对管壁洁净和润湿性条件要求也低。但因每根管都装有旋涡构件,而使其结构复杂,同时增大了流体的流动阻力。因此只适用于扩散控制下的反应过程。

在各类膜式反应器中,气液相均为连续相,适用于处理量大、浓度低的气体以及在液膜内进行的强放热反应过程,但不适用于处理含固体物质或能析出固体物质及黏性很大的液体,因为这样的流体容易阻塞喷液口。

目前,膜式反应器的工业应用尚不普遍。

除以上各类气液反应器外,经常使用的还有板式塔反应器、喷雾塔反应器等。板式塔反应器与精馏过程所使用的板式塔结构基本相同,在塔板上的液体是连续相,气体是分散相,气液传质过程是在塔板上进行的。喷雾塔反应器结构较为简单,液体经喷雾器被分散成雾滴喷淋下落,气体自塔底以连续相向上流动,两相逆流接触完成传质过程,具有相接触面积大和气相压降小等特点。

总之,用于气液相反应过程的反应器种类较多,在工业生产上,可根据工艺要求、反应过程的控制因素等选用,尽量能够满足生产能力大、产品收率高、能量消耗低、操作稳定、检修方便及设备造价低廉等要求。不同的反应类型对反应器的要求也不同。同样的反应类型,侧重点不同,对反应器的要求也不同。

在一般情况下,气液相反应过程的主要目的是利用气液相反应净化气体,即从气体原料或产物中除去有害的气体成分,也就是我们通常所说的化学吸收过程。此时,主要的问题是如何能够提供比较大的相界接触面积来提高吸收效果。因此,对这类反应就应该考虑选用相界接触面积较大的填料塔和喷雾塔。

气液相反应是化工生产中应用较多的反应,根据使用目的的不同,主要有两种类型。一种是通过气液反应生产某种产品,如苯烃化生产乙苯。这类反应主要是侧重于研究传质过程如何影响化学反应速率,以求最大效率地生产所需产品,落脚点在反应速率的提高。另一种是通过气液反应净化气体,即从气体原料或产物中除去有害的气体成分,这种过程有时也叫化学吸收,如用碱溶液脱除煤气中的硫化氢。这类反应主要是侧重于研究化学反应如何强化传质速率,以期能够最大化从生产废气中除去对环境有污染的微量气体组分,落脚点在传质速率的提高上。

当气液相反应过程的主要目的是用于生产化工产品时,要考虑不同的反应类型。如果反应速度极快可选用填料塔和喷雾塔;如果反应速度极快,同时热效应又很大,就可以考虑选用膜式塔;如果反应速度为快速或中速时,宜选用板式塔和鼓泡塔;而对于要求在反应器内能处理大量液体而不要求较大相界面积的动力学控制且要求装设内换热器以便及时移出热量的气液相反应过程,则选用鼓泡塔更为适宜;另外,若反应要求有悬浮均匀的固体粒子催化剂存在的气液相反应过程,或者反应体系是高黏性物系,此时一般选用具有搅拌器的釜式反应器。

从能量的角度考虑,反应器的设计就应该考虑能量的综合利用并尽可能降低能量的消耗。若反应处于高于室温的条件下进行,就应考虑反应热量的利用和过程显热的利用。若反应在加压下进行,就应考虑反应过程压力能的利用。同时,反应过程中的温度控制对能量的消耗也有很大的影响。若气液相反应的热效应很大而需要综合利用时,选降膜式反应器比较合适,也可以采用塔内安置冷却盘管的鼓泡塔反应器,而填料塔反应器则不适应该类反应,因为填料塔反应器只能靠增加喷淋量来移出反应热。

任务二　鼓泡塔反应器的流体流动

鼓泡塔反应器具有容量大、液体为连续相、气体为分散相、气液两相接触面积大等特点,适用于动力学控制的气液相反应过程,也可应用于扩散控制过程;又因其气体空塔速度具有较宽广的范围,而当采用较高气体空塔速度时,强化了反应过程的传质和传热,因此,在化工生产中的气液相反应过程多选用鼓泡塔反应器。

知识点 1　鼓泡塔内的流动过程

在鼓泡塔中,气体是通过分布器的小孔形成气泡鼓入液体层中。因此,气体在床层中的空塔速度决定了单位反应器床层的相界面积、含气率和返混程度等,最终影响反应系统的传质和传热过程,从而导致反应效果受到影响。所以,研究气泡的大小、浮升速度、含气率、相界面积以及流体阻力等,对鼓泡塔反应器的分析、控制和计算有着重要的意义。

因空塔气速不同,液体会在鼓泡塔内出现不同的流动状态,一般分为安静区、湍动区以及介于二者之间的过渡区。

当气体的空塔速度小于 0.05 m/s 时,气体通过分布器几乎呈分散的、有次序地鼓泡,气泡大小均匀,规则地浮升;液体由轻微湍动过渡到有明显湍动,此时为安静区。在安静区操作,既能达到一定的气体流量,又很少出现气体的返混现象。

当气体的空塔速度大于 0.08 m/s 时,则为湍动区。在湍动区内,由于气泡不断地分裂、合并,产生激烈的无定向运动,部分上升的气泡群产生水平和沟流向下运动,而使塔内液体扰动激烈,气泡已无明显界面。在生产装置中,简单鼓泡塔往往选择安静区操作,气体升液式鼓泡塔选择湍动区操作。

知识点 2　气泡尺寸

气体在鼓泡塔中主要以两种方式形成气泡。当空塔气速较低时,利用分布器(多孔板或微孔板)使通过的气体在塔中分散成气泡;当空塔气速较高时,主要以液体的湍动引起喷出气流的破裂形成气泡。而气体分布器和液体的湍动情况不同,对气泡大小的影响也不同。通过实验可以看到:直径小于 0.002 m 的气泡近似为坚实球体,垂直上升;当气泡直径更大时,其外形好似菌帽状,近似垂直上升。

假设有一单个喷孔,当鼓入气体时,气泡逐渐在喷孔上长大,随着气泡的增长,浮力增大,直到浮力等于气泡脱离喷孔的阻力(表面张力)时,气泡便离开喷孔上浮。如果气泡是圆形的,则存在下列关系:

$$V_b = \frac{\pi}{6}d_b^3 = \frac{\pi d_0 \sigma_L}{(\rho_L - \rho_G)g} \tag{5-1}$$

式中,V_b 为单个气泡体积,m^3;d_0 为分布器喷孔直径,m;σ_L 为表面张力,N/m;ρ_L、ρ_G 分别为液体、气体的密度,kg/m^3;g 为重力加速度,$g = 9.81 \ m/s^2$。

气泡直径为:

$$d_b = 1.82 \left[\frac{d_0 \sigma_L}{(\rho_L - \rho_G)g} \right]^{1/3} \tag{5-2}$$

气泡产生的多少可以用发泡频率来计算。

发泡频率为

$$f = \frac{V_0}{V_b} = \frac{V(\rho_L - \rho_G)g}{\pi d_0 \sigma_L} \tag{5-3}$$

式中,f 为发泡频率;V_0 为通过每个小孔的气体体积流量,m^3/s。

从式(5-3)可以看出:在安静区,气泡直径与分布器小孔直径 d_0、表面张力 σ_L、液体与气体的密度差等有关。d_0 小则可以获得较小气泡;气泡尺寸和每个小孔中气体流量 V_0 无关;气泡频率与每个小孔中气体流量 V_0 成正比。

在工业操作中,气泡的大小并不均一,计算时仅以当量比表面平均直径 d_{vs} 计算。当量比表面平均直径 d_{vs} 是指当量圆球气泡的面积与体积比值与全部气泡加在一起的表面积和体积之比值相等时该气泡的平均直径 d_{vs}。

$$d_{vs} = \frac{\sum n_i d^3}{\sum n_i d_i^2} \tag{5-4}$$

当鼓泡塔在较高空塔气速条件下操作时,液体开始处于湍动状态,随着气速的进一步增加,气液两相均处于湍动状态。气体离开分布器后以喷射状态进入液层,在分布器上方崩解为较小的气泡;气泡的直径由于激烈的湍动而分布很广。此时分布器孔径、经过小孔的气速对气泡尺寸的影响较小,分布器对气泡的尺寸已无影响。因此,鼓泡塔内实际的气泡当量比表面平均直径可按式(5-5)近似估算:

$$d_v = 26 B_0^{-0.5} G_a^{-0.12} \left(\frac{u_{OG}}{\sqrt{g d_t}} \right)^{1/2} \tag{5-5}$$

式中，$B_0 = \dfrac{g d_t^2 \rho_L}{\sigma_L}$ 为朋特数，$G_a = \dfrac{g d_t}{V_L}$ 为伽利略数，ν_L 为液体运动黏度，Pa·S；d_t 为鼓泡塔反应器的内径单位。

一般工业鼓泡式反应器中气泡直径小于 0.005 m。分布器开孔率范围较宽，为 0.03%～30%，采用较大开孔率往往引起部分小孔不出气甚至被堵塞，故应取偏低的开孔率。由于鼓泡塔液层较高，其上部还有气液分离空间，实际雾沫夹带并不严重，因此分布器小孔气速可以较高，实际反应器中可采用 80 m/s。

知识点 3　气含率

单位体积鼓泡床（充气层）内气体所占的体积分数，称为气含率。鼓泡塔内的鼓泡流态使液层膨胀，因此在决定反应器尺寸或设计液位控制器时，必须考虑气含率的影响。气含率还直接影响传质界面的大小和气体、液体在充气液层中的停留时间，所以也对气液传质和化学反应有着重要影响。

气含率：
$$\varepsilon_G = \frac{V_G}{V_{GL}} = \frac{H_{GL} - H_L}{H_{GL}} \tag{5-6}$$

式中，V_G 为气体的体积，m³；V_{GL} 为充气液层的体积，m³；H_{GL} 为充气液层的高度，m；H_L 为静液层高度，m。

影响气含率的因素有很多，主要有设备结构、物性参数和操作条件。设备结构主要是鼓泡塔的直径和分布板小孔的直径。气含率随鼓泡塔直径的增加而减小，但当 $D > 0.15$ 时，气含率不再随鼓泡塔的直径而变。当分布板小孔的直径 $d_0 < 0.002\,25$ m 时，气含率随孔径的增加而增大，分布板小孔的直径 d_0 为 $0.002\,25 \sim 0.005$ m 时，气含率与孔径无关。一般气体的性质对气含率的影响不大，可以忽略不计。而液体的性质对气含率的影响则不能忽略。操作条件主要是指空塔气速。当空塔气速增大时，气含率也随着增大，但当空塔气速增大到一定值时，气泡汇合，气含率反而下降。

在工业生产中，气含率可用式(5-7)来计算。

$$\varepsilon_G = 0.627 \left(\frac{u_{OG} \mu_L}{\sigma_L} \right)^{0.578} \left(\frac{\mu_L^4 g}{\rho_L \sigma_L^3} \right)^{-0.131} \left(\frac{\rho_G}{\rho_L} \right)^{0.062} \left(\frac{\mu_G}{\mu_L} \right)^{0.107} \tag{5-7}$$

知识点 4　气泡浮升速率

单个气泡由于浮力作用在液体中上升，随着上升速度增加，阻力也增加。当浮力等于阻力和重力之和时，气泡达到自由浮升速度。而在鼓泡塔反应器中，气泡并不是单独存在的，而是许多气泡一起浮升。所以，工业鼓泡式反应器内气泡浮升速度可以用式(5-8)近似计算。

$$u_t = \left(\frac{2\sigma_L}{d_{vs} \rho_L} + g \frac{d_{vs}}{2} \right)^{0.5} \tag{5-8}$$

在鼓泡塔内，由于气泡相和液体相是同时流动的，因此，气泡与液体间存在一相对速度。该相对速度称为滑动速度，可通过气相和液相的空塔速度及动态含气率求出。在计算时分为以下两种情况处理。

液相静止时：
$$u_s = \frac{u_{OG}}{\varepsilon_{OG}} = u_G \qquad [5-9(a)]$$

液相流动时：
$$u_s = u_G \pm u_L = \frac{u_{OG}}{\varepsilon_G} \pm \frac{u_{OL}}{1 - \varepsilon_G} \qquad [5-9(b)]$$

式中，u_{OG}、u_{OL} 分别为空塔气速、空塔液速，m/s；u_s 为滑动速度，m/s；u_G、u_L 分别为实际气体、液体的流动速度，m/s。

知识点 5 气体压降

鼓泡塔中气体阻力由分布器小孔的压降和鼓泡塔的静压降两部分组成，即：

$$\Delta p = \frac{10^{-3}}{C^2} \frac{U_0^2 \rho_G}{2} + H_{GL} g \rho_{GL} \qquad (5-10)$$

式中，Δp 为气体压降，kPa；C^2 为小孔阻力系数，约为 0.8；u_0 为小孔气速，m/s；ρ_{GL} 为鼓泡层密度，kg/m。

知识点 6 比相界面积

比相界面积是指单位鼓泡床层体积内所具有的气泡的表面积。它的大小对气液相反应的传质速率有很大的影响。根据定义，比相界面积可由式(5-11)计算：

$$a = \frac{6\varepsilon_G}{d_{vs}} \qquad (5-11)$$

在工业鼓泡塔内，比相界面积一般由经验式计算。不同的操作条件，所选用的经验公式不同。当 $u_{OG} < 0.6$ m/s, $0.02 \leqslant \dfrac{H_L}{D} \leqslant 24$, $5.7 \times 10^5 \leqslant \dfrac{\rho_L \sigma_L}{g \mu_L} \leqslant 1.0 \times 10^{11}$ 时，比相界面积可用式(5-12)计算：

$$a = 26 \left(\frac{H_L}{D} \right)^{-0.03} \left(\frac{\rho_L \sigma_L}{g \mu_L} \right)^{-0.003}_{\varepsilon G} \qquad (5-12)$$

在工业使用的鼓泡塔内，当气液并流由塔底向上流动处于安静区操作时，气体的流动通常可视为理想置换模型。当气液逆向流动，液体流速较大时，夹带着一些较小的气泡向下运动，而且由于沿塔的径向含气率分布不均匀，气泡倾向于集中在中心。液流既有在塔中心的流动，又有沿塔内壁的反向流动，因而，即使在空塔气速很小的情况下，液相也存在着返混现象。当液体高速循环时，鼓泡塔可以近似视为理想混合反应器。返混可使气液接触表面不断更新，有利于进行传质，使反应器内温度和催化剂分布趋予均匀。但是，返混影响物料在反应器内的停留时间分布，进而影响化学反应的选择性和目的产物的收率。因此，工业鼓泡塔通常采用分段鼓泡的方式或在塔内加入填料或增设水平挡板等措施，以控制鼓泡塔内的返混程度。

任务三　鼓泡塔反应器的传质传热

知识点 1　鼓泡塔反应器的传质过程

　　气液相反应要求气相反应物必须要溶解到液相中,反应才能够进行。因此,无论在液相中进行的是何种类型的反应,都可以把反应分解成传质和反应两部分。描述气液两相之间传质过程的模型有很多,如双膜理论、表面更新理论、渗透理论等,但应用最广的仍然是"双膜理论"。其优点是简明易懂,便于进行数学处理。

　　双膜理论是假设在平静的气液相界面两侧存在的气膜与液膜是很薄的静止层或层流层。当气相组分向液相扩散时,必须先到达气液相界面,并在相界面上达到气液平衡。而在气膜之外的气相主体和液膜之外的液相主体中,则达到完全的混合均匀,即在气相主体和液相主体中没有传质阻力,全部传质阻力都集中在膜内。图5-6为双膜模型示意图。

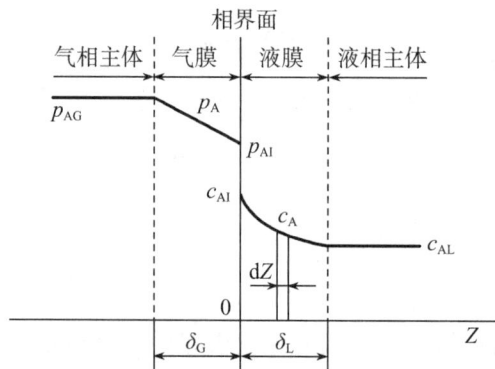

图 5-6　双膜模型示意图

　　以下列反应为例:

$$A(气相)＋B(液相)\rightarrow 产物(液相)$$

　　根据双膜理论反应过程可描述如下。

　　(1)气相中的反应组分 A 从气相主体通过气膜向气液相界面扩散,其分压从气相主体处 P_{AG} 降至界面处 P_{Ai}。

　　(2)在相界面处组分 A 溶解并达到相平衡。服从亨利定律。此时 $p_{Ai}＝H_A c_{Ai}$,其中, H_A 是亨利系数, P_{Ai} 是相界面处组分 A 的浓度。

　　(3)溶解的组分 A 从相界面通过液膜向液相主体扩散。在扩散的同时,与液相中的反应组分 B 发生化学反应,生成产物。此过程是反应与扩散同时进行的。

（4）反应生成的产物向其浓度下降的方向扩散。产物若为液相,则向液体内部扩散;产物若为气相,则扩散方向为:液相主体—液膜—相界面—气膜—气相主体。

这就是用双膜理论描述的气液相反应的全过程。该过程中的传质速率 N 取决于通过气膜和液膜的分子扩散速率,即

$$N = \frac{D_{AG}}{\sigma_G}(p_{AG} - p_{Ai}) = \frac{D_{AL}}{\delta_{LG}}(c_{Ai} - c_{AL}) \tag{5-13}$$

式中,D_{AG}、D_{AL} 分别为组分 A 在气膜和液膜中的分子扩散系数,$\mathrm{kmol/(m \cdot s \cdot Pa)}$;$\delta_G$、$\delta_L$ 分别为气膜和液膜的有效厚度,m;P_{AG}、c_{AL} 分别为气相主体和液相主体中组分 A 的分压（Pa）和浓度（$\mathrm{kmol/m^3}$）;P_{Ai} 为气液相界面处气相组分 A 的分压,Pa;c_{Ai} 为气液相界面处液相组分 A 的浓度,$\mathrm{kmol/m^3}$。

由于在相界面处气液两相达到平衡。因此式（5-12）可变为:

$$N = K_{AG}(p_{AG} - p_A^*) = K_{AL}(c_{Ai} - c_A^*) \tag{5-14}$$

其中:

$$\frac{1}{K_{AG}} = \frac{\delta_G}{D_{AG}} + \frac{\delta L}{HD_{AL}} = \frac{1}{k_{AG}} + \frac{1}{Hk_{AL}} \tag{5-15}$$

$$\frac{1}{K_{AL}} = \frac{\delta_L}{D_{AL}} + \frac{H\delta_G}{D_{AG}} = \frac{H}{k_{AG}} + \frac{1}{k_{AL}}$$

式中,k_{AG}、k_{AL} 分别为组分 A 在气膜和液膜内的传质系数,m/s;K_{AG}、K_{AL} 分别为组分 A 以气相分压和液相浓度表示的总传质系数,m/s。

在鼓泡塔内,气液相际传质规律也符合双膜理论,传质的阻力主要集中在液膜层,气膜层的阻力可以忽略不计。因此,要想提高鼓泡塔中的传质速率,就必须提高液相传质系数。影响鼓泡塔内液相传质系数的因素有很多。当反应在安静区操作时,气泡的尺寸、空塔气速、液体的性质及扩散系数等对传质系数的影响较大;当反应在湍动区进行时,液体的扩散系数、液体的性质、气泡的当量比表面积及气体的表面张力等则成为主要影响因素。

鼓泡塔中的液膜传质系数的计算可用经验式计算。如

$$Sh = 2.0 + C\left[R_{eb}^{0.484} S_{CL}^{0.339}\left(\frac{d_b g^{1/3}}{D_{AL}^{2/3}}\right)^{0.72}\right]^{1.61} \tag{5-16}$$

式中,$Sh = \dfrac{k_{AL} d_b}{D_{AL}}$ 为舍吾德准数;$S_{CL} = \dfrac{\mu_L}{\rho_L D_{AL}}$ 为液体施密特准数;$R_{eb} = \dfrac{d_b \mu_{OG} \rho_L}{\mu_L}$ 为气泡雷诺数;D_{AL} 为液相有效扩散系数,$\mathrm{m^2/s}$;k_{AL} 为液相传质系数 m/s。单个气泡时 $C = 0.081$,气泡群时 $C = 0.187$。此式的适用范围为:$0.2\,\mathrm{cm} < d_b < 0.5\,\mathrm{cm}$,液体空速 $u_L \leqslant 10\,\mathrm{cm/s}$,气体空速 $u_{OG} = 4.17 \sim 27.8\,\mathrm{cm/s}$。

知识点 2　鼓泡塔反应器的传热过程

在鼓泡塔反应器内,由于气泡的上升运动而使液体边界层厚度减小;同时,塔中部的液体随气泡群的上升而被夹带向上流动,使得近壁处液体回流向下,构成液体

循环流动。这些都导致了鼓泡塔反应器内的鼓泡层的给热系数增大,比液体自然对流时大很多。另外,鼓泡塔内给热系数除了液体的物性数据的影响外,空塔气速的影响也是不能忽略的。当空塔气速较小时,随着气速的增加,给热系数增大;但当气速超过某一临界值时,气速的增加对给热系数没有影响。给热系数的计算依然是采用经验式。当鼓泡塔反应器在反应器内设置换热器的换热方式进行时,给热系数可用式(5-17)计算:

$$\frac{\alpha_t D}{\lambda_L} = 0.25 \left(\frac{D^3 \rho_L{}^2 g}{\mu_L{}^2}\right)^{\frac{1}{3}} \left(\frac{c_{\rho L} \mu_L}{\lambda_L}\right)^{\frac{1}{3}} \left(\frac{u_{OG}}{u_s}\right)^{0.2} \tag{5-17}$$

式中,α_t 为给热系数,J/(m² · s · K);λ_L 为液体的导热系数 J/(m² · s · K);c_p 为液体的比热容,J/(kg · K);D 为床层直径,m。

鼓泡塔反应器的总传热系数 K 的计算公式与换热器总传热系数 K 的计算公式相同。但管内侧给热系数必须通过式 5-17 计算,而管外侧的给热系数及传热壁的热阻计算等同于换热器的计算。通常情况下,鼓泡塔反应器的总传热系数 $K = 894 \sim 915$ J/(m² · s · K)。

知识拓展:气液相反应类型

气液相反应过程是指气相中的组分必须进入液相中才能进行反应的过程。一种情况可能是所有反应组分是气相的,而催化剂是液相的,反应组分必须经相界面传质进入液相中,然后在液相中发生反应;另一种情况也可能是一种反应物是气相的,而另一种反应物是液相的,气相的反应物必须进入液相中才有可能发生反应。不管是哪种形式,气液相反应均需要进行相间传递才能进行。表 5-1 为气液相反应的工业应用。

由于气液相反应过程中的传质速率和化学反应速率的不同,使气液相反应存在下列几种不同的反应类型,如图 5-7 所示。

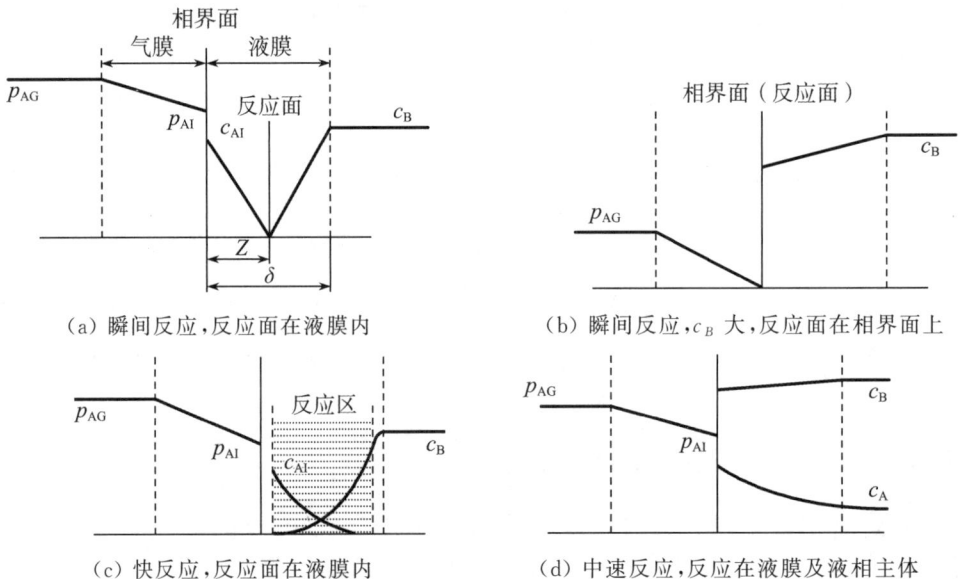

(a) 瞬间反应,反应面在液膜内

(b) 瞬间反应,c_B 大,反应面在相界面上

(c) 快反应,反应面在液膜内

(d) 中速反应,反应在液膜及液相主体

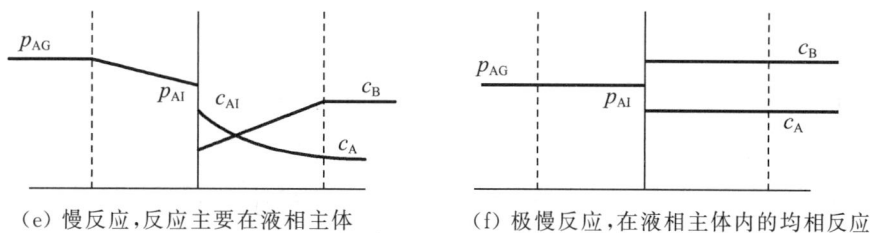

（e）慢反应,反应主要在液相主体　　　　（f）极慢反应,在液相主体内的均相反应

图 5-7　气液相反应类型示意图

表 5-1　气液相反应的工业应用

工业反应	工业应用举例
有机物氧化	对二甲苯氧化生成对苯二甲酸,乙醛氧化生成醋酸,乙烯氧化生成乙醛,环己烷氧化生成环己酮
有机物氯化	苯氯化为氯化苯,十二烷烃的氯化,乙烯氯化
有机物加氢	烯烃加氢,脂肪酸酯加氢
酸性气体的吸收	SO_3 被硫酸吸收,NO_2 被稀硝酸吸收,CO_2 和 H_2S 被碱性溶液吸收

任务四　鼓泡塔反应器的计算

　　鼓泡塔反应器计算的主要任务是完成一定的生产任务时所需要的鼓泡床层的体积。一般情况下,可采用数学模型法计算,但更常用的是经验法计算。

　　根据实验或工厂提供的空塔气速、转化率和空时收率(单位时间、单位体积所得产物量)等经验数据来计算。

知识点 1　鼓泡塔反应器体积的计算

　　鼓泡塔反应器的体积主要包括充气液层的体积、分离空间体积及反应器顶盖死区体积三部分。

1. 充气液层的体积（V_R）

　　充气液层的体积是指反应器床层内静止液层体积和充气液层中气体所占的体积。它是反应器在操作中所必须保证的气泡和液体混合物的体积。在计算时,将纯液体以静态计的体积(简称液相体积)和纯气体所占体积分别考虑比较方便。可表示为

$$V_R = V_G + V_L = \frac{V_L}{1 - \varepsilon_G} \tag{5-18}$$

式中，V_R 为充气液层体积，m^3；V_L 为液相体积，m^3；V_G 为充气液层中的气体所占的体积，m^3。

满足一定生产能力所需要的液相体积可用式(5-19)计算：

$$V_L = V_{0L}\tau \tag{5-19}$$

其中，V_{0L} 为原料的体积流量；τ 为停留时间(间歇操作时，为生产时间和非生产时间之和)，可由经验数据计算。

充气液层中气体所占的体积为：

$$V_G = V_L \frac{\varepsilon_G}{1 - \varepsilon_G} \tag{5-20}$$

2. 分离空间体积（V_E）

分离空间是在充气液层上方所留有的一定空间高度，它的主要作用是利用自然沉降的作用除去上升气体中所夹带的液滴。

分离空间体积为：$V_E = 0.785 D^2 H_E$，其中 H_E 为分离空间高度，是由液滴的移动速度决定。一般液滴的移动速度小于 0.001 m/s 时，分离空间可用式(5-21)计算：

$$H_E = \alpha_E D \tag{5-21}$$

当塔径 $D \geqslant 1.2$ m 时，$\alpha_E = 0.75$；当 $D < 1.2$ m 时，H_E 不应小于 1 m。

3. 反应器顶盖死区体积（V_C）

反应器顶盖部位一般起不到除去上升气体中所夹带的液滴的作用，因而常把该部分称为死去体积或无效体积。通常可用式(5-22)计算：

$$V_c = \frac{\pi D^3}{12\varphi} \tag{5-22}$$

式中，φ 为形状系数。若采用球形封封头，$\varphi = 1.0$，采用 $2:1$ 的椭圆形封头，$\varphi = 2.0$。

鼓泡塔反应器的总体积为 $V = V_R + V_E + V_C$

【例 5-1】 年产 3 万 t 乙苯的乙烯和苯烷基化反应生产乙苯的鼓泡塔反应器中，已知反应器的直径为 1.5 m，产品乙苯的空时收率为 180 kg/$m^3 \cdot$ h，年生产时间为 $8\,000$ h，床层气含率为 0.34。试计算该反应器的体积。

解： 液相体积 $V_L = \dfrac{3 \times 1\,000 \times 1\,000}{180 \times 8\,000} = 2.08(m^3)$

充气液层中的气体所占体积 $V_G = V_L \dfrac{\varepsilon_G}{1 - \varepsilon_G} = 2.08 \times \dfrac{0.34}{1 - 0.34} = 1.07(m^3)$

充气液层体积 $V_R = V_G + V_L = 2.08 + 1.07 = 3.15(m^3)$

因为反应器的直径为 1.5 m > 1.2 m，所以 $\alpha_E = 0.75$

分离空间高度:$H_E = \alpha_E D = 0.75 \times 1.5 = 1.13(\text{m})$

分离空间体积为:$V_E = 0.785D^2 H_E = 0.785 \times 1.5^2 \times 1.13 = 1.99(\text{m}^3)$

采用 2:1 的椭圆形封头,则 $\varphi = 2.0$

反应器顶盖死区体积 $V_C = \dfrac{\pi D^3}{12\varphi} = \dfrac{3.14 \times 1.5^3}{12 \times 2} = 0.44(\text{m}^3)$

反应器的体积 $V = V_R + V_E + V_C = 3.15 + 1.13 + 0.44 = 4.72(\text{m}^3)$

知识点 2 反应器结构尺寸的计算

反应器的直径可以根据空塔气速的定义计算。

按气体空塔速度的定义式:$\mu_{OG} = \dfrac{V_{OG}}{3\,600 A_t} = \dfrac{V_G}{3\,600 \times \dfrac{\pi}{4}D^2}$

式中,V_{OG} 为气体体积流量,m^3/h;A_t 为反应器横截面积,m^2;u_{OG} 为气体空塔速度,m/s。

则得反应器直径的计算式为:$D = \left(\dfrac{4V_{OG}}{3\,600\pi u_{OG}}\right)^{\frac{1}{2}} = 0.018\sqrt{\dfrac{V_{OG}}{u_{OG}}}$ (5-23)

气体的空塔速度由实验或工厂提供的经验数据确定。当空塔气速很小时,计算所得塔径 D 必然较大,此时在确定 D 值时,主要应考虑保证气体在塔截面均匀分布,同时有利于气体在液体中的搅拌作用,从而加强混合和传质;当空塔气速很大时,计算所得的 D 值必然较小,液面高度将相应增大,此时应考虑气体在入口处随压强增高可能引起操作费用提高及由于液体体积膨胀可能出现不正常的腾涌现象等。所以应选择适当的空塔气速,一般情况下,取 $u_{OG} = 0.002\,8 \sim 0.008\,5\ \text{cm/s}$ 的范围比较适宜,而塔高和塔径之比一般取 $3 < H/D < 120$。

反应器高度的确定,应全面考虑床层含气量、雾沫夹带、床层上部气相的允许空间(有时为了防止气相爆炸,要求空间尽量小些)、床层出口位置和床层液面波动范围等多种因素的影响而确定。

【例 5-2】 某乙醛氧化生产醋酸的反应在一鼓泡塔反应器中进行,已知原料气的平均体积流量为 $4\,746\ \text{m}^3/\text{h}$,并以 $0.715\ \text{m/s}$ 的空塔气速通过床层。床层气含率为 0.26,乙酸的生产能力为 $200\ \text{kg/(m}^3 \cdot \text{h)}$,年生产时间为 $8\,000\ \text{h}$。试计算年产 10 万吨乙酸的反应器的结构尺寸。

解:反应器的直径:$D = 0.018\sqrt{\dfrac{V_{OG}}{u_{OG}}} = 0.018\sqrt{\dfrac{4\,746}{0.715}} = 1.46(\text{m})$

反应液的体积:$V_L = \dfrac{10 \times 10^6}{200 \times 8\,000} = 6.25(\text{m}^3)$

充气液层的体积:$V_R = V_G + V_L = \dfrac{V_L}{1-\varepsilon_G} = \dfrac{6.25}{1-0.26} = 8.45(\text{m}^3)$

因为反应器的直径为 1.46 m>1.2 m，所以 $\alpha_E=0.75$，分离空间高度
$$H_E=\alpha_E D=0.75\times 1.46=1.10(m)$$
采用球形封头，则 $\varphi=1.0$

反应器顶盖死区体积：$V_C=\dfrac{\pi D^3}{12\varphi}=\dfrac{3.14\times 1.5^3}{12\times 1}=0.88(m^3)$

反应器的体积：$V=V_R+V_E+V_C=8.45+1.10+0.88=10.43(m^3)$

反应器的高度：$H=\dfrac{V}{0.785\,D^2}=\dfrac{10.43}{0.785\times 1.46^2}=6.23(m)$

知识点 3　鼓泡塔反应器的数学模型法

气液两相接触的传递过程和流动过程都比较复杂，使利用数学模型法来进行鼓泡塔反应器的设计计算还不成熟，只能局限于几种比较简单的理想模型。目前，常用的简化数学模型有以下几种。

① 气相为平推流，液相为全混流；

② 气相和液相均为全混流；

③ 液相为全混流，气相考虑轴向扩散。

下面以气相为平推流、液相为全混流为例介绍鼓泡塔反应器的数学模型法计算。

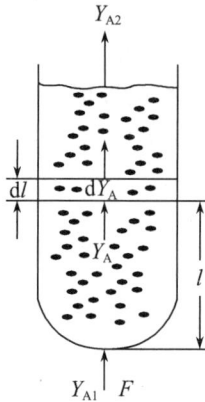

图 5-8　气液相反应器物料衡算示意图

假设在鼓泡塔中进行气相组分 A 和液相组分 B 的反应，气相与液相之间形成逆流接触，已知进塔气体和液体的流量及组成。设塔内气相为平推流，液相为全混流，且塔内气相分压随塔高呈线性变化，单位体积气液混合物的相界面积不随位置变化，操作过程中液体的物性参数是不变的。在塔内取一微元进行物料衡算，得
$$F\mathrm{d}Y_A=(-R_A)aS_t\mathrm{d}l \tag{5-24}$$
式中，F 为气相中惰性气体的摩尔流量，kmol/s；Y_A 为气相中反应组分 A 的比摩尔分数；S_t 为反应器的横截面积，m^2；a 为单位液相体积所具有的相界面积，m^2。

图 5-8 为气液相反应器物料衡算示意图。

对式(5-24)积分则为：

$$L=\int_0^L \mathrm{d}l=\frac{F}{S}\int_{Y_{A0}}^{Y_A}\frac{\mathrm{d}Y_A}{a(-R_A)} \tag{5-25}$$

式(5-25)若要计算出完成一定生产任务所需要的反应器的高度,则必须得到 $(-R_A)$ 与 Y_A 的关系。这就要求首先要得到动力学方程式。气液相反应的动力学方程形式与气液相反应的类型(快反应、慢反应、中速反应等)有很大的关系。反应类型不同,动力学方程式的表达式则不同。

知识拓展:气液相反应的动力学方程

从气液相反应的过程我们可以看出:对于气液相反应而言,它是一个由传质和反应所构成的过程,反应的动力学方程不仅仅取决于化学反应过程,传质过程对反应的影响也很重要。因此,反应速率实际上是包括传质过程在内的综合反应速率,即宏观动力学。当传质速率远远大于化学反应速率时,实际的反应速率就完全取决于后者,这就叫动力学控制;反之,如果化学反应速率很快,而某一步的传质速率很慢,则称为扩散控制。当化学反应速率和传质速率具有相同的数量级时,则两者均对反应速率有显著的影响。

一、宏观动力学方程的建立

和其他反应过程动力学方程式的推导一样,气液相反应宏观动力学方程的建立也可以通过物料衡算计算。对反应 $A(g)+\alpha_B B(l)\rightarrow C(l)$ 在液膜内离相界面 Z 处选一厚度为 dz ,与传质方向垂直的面积为 S 的微元作衡算范围,对组分 A 作物料衡算。根据物料衡算的基本方程式得:

$$-D_{AL}S\frac{dc_A}{dz}+D_{AL}S\frac{d}{dz}[c_A+\frac{dc_A}{dz}dz]=(-r_A)Sdz \tag{5-26}$$

若组分 A 在液相中的扩散系数 D_{AL} 为常数,式(5-29)为:

$$D_{AL}S\frac{\mathrm{d}^2c_A}{\mathrm{d}z^2}=(-r_A)=kc_Ac_B \tag{5-27}$$

其中,S 为单位液相体积所具有的相界面积。对组分 B 作物料衡算同理可得:

$$D_{BL}S\frac{d^2c_B}{dz^2}=b(-r_A)=\alpha_Bkc_Ac_B \tag{5-28}$$

式(5-27)和式(5-28)是二级不可逆气液相反应的基础方程,是一个二阶微分方程。边界条件有两个:$z=0,c_A=c_{Ai},dc_B/dz=0$ 。而另一个边界条件则与气液相反应类型有关。对于不同的气液相反应类型,则边界条件是不同的。

二、反应类型

气液相反应过程中的传质速率和化学反应速率的不同,使气液相反应存在下列几种不同的反应类型。

1. 瞬间反应

当组分 A 与组分 B 的反应速率远远大于组分 A 与组分 B 由液膜两侧向膜内的传质速率时，气相组分 A 与液相组分 B 之间的反应为瞬间完成，即两者不能在液相中共存。反应发生于液膜内某一个面上，该面称为反应面。在此反应面上 A 和 B 两组分至少有一个组分的浓度为零。而反应面在液膜中所处的位置由组分 A 在气相中的分压、组分 B 在液相主体内的浓度以及传质系数所决定。所以，A 和 B 扩散到此界面的速率决定了过程的总速率。

此时边界条件：$z=\delta_L$，$c_B=c_{BL}$，$c_A=0$。且在反应面处，$c_B=c_A=0$

$$(-R_A)=\frac{D_{LA}}{\delta}c_{Ai}\left[1+\left(\frac{D_{BL}}{D_{AL}}\right)\left(\frac{c_{BL}}{\alpha_B c_{Ai}}\right)\right] \tag{5-29}$$

若因液相中组分 B 的浓度高，气相组分 A 扩散到达界面时即反应完毕，则反应面移至相界面上。此时，总反应速率取决于气膜内 A 的扩散速率。

$$(-R_A)=k_{AG}SP_{AG} \tag{5-30}$$

2. 快速反应

当 A 与 B 的反应速率大于 A 与 B 由液膜两侧向膜内的传质速率时，通过相界面溶解到液膜内的组分 A 在膜内全部与组分 B 反应，反应面为整个液膜。在液相主体内组分 A 的浓度 $C_{AL}=0$。故液相主体内无化学反应的发生。此时，总反应速率取决于化学反应速率常数、扩散系数和界面被吸收组分的浓度而与液膜传质系数 k_L 无关。

此时边界条件：$z=\delta_L$，$c_B=c_{BL}$，$c_A=0$

$$(-R_A)=\frac{\gamma}{\tan h(\gamma)}k_{AL}c_{Ai}$$

式中，$\gamma=k\delta_L/k_{AL}$ 为八田准数。

3. 中速反应

当 A 与 B 的反应速率与 A 在液膜内的传质速率相接近时，通过相界面溶解到液膜内的组分 A 在膜内不可能全部与组分 B 反应。因此，在液相主体内仍然发生化学反应，即反应过程在液膜和液相主体内同时进行。总反应速率既和传质速率有关，又和化学反应速率有关。

$$(-R_A)=\frac{\gamma}{\tan h\gamma}\left[1-\frac{1}{\cos h(\gamma)}\left(\frac{c_{AL}}{c_{Ai}}\right)k_{AL}c_{Ai}\right]$$

4. 慢速反应

当 A 与 B 的反应速率小于 A 与 B 由液膜两侧向膜内的传质速率时，通过相界面溶解到液膜内的组分 A 在液膜中与液相组分 B 发生反应，但由于液相主体内的反应速率已大于 A 在液膜内的传质速率，所以液膜内的传质阻力可以忽略，致使大部分 A 反应不完而扩散进入液相主体，并在液相主体中与 B 发生反应。故反应主要在液相主体中进行。实际上此时的宏观动力学方程即为物理吸收过程的规律。

$$(-R_A) = \frac{1}{1/k_{AG} + H/k_{AL}}(P_{AG} - Hc_{AL})S$$

5. 极慢速反应

由于 A 与 B 的反应速率远远小于 A 与 B 由液膜两侧向膜内进行传质的速率，导致组分 A 在气膜和液膜内的传质阻力可以忽略。所以，组分 A 在液相主体和相界面上的浓度是相等的，与气相主体中组分 A 的反应成相平衡。反应速率完全取决于化学反应动力学。

$$(-R_A) = kc_A c_B$$

由此可知，不同的反应类型，其传质速率与本征反应速率的相对大小不同，导致宏观反应速率的表达形式相差很大。以上宏观反应动力学方程是通过解微分方程得到的，由于求解过程复杂，所以不一一推导了。对于不同的反应类型，适宜的气液反应设备也不相同。

知识点 4　气液相反应过程的重要参数

通过气液相反应的宏观动力学方程我们知道，对于不同的反应类型，动力学方程的表达式是不同的，表达式的形式也是很复杂的。为了能够比较清晰地描述气液相反应的特征，特给出以下几个在气液相反应过程中应用较多的参数。

一、化学增强系数 β

根据定义：$\beta = \dfrac{k'_{AL}}{k_{AL}} = \dfrac{\text{有化学反应时 } A \text{ 在液相中的传质速率}}{\text{纯物理吸收时 } A \text{ 在液相中的传质速率}}$ 　　(5-31)

其物理意义是：化学反应的发生会使传质系数增加，这个物理量就是因为发生了化学反应，从而导致传质系数成倍增加其增加的倍数；也可以认为是表观反应速率与物理传质速率的比值。对于不同的反应类型，表达式亦有所不同。

瞬间反应：$\quad \beta = \left[1 + \left(\dfrac{D_{BL}}{D_{AL}}\right)\left(\dfrac{c_{BL}}{\alpha_B c_{Ai}}\right)\right]$

快速反应：$\quad \beta = \dfrac{\gamma}{\tan h(\gamma)}$

中速反应：$\quad \beta = \dfrac{\gamma}{\tan h(\gamma)} \dfrac{[c_{Ai} - c_{AL}/\cos h(\gamma)]}{c_{Ai} - c_{AL}}$

慢速反应：$\quad \beta \cong 1$

极慢速反应：$\quad \beta = 1$

二、膜内转换系数(八田准数)γ

根据定义：$\gamma^2 = \dfrac{kD_{AL}}{k_{AL}^2} = \dfrac{k\delta_L}{k_{AL}} = \dfrac{\text{液膜内最大可能的反应量}}{\text{液膜内最大的传质量}}$ 　　(5-30)

其物理意义是：液膜内化学反应速率与物理吸收速率的比值，或者说是膜内进行反应的那部分量占总反应量的比例。我们可以用膜内转换系数来判断反应进行的快慢或反应类型。通常情况下，当 $\gamma > 2$ 时，可认为反应属于在液膜内进行的快速反应或瞬间反应，此时反应速率与液相传质速率无关，但与单位体积液相具有的表面积有关。当 $0.02 < \gamma < 2$ 时，反应属于中速反应，主体内反应的量大于液膜内反应的量，因此，需要大量的存液量。当 $\gamma < 0.02$ 时，反应属于全部在液相中的慢反应。反应速率取决于单位体积反应器内反应相所占有的体积。

三、有效因子

与气固相催化反应的处理方法相同，气液相反应也可以用有效因子来表示反应过程中液相传质过程对反应速率的影响。

$$\eta = \frac{(-R_A)}{(-r_A)} = \frac{受传质影响时的反应速率}{传质没影响时的反应速率} \tag{5-31}$$

有效因子的大小也可以表示反应相内部总利用率。$\eta = 1$ 说明化学反应在整个液相中反应，$\eta < 1$ 说明液相的利用是不充分的。因此，η 又可称为液相利用率。

气液相反应主要有两类。一类是用于气体净化，另一类是用于制取产品。不同的反应可以用不同的参数来描述。如反应是用于气体净化时，可以用化学增强因子 β 来表示由于化学反应的存在而使传质速率增大的倍数，因为此类反应的着眼点是物理吸收过程。如反应是为了制取产品，用化学增强因子 β 来表示就不太合适。此时，用有效因子 η 来表示相间传质对液相化学反应速率的影响就比较合适，因为此类反应的着重点在于液相中化学反应进行的速率和反应物的转化率。

总之，气液相反应过程由于化学反应速率和传质速率相对大小的不同具有不同的反应特点。化学反应速率慢的气液相反应，主要在液相中进行。此时采用传质速率较快、存液量大的反应器效果比较好。化学反应速率大的反应，一般在液膜内已基本完成。此时若要提高宏观反应速率，就需要提高反应温度使得速率常数 k 及扩散系数 D_{AL}，同时减小气膜阻力即增大相界面处与气相呈平衡的组分 A 的浓度 C_{Ai}，而增加液相湍动、减小液膜厚度等对反应的影响是不大的。

任务五　鼓泡塔反应器的仿真操作

本培训单元以乙醛氧化生产醋酸的氧化反应工段为例来说明气液相反应器仿真的操作。

知识点 1 生产原理

乙酸又名醋酸,英文名称为 acetic acid,是一种具有刺激气味的无色透明液体。无水乙酸在低温时凝固成冰状,俗称冰醋酸。在 16.7℃ 以下时,纯乙酸呈无色结晶,其沸点是 118℃。乙酸蒸气刺激呼吸道及黏膜(特别是对眼睛的黏膜),浓乙酸可灼烧皮肤。乙酸的生产方法有很多种,应用最广的是乙醛氧化法。

乙醛氧化法的原理是乙醛首先与空气或氧气发生氧化反应,生成过氧醋酸。而过氧醋酸很不稳定,在醋酸锰的催化下发生分解,同时使另一分子的乙醛氧化,生成二分子乙酸。氧化反应是放热反应。

$$CH_3CHO + O_2 \longrightarrow CH_3COOOH$$
$$CH_3COOOH + CH_3CHO \longrightarrow 2CH_3COOH$$

在氧化塔内,还会发生一系列的氧化反应,主要副产物有甲酸、甲酯、二氧化碳、水、醋酸甲酯等。

乙醛氧化制醋酸的反应机理一般认为可以用自由基的链接反应机理来进行解释,常温下乙醛就可以自动地以很慢的速度吸收空气中的氧而被氧化生成过氧醋酸。过氧醋酸以很慢的速度分解生成自由基。自由基 $CH_3COO\cdot$ 引发一系列反应生成醋酸。但过氧醋酸是一个极不稳定的化合物,积累到一定程度就会分解而引起爆炸。因此,该反应必须在催化剂存在下才能顺利进行。催化剂的作用是将乙醛氧化时生成的过氧醋酸及时分解成醋酸,而防止过氧醋酸的积累、分解和爆炸。

知识点 2 工艺流程

乙醛氧化法生产乙酸的反应工段流程总图见图 5-9。其中图 5-9(a)为第一氧化塔 DCS 图,图 5-9(b)为第二氧化塔 DCS 图,图 5-9(c)为尾气洗涤塔和中间贮罐 DCS 图。

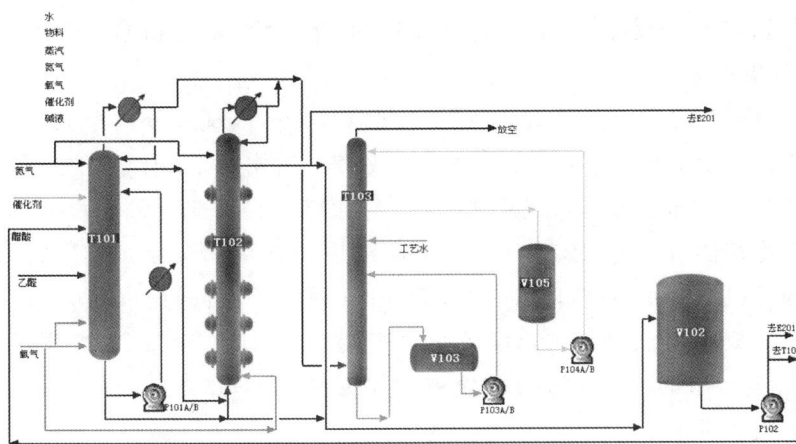

图 5-9 乙醛氧化法生产乙酸的反应工段流程总图

乙醛氧化法制醋酸装置系统采用双塔串联氧化流程,主要设备有第一氧化塔 T101、第二氧化塔 T102、尾气洗涤塔 T103、氧化液中间贮罐 V102、碱液贮罐 V105。其中 T101 是外冷式反应塔,反应液由循环泵从塔底抽出,进入换热器中用水带走反应热,降温后的反应液再由反应器的中上部返回塔内;T102 是内冷式反应塔,它是在反应塔内安装多层冷却盘管,管内用循环水冷却。

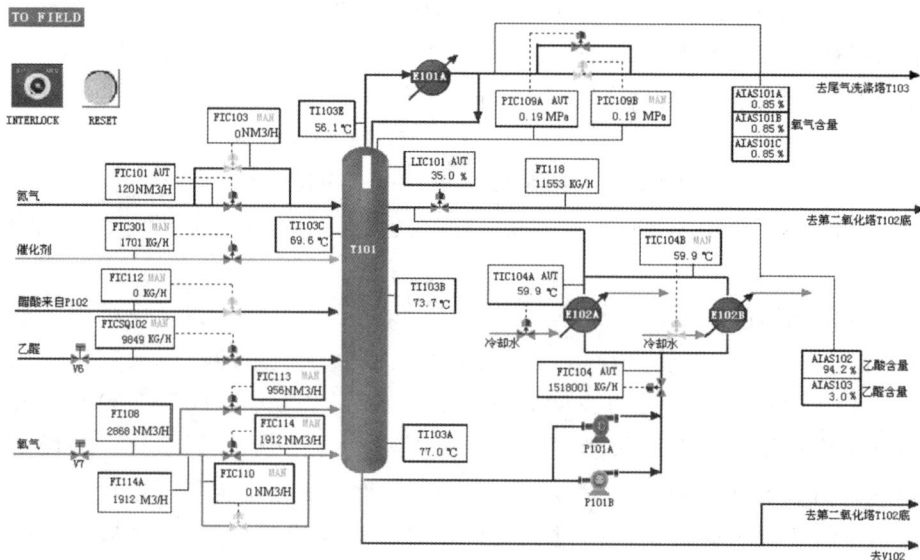

图 5-9(a)　第一氧化塔 DCS 图

乙醛和氧气首先在全返混型的反应器第一氧化塔 T101 中反应(催化剂溶液直接进入 T101 内),然后到第二氧化塔 T102 中,通过向 T102 中加氧气,进一步进行氧化反应(不再加催化剂)。第一氧化塔 T101 的反应热由外冷却器 E102A/B 移走,第二氧化塔 T102 的反应热由内冷却器移除,反应系统生成的粗醋酸送往蒸馏回收系统,制取醋酸成品。

乙醛和氧气按配比流量进入第一氧化塔(T101),氧气分两个入口入塔,上口和下口通氧量比约为 1:2,氮气通入塔顶气相部分,以稀释气相中氧和乙醛。乙醛与催化剂全部进入第一氧化塔,第二氧化塔不再补充。氧化反应的反应热由氧化液冷却器(E102A/B)移去,氧化液从塔下部用循环泵(P101A/B)抽出,经过冷却器(E102 A/B)循环回塔中,循环比(循环量:出料量)(110~140):1。冷却器出口氧化液温度为 60℃,塔中最高温度为 75℃~78℃,塔顶气相压力 0.2 Mpa(表),出第一氧化塔的氧化液中醋酸浓度在 92%~95%,从塔上部溢流去第二氧化塔(T102)。

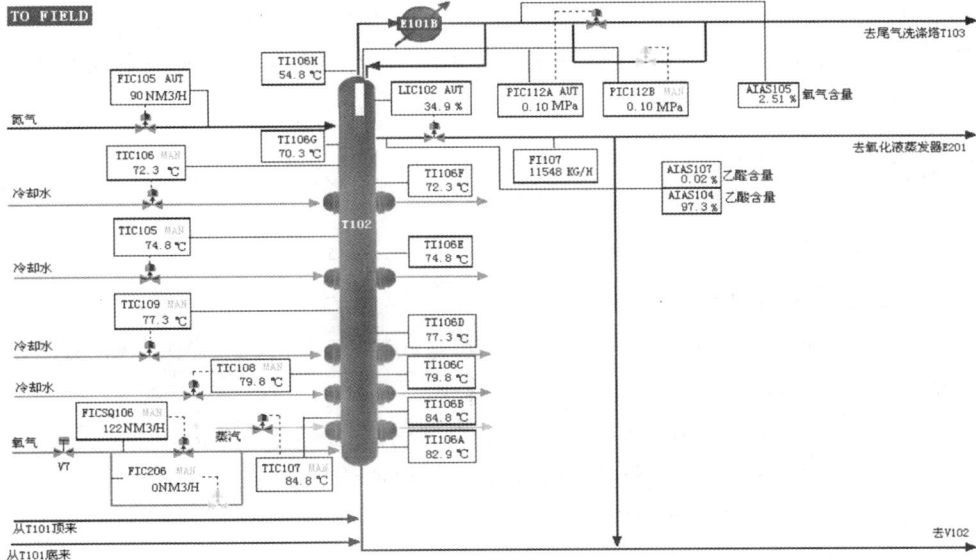

图 5-9(b)　第二氧化塔 DCS 图

第二氧化塔为内冷式,塔底部补充氧气,塔顶也加入保安氮气,塔顶压力 0.1 Mpa(表),塔中最高温度约 85℃,出第二氧化塔的氧化液中醋酸含量为 97%~98%。出氧化塔的氧化液一般直接去蒸馏系统,也可以放到氧化液中间贮罐(V102)暂存。中间贮罐的作用是:正常操作情况下做氧化液缓冲罐,停车或事故时存氧化液,醋酸成品不合格需要重新蒸馏时,由成品泵(P402)送来中间贮存,然后用泵(P102)送蒸馏系统回收。

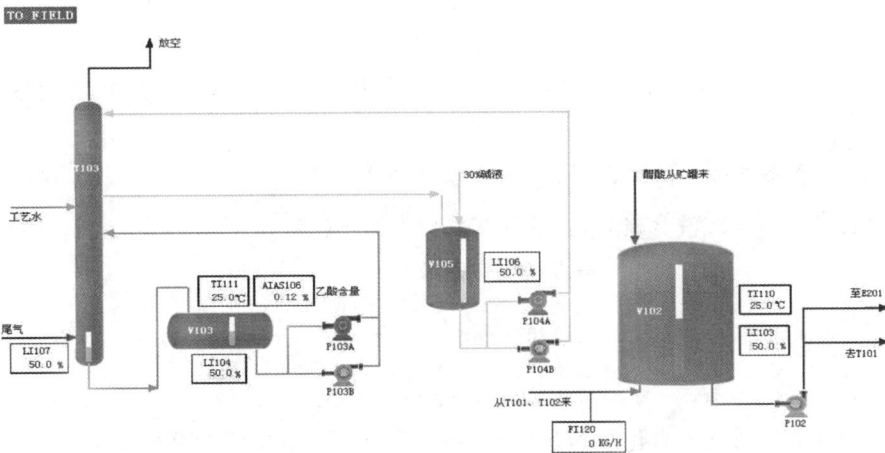

图 5-9(c)　尾气洗涤塔和中间贮罐 DCS 图

两台氧化塔的尾气分别经循环水冷却的冷却器(E101)中冷却,凝液主要是醋酸,带少量乙醛,回到塔顶,尾气最后经过尾气洗涤塔(T103)吸收残余乙醛和醋酸后放空,洗涤塔采用下部为新鲜工艺水,上部为碱液,分别用泵(P103、P104)循环。洗涤液温度常温,洗涤液含醋酸达到一定浓度后(70％～80％),送往精馏系统回收醋酸,碱洗段定期排放至中和池。

知识点 3 操作过程

一、冷态开车

1. 开工应具备的条件

(1) 检修过的设备和新增的管线,必须经过吹扫、气密、试压、置换合格(若是氧气系统,还要脱酯处理)。

(2) 电气、仪表、计算机、联锁、报警系统全部调试完毕,调校合格、准确好用。

(3) 机电、仪表、计算机、化验分析具备开工条件,值班人员在岗。

(4) 备有足够的开工用原料和催化剂。

2. 引公用工程、N_2 吹扫、置换气密、系统水运试车

以上操作在仿真操作过程可忽略,但实际开车过程中必须要做。

3. 酸洗反应系统

(1) 首先将尾气吸收塔 T103 的放空阀 V45 打开;从罐区 V402(开阀 V57)将酸送入 V102 中,而后由泵 P102 向第一氧化塔 T101 进酸,T101 见液位(约为 2％)后停泵 P102,停止进酸。

(2) 开氧化液循环泵 P101,循环清洗 T101。

(3) 用 N_2 将 T101 中的酸经塔底压送至第二氧化塔 T102,T102 见液位后关来料阀停止进酸。

(4) 将 T101 和 T102 中的酸全部退料到 V102 中,供精馏开车。

(5) 重新由 V102 向 T101 进酸,T101 液位达 30％后向 T102 进料,精馏系统正常出料。

4. 建立全系统大循环和精馏系统闭路循环

(1)氧化系统酸洗合格后,要进行全系统大循环:

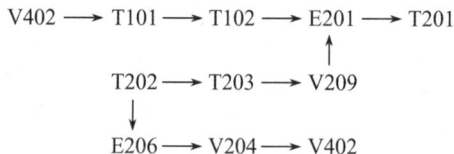

$$V402 \longrightarrow T101 \longrightarrow T102 \longrightarrow E201 \longrightarrow T201$$
$$\uparrow$$
$$T202 \longrightarrow T203 \longrightarrow V209$$
$$\downarrow$$
$$E206 \longrightarrow V204 \longrightarrow V402$$

(2)在氧化塔配制氧化液和开车时,精馏系统需闭路循环。脱水塔 T203 全回流操作,成品醋酸泵 P204 向成品醋酸储罐 V402 出料,P402 将 V402 中的酸送到氧化液中间罐 V102,由氧化液输送泵 P102 送往氧化液蒸发器 E201 构成下列循环:(属另一工段)

```
          顶                    ┌──────┐
T201 ────→ T202 ──→ T203        顶全回流
  ↑         │底
  │         └──→ E206 ──→ P204 ──→ V402 ──→ P402
  │
  └────────── E201 ←── P102 ←── V102 ←──
```

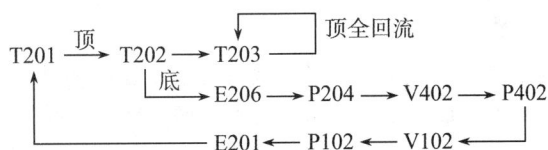

等待氧化开车正常后逐渐向外出料。

5. 第一氧化塔配制氧化液

向 T101 中加醋酸,见液位后(LIC101 约为 30%),停止向 T101 进酸。向其中加入少量醛和催化剂,同时打开泵 P101A/B 打循环,开 E102A 通蒸汽为氧化液循环液通蒸汽加热,循环流量保持在 700 000 KG/H(通氧前),氧化液温度保持在 70℃~76℃,直到使浓度符合要求(醛含量约为 7.5%)。

6. 第一氧化塔投氧开车

(1) 开车前联锁投入自动。

(2) 投氧前氧化液温度保持在 70℃~76℃,氧化液循环量 FIC104 控制在 700 000 kg/h。

(3) 控制 FIC101 N_2 流量为 120 m^3/h。

(4) 按如下方式通氧:

用 FIC110 小投氧阀进行初始投氧,氧量小于 100 m^3/h 开始投。当 FIC-110 小调节阀投氧量达到 320 m^3/h 时,启动 FIC-114 调节阀,在 FIC-114 增大投氧量的同时减小 FIC-110 小调节阀投氧量直到关闭。FIC-114 投氧量达到 1 000 m^3/h 后,可开启 FIC-113 上部通氧,FIC-113 与 FIC-114 的投氧比为 1:2。

操作时注意:

① LIC101 液位上涨情况;尾气含氧量 AIAS101 三块表读数是否上升;同时要随时注意塔底液相温度、尾气温度和塔顶压力等工艺参数的变化。

② 原则上要求:当投氧量在 0~400 m^3/h 之内,投氧要慢。如果吸收状态好,要多次小量增加氧量。400~1 000 m^3/h 之内,如果反应状态好,要加大投氧幅度,特别注意尾气的变化,及时加大 N_2 量。

③ 当 T101 塔液位过高时要及时向 T102 塔出料。当投氧到 400 m^3/h 时,将循环量逐渐加大到 850 000 kg/h;当投氧到 1 000 m^3/h 时,将循环量加大到 1 000 m^3/h。循环量要根据投氧量和反应状态的好坏逐渐加大;同时根据投氧量和酸的浓度适当调节醛和催化剂的投料量。

④ 操作时要注意温度的调节。当 T101 塔顶 N_2 达到 120 m^3/h,氧化液循环量 FIC104 调节为 500 000~700 000 m^3/h,塔顶 PIC109A/B 控制为正常值 0.2 Mpa/h。投用氧化液冷却器 E102A,使氧化液温度稳定在 70℃~76℃。待液相温度上升至 84℃时,关闭 E102A 加热蒸汽。当反应状态稳定或液相温度达到 90℃时,关闭蒸汽,开始投冷却水。开 TIC104A,注意开水速度应缓慢,注意观察气液相温度的变化趋势,当温度稳定后再提投氧量。投水要根据塔内温度勤调,不可忽大忽小。

7. 第二氧化塔投氧

（1）待 T-102 塔见液位后，向塔底冷却器内通蒸汽保持氧化液温度在 80℃，控制液位 35%±5%，并向蒸馏系统出料。取 T-102 塔氧化液分析。

（2）T-102 塔顶压力 PIC112 控制在 0.1 Mpa，塔顶氮气 FIC-105 保持在 90 m³/h。由 T102 塔底部进氧口，以最小的通氧量投氧，注意尾气含氧量。在各项指标不超标的情况下，通氧量逐渐加大到正常值。当氧化液温度升高时，表示反应在进行。停蒸汽开冷却水 TIC-105、TIC-106、TIC-108、TIC-109，使操作逐步稳定。

8. 吸收塔投用

（1）打开 V49，向塔中加工艺水湿塔。

（2）开阀 V50，向 V105 中备工艺水。

（3）开阀 V48，向 V103 中备料（碱液）。

（4）在氧化塔投氧前开 P103A/B 向 T103 中投用工艺水。

（5）投氧后开 P104A/B 向 T103 中投用吸收碱液。

（6）如工艺水中醋酸含量达到 80% 时，开阀 V51 向精馏系统排放工艺水。

9. 氧化塔出料

当氧化液符合要求时，开 LIC102 和阀 V44 向氧化液蒸发器 E201 出料，用 LIC102 控制出料量。

二、正常工艺过程控制

熟悉工艺流程，维护各工艺参数稳定；密切注意各工艺参数的变化情况，发现突发事故时，应先分析事故原因，并做出及时正确的处理。

1. 第一氧化塔

塔顶压力 0.18~0.2 Mpa（表），由 PIC109A/B 控制。

循环比（循环量与出料量之比）为 110~140 之间，由循环泵进出口跨线截止阀控制，由 FIC104 控制，液位 35%±15%，由 LIC101 控制。

进醛量满负荷为 9.86 t/h，由 FICSQ102 控制，根据经验最低投料负荷为 66%，一般不许低于 60% 负荷，投氧不许低于 1 500 m³/h。

满负荷进氧量设计为 2 871 m³/h，由 FI108 来计量。进氧，进醛配比为氧∶醛＝0.35~0.4（质量分数），根据分析氧化液中含醛量，对氧配比进行调节。氧化液中含醛量一般控制为 $(3\sim4)\times10^{-2}$（质量分数）。

上下进氧口进氧的配比约为 1∶2。塔顶气相温度控制与上部液相温差大于 13℃，主要由充氮量控制。塔顶气相中的含氧量 $<5\times10^{-2}$（<5%），主要由充氮量控制。塔顶充氮量根据经验一般不小于 80 m³/h，由 FIC101 调节阀控制。循环液（氧化液）出口温度 TI103 为（60±2）℃，由 TIC104 控制 E102 的冷却水量来控制。塔底液相温度 TI103A 为（77±1）℃，由氧化液循环量和循环液温度来控制。

2. 第二氧化塔（T102）

塔顶压力为（0.1±0.02）MPa，由 PIC112A/B 控制；液位 35%±15%，由 LIC102 控制；

进氧量:0～160 m^3/h,由 FICSQ106 控制,根据氧化液含醛量来调节;氧化液含醛量为 0.3×10^{-2} 以下;塔顶尾气含氧量<5%,主要由充氮量来控制;塔顶气相温度 TI106 控制与上部液相温差大于15℃,主要由氮气量来控制;塔中液相温度主要由各节换热器的冷却水量来控制;塔顶 N_2 流量根据经验一般不小于 60 m^3/h 为好,由 FIC105 控制。

3. 洗涤液罐

V103 液位控制 0～80%,含酸大于(70～80)$\times10^{-2}$ 就送往蒸馏系统处理。送完后,加盐水至液位 35%。

正常停车:

(1) 将 FIC102 切至手动,关闭 FIC-102,停醛。

(2) 将 FIC114 逐步将进氧量下调至 1 000 m^3/h。注意观察反应状况,当第一氧化塔 T101 中醛的含量降至 0.1 以下时,立即关闭 FIC114、FICSQ106,关闭 T101、T102 进氧阀。

(3) 开启 T101、T102 塔底排,逐步退料到 V-102 罐中,送精馏处理。停 P101 泵,将氧化系统退空。

三、事故处理

鼓泡塔反应器工作过程中会出现的异常现象及处理方法见表 5-2。

表 5-2 鼓泡塔反应器工作过程会出现的异常现象及处理方法

原因	现象	处理方法
循环泵坏 球罐压力波动	T101 液面波动	开启 T101 的循环泵 P101B;关闭泵 P101A,调节液位至正常值
冷却水调节阀坏	T101 温度波动	开启 T101 的换热器 E102B 的调节阀 TIC104B,同时关闭 T101 的换热器 E102A 的调节阀 TIC104A,调节温度至正常值
进料球罐中乙醛物料用完	T101 塔进醛流量波动,不稳定	1. 将 INTERLOCK 打向 BP; 2. 将 T101 的进醛控制阀关闭,停止进醛,并关闭 T101 的进催化剂控制阀 FIC301; 3. 当 T101 中醛的含量 AIAS103 降至 0.1% 以下时,关闭进氧阀 FIC114、FIC113 及 T102 的进氧阀 FICSQ106,同时 T102 的蒸汽控制阀 TIC107 和 V65; 4. 醛被氧化完后,打开阀门 V16、V33、V59 逐步退料到 V102 中; 5. 停 T101 塔的循环操作并关闭换热器 E102A 的冷却水控制阀 TIC104A; 6. 退料结束后,关闭 T102 的冷却水控制阀 TIC105～108 和 V61～V64; 7. 关闭 T101、T102 的进氮气阀 FIC101 和 FIC105
催化剂的量不够,催化剂的质量下降	T101 塔顶尾气中醛含量高	开大第一氧化塔 T101 的进催化剂控制阀 FIC301,使其开度大于 70%,增加催化剂的用量或补充新鲜的催化剂

续表

原因	现象	处理方法
塔顶放空阀调节失控	T101 塔顶压力升高	打开 T101 的塔顶压力控制阀 PIC109B。关闭 PIC109A，用 PIC109B 调节压力。在保证尾气中氧含量的同时，可以减小氮气的进料量
进料中乙醛和氧气的配比不合适	T101、T102 尾气中含氧高	开大乙醛进料阀 FICSQ102，调节进料配比；开大催化剂进料阀 FIC301 增加催化剂的用量

思考练习题

（1）如何操作避免氧化塔尾气中氧含量超标。

（2）总结操作中如何控制乙醛和氧气的配比。

（3）T101 塔和 T102 塔的换热方式有何不同。

（4）操作中 T101 塔和 T102 塔的液位如何控制。

任务六　鼓泡塔反应器的实训

下面以甲苯氧化生产苯甲酸为例介绍气液相反应器的操作。

苯甲酸别名安息香酸（分子式：$C_7H_6O_2$，分子量：122，熔点：122.4℃，沸点：249℃，密度：1.265 9 g/cm^3，溶解性：油溶性），白色单斜晶系片状或针状结晶体，略带安息香或苯甲醛气味。在 100℃ 时迅速升华，它的蒸气有很强的刺激性，吸入后易引起咳嗽。苯甲酸是弱酸，比脂肪酸强。苯甲酸和脂肪酸的化学性质相似，都能形成盐、酯、酰卤、酰胺、酸酐等，都不易被氧化。苯甲酸的苯环上可发生亲电取代反应，主要得到间位取代产物。苯甲酸在常温下微溶于水、石油醚，但溶于热水，水溶液呈酸性；易溶于醇、氯仿、醚、丙酮，溶于苯、二硫化碳、松节油，乙醚等有机溶剂，也溶于非挥发性油。在空气（特别是热空气）中微挥发，有吸湿性，常温下 100 mL 水能溶解 0.34 g 左右的苯甲酸；对微生物有强烈毒性，但对人体毒害不明显。苯甲酸最初是由安息香胶干馏或碱水水解制得的，也可由马尿酸水解制得。工业上，苯甲酸是在钴、锰等催化剂的存在下用空气氧化甲苯制得的或的由邻苯二甲酸酐水解脱羧制得的。苯甲酸及其钠盐可用作乳胶、牙膏、果酱或其他食品的抑菌剂和防腐剂，也可作染色和印色的媒染剂。

知识点 1 实训目的及原理

一、实训目的

(1) 了解苯氧化生产苯甲酸的工艺过程。

(2) 掌握实训装置反应器的操作特点。

(3) 掌握苯氧化生产苯甲酸的工艺条件。

二、实训原理

$$\underset{CH_3}{\bigcirc} + \frac{3}{2} O_2 \longrightarrow \underset{COOH}{\bigcirc} + H_2O$$

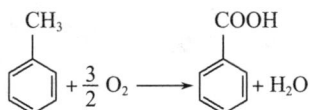

催化剂：环烷酸钴 助催化剂：溴化物(四溴乙烷)。

原料：甲苯(纯度 99.8)；空气。

反应条件：压力 0.2～0.6 MPa 温度：(165±5)℃；

反应时间：8～12 h(间歇反应)，甲苯转化率在 25% 左右。

催化剂配比：0.71% 主催化剂，0.46% 助催化剂，甲苯与催化剂比例为 200。

知识点 2 实训装置

一、装置简介

本装置为鼓泡塔反应器和玻璃精馏塔组成的一套完整的苯甲酸制备实训装置，该塔式设备广泛用于气液相反应或气液固相反应。苯甲酸的制备是一个非均相反应过程，气体可为一种或多种，而液体可以为反应物或催化剂，其反应速度决定了化学反应速度和两界面上组分分子扩散速度，充分接触是加快反应的必要条件。鼓泡塔反应器的装置由鼓泡塔和精馏塔组成。实验室常用该反应器进行有机化合物氧化，如烷烃氧化制有机酸、对二甲苯氧化生成对苯二甲酸、环己烷氧化生成环己醇和环己酮、乙醛氧化制乙酸、乙烯氧化制乙醛、苯氯化制氯苯、甲苯氯化制氯甲苯、乙烯氯化制氯乙烯、烯烃加氢、脂肪酯加氢等。此外，还可进行 SO_3、NO_2、CO_2、H_2S 的吸收反应、生化反应、污水处理等。

鼓泡塔氧化反应器具有如下特点：① 进气能以小气泡的形式分布，可连续不断地进入，保证气液接触反应效果良好；② 反应器结构简单，容易稳定操作；③ 有较高的传质、传热效率，适于慢反应和强放热反应；④ 换热件安装方便，可处理悬浮液体，塔内可填加构件。

该装置采用精馏塔分离的主要原因：① 从苯甲酸与甲苯混合液中分离回收甲苯；② 从粗苯甲酸溶液中提纯苯甲酸。同时，反应装置中还采用了分相器。因为氧化反应会产生一些水，水会影响甲苯的转化，故必须排水。而在排水过程中，甲苯也会随着水排出，采用分相器可使甲苯与水分离。

二、技术指标

最高操作压力:0.6 MPa,

使用温度:170℃。

甲苯氧化反应器:下段 φ57 mm×4 mm,高度 440 mm,外加套 76 mm,内插加热管 φ10 mm×1.5 mm;上段 φ89 mm×4 mm,外夹套 108 mm,高度 150 mm。气体分布器开孔率 10%。

转子流量计:N_2 0.1~10 L/min;O_2 0.2~20 L/min。

热液体循环齿轮泵:30 L/h。

无油空压机:1 000 L/h。

导热油加热器:25~150℃。

甲苯加料电磁泵:0.79 L/h。

精馏塔:塔釜 1 L;电热包的加热功率为 400 W;精馏塔直径为 20 mm;塔高为 1 400 mm;塔外壁有两段透明膜导电加热保温,功率为 200 W。

摆锤式内回流塔头,此处采用摆动式回流比控制器控制回流,能够将回流时间和采出时间的比控制在 1~99 s 内,是一种自动控制装置。

甲苯加料罐。

三、工艺流程

苯甲酸制备装置流程图见图 5-10。

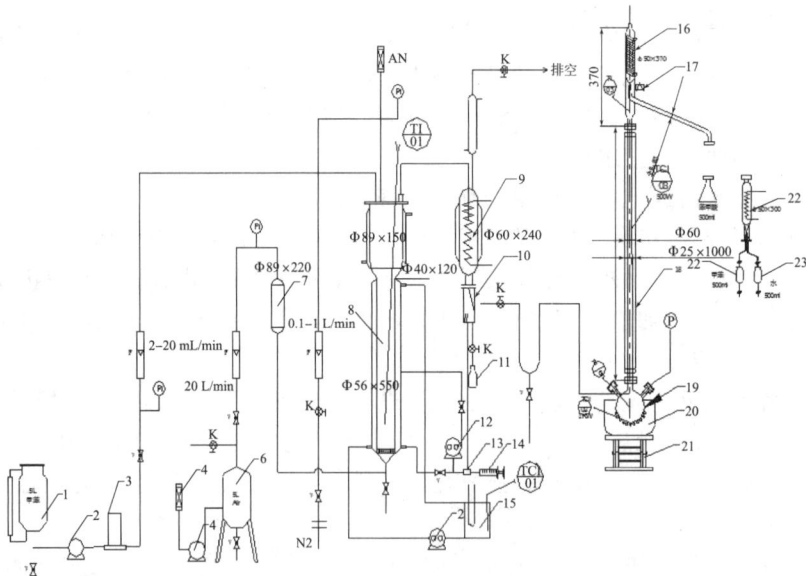

1—原料罐;2—缓冲灌;3—电磁泵;4—过滤器;5—空压机;6—缓冲罐;7—小缓冲器;
8—鼓炮塔;9—冷凝器;10—油水分相气;11—水收集器;12—齿轮泵;13—取样器;14—注射器;
15—加热油浴;16—玻璃塔头 17—电磁线圈;18—精馏塔;19—塔釜;20—加热包;21—升降台;
22—冷却分相器;23—收集罐

图 5-10 苯甲酸制备装置流程图

知识点 3 实训操作

一、连续生产过程

1. 准备工作

① 将液体甲苯注入储罐内,并接好进气管线 N_2 与空气,将气体、液体出口阀门关死,通入 N_2 或空气在 0.6 MPa 下试漏,10 min 内压力不变的,为合格,可以进料,并通入气体鼓泡;当液体加至在溢流口内有流出时,可加入催化剂,同时将恒温油浴升温至所需温度。

② 操作时将循环泵开动起来,调节变频调速装置,使循环量达到所需要求。连续进出物料和产品时,反应需用泵进料,气体流量控制在 20 mL/min 左右,液体加料要求要根据选定的停留时间而定,高转化需低进料速度,但选择性要降低些;高液空速加料会使转化率下降,但选择性能够提高。

2. 操作注意事项

① 实验中要不断在溢流口调节阀门的开度,以排除反应后的液体,可保持鼓泡器内液位稳定。反应压力一旦确定,就不要随意改变系统压力,压力变化会造成排料数据的不稳定。一般来说,在一开始就调节好进气压力和出气压力,此后只能微调各阀门,不应该大幅调节。

② 当试验完成后,继续通气反应一定时间,最后通 N_2 清扫,并放出所有反应液,用清水充满鼓泡器,清洗干净,以防腐蚀生锈。

③ 实验中应注意安全问题,避免空气与原料气浓度进入爆炸极限内,时刻用 N_2 进行调整。

④ 当反应产物达一定数量时,可开启精馏塔,并逐渐升温使塔顶温度达到 110℃。收集甲苯原料,塔底产物用重结晶的方法处理得到纯苯甲酸。或者用多次累积量再精馏,控制塔底温度 190℃,塔顶温度 160℃,馏出物为苯甲酸纯品。

3. 停车操作

当反应结束后,停止加料(液体),停止加热,关闭电源。电源关闭后要继续通气,待温度降至 50℃ 以下,可关闭气体(具体视催化剂的要求而定)。

精馏设备可用甲苯洗涤。塔底产物为催化剂与碳化物用其他溶剂稀释做废物处理。

4. 故障处理

① 开启电源开关,如果指示灯不亮并且没有交流接触器吸合声,说明保险环或电源线没有接好。

② 开启仪表各开关时,如果指示灯不亮并且没有继电器吸合声,说明分保险环或接线有脱落的地方。

③ 开启电源开关时,如果有强烈的交流震动声,则说明接触器接触不良,应该反复按动开关消除接触器接触不良。

④ 如果仪表看起来正常但没有指示,说明可能保险丝坏或固态变压器(或固态继电器)出现问题。

⑤ 控温仪表、显示仪表出现四位数字,说明热电偶有断路现象。

⑥ 反应系统压力突然下降,则说明反应系统存在大的泄露点,应停车检查。

⑦ 电路时通时断,有接触不良的地方。

⑧ 压力不断增高,而尾气流量不变或减少,说明系统有堵塞的地方,应停车检查。

二、间歇操作过程

(1)量取 300 mL 甲苯和一定比例的催化剂环烷酸钴、溴化物及苯甲醛,依次加入反应器内。

(2)打开冷凝管冷却水,使反应器升温。当温度升到 100℃时,充压到预定压力。

(3)当反应釜内液相温度达到预定引发温度时,开始通空气,氧化反应开始,反应 8～12 h 结束,其间有甲苯和水被带出,故反应中要补充一部分甲苯。停止加热后,缓慢泄压到大气压,温度降到 110℃时放料。

(4)粗产物有两种处理方式:

① 冷却至室温,有结晶析出,分离后用有机溶剂进行再结晶,称量,计算收率,通过色谱分析得出反应物组成,计算甲苯转化率。

② 将粗产物倒入玻璃精馏塔釜内,开启精馏设备,使甲苯与水在塔顶蒸出,釜内则留下粗苯甲酸。将粗苯甲酸该物可以继续精馏,可在塔顶得到苯甲醛,最后得到苯甲酸。但此方法操作比较麻烦,必须有大量的粗苯甲酸产物,故可采用重结晶的方法得到精品。本实验的精馏装置有这种功能,但不推荐在此使用。有时脱甲苯也采用真空精馏的办法,但本实验未采用。

三、实验数据处理

1. 产品分析

分析条件:热导检测器,H_2(流速为 30 mL/min),OV－101 填充柱。

使用条件:柱温 210℃,汽化 230℃,检测器 200℃,进样量 0.8～1 μL

2. 实验数据记录

组分	甲苯	催化剂	空气	反应混合物
体积/mL				

3. 实验数据处理

苯甲酸的转化率 X:$X = \dfrac{参加反应的苯甲酸量}{加入反应器的苯甲酸量} \times 100\%$

苯甲酸收率 Y:$Y = \dfrac{苯甲酸的实际产量}{苯甲酸的理论产量} \times 100\%$

反应的选择性 S：$S = \dfrac{苯甲酸收率}{甲苯转化率}$

四、结果分析与讨论

（1）分析实验中出现哪些实验误差？

（2）气液反应器有哪些类型？各有什么特色？

（3）增大通气量对反应有何影响？改用富氧做氧化剂，对反应又会有何影响呢？

（4）如何提高甲苯氧化的反应速度？如何增强气液间的传质？

（5）工业上生产苯甲酸的工艺有几种？各有什么优缺点？

（6）你认为该实验哪些地方可以改进？

思考练习题

（1）甲苯氧化生产苯甲酸装置连续操作与间歇操作有何不同？

（2）相分离器用于何处，作用有哪些？

（3）实训装置和工业生产装置有哪些主要区别？

（4）甲苯氧化生产苯甲酸生产中工艺条件如何确定？

（5）本装置还能进行哪些实训项目的训练？

项目六
管式反应器的操作与控制

知识目标

☞ 了解并掌握管式反应器的分类、结构和特点；

☞ 了解并掌握乙二醇生产连续管式反应器的开车与运行步骤；

☞ 能说明优化的目的和内容，能分析简单反应的反应器生产能力。

技能目标

☞ 具有信息检索能力；

☞ 具有自我学习和自我提高能力；

☞ 具有制订工作计划和决策能力；

☞ 能根据不同反应的特点合理分析、选用合适的管式反应器；

☞ 能进行简单反应的反应器生产能力的比较；

☞ 能够完成管式反应器的冷态开车、正常停车和故障处理；

☞ 具有发现问题、分析问题和解决问题的能力。

态度目标

☞ 具有团队精神和与人合作的能力；

☞ 具有与人交流沟通的能力；

☞ 具有较强的表达能力。

管式反应器将化学反应的场所集中于管内，在反应管一端持续进料，物料流经管程即发生化学反应，在反应管末端进行产物收集处理，整个过程持续进行。管式反应器是由一根或多根长度远大于其直径的管状结构组成的连续操作反应器，具有返混程度低、生产效率高、反应转化率高等优势。管式反应器具有加工难度小、结构简单、传热效率高、易于实现连续化操作、生产效率高等特点，特别适用于温度高、强放热反应。

任务一　管式反应器的选择

知识点 1　管式反应器的主要类型

在化工生产中,管式反应器是一种管状、长径比很大的连续操作反应器。连续操作的长径比较大的管式反应器可以近似看成是理想置换流动反应器(平推流反应器,Plug Flow Reactor,简称 PFR)。

按照其结构型式的不同,管式反应器可分为以下四种:直管式反应器、盘管式反应器、U 形管式反应器和多管式反应器。

一、直管式反应器

直管式反应器分为水平管式反应器(图 6-1)和立管式反应器(图 6-2)。

水平管式反应器是进行均一气相或液相反应常用的一种管式反应器,由无缝管与 U 形管连接而成。这种结构易于加工制造和检修。

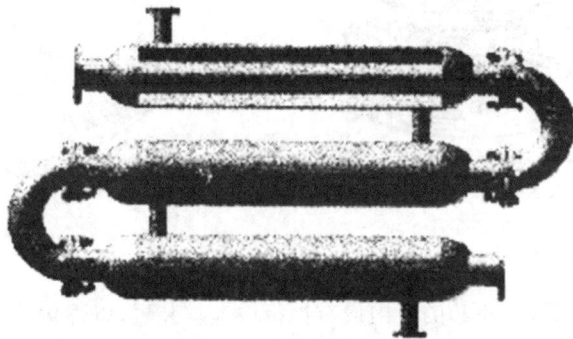

图 6-1　水平管式反应器

立管式反应器(图 6-2)包括单程式立管式反应器[图 6-2(a)]、中心插入管式立管式反应器[图 6-2(b)]、夹套式立管式反应器[图 6-2(c)],其特点是将一束立管安装在一个加热套筒内,以节省占地面积。立管式反应器常被应用于液相氨化反应、液相加氢反应、液相氧化反应工艺中。

（a）单程式　　　　　　（b）中心插入管式　　　　　　（c）夹套式

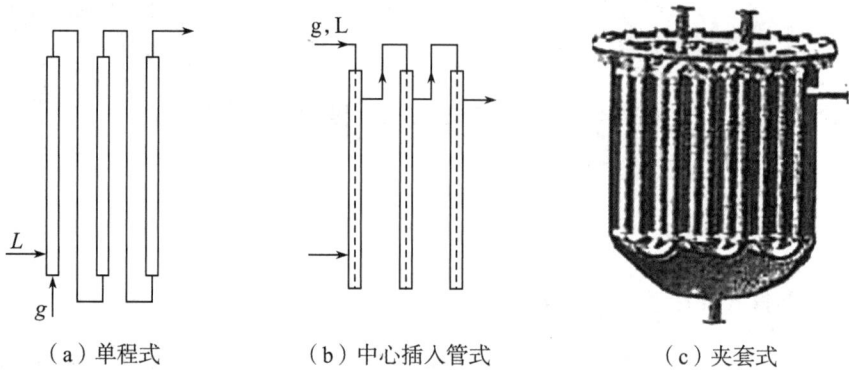

图 6-2　立管式反应器

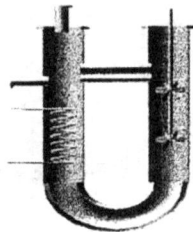

二、盘管式反应器

将管式反应器做成盘管的形式,设备紧凑,节省空间,但检修和清刷管道比较麻烦。反应器一般由许多水平盘管上下重叠串联而成(图 6-3)。每一个盘管由许多半径不同的半圆形管子相连接成螺旋形式,螺旋中央只留出 $\varphi 400\ mm$ 的空间,便于安装和检修。

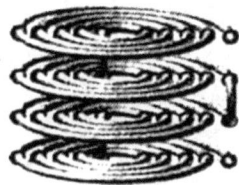

图 6-3　盘管式反应器　　　图 6-4　U 形管式反应器

三、U 形管式反应器

U 形管式反应器(图 6-4)的管内设有挡板或搅拌装置,以强化传热与传质过程。U形管的直径大,物料停留时间长,可以应用于反应速率较慢的反应。例如,带多孔挡板的 U 形管式反应器,被应用于己内酰胺的聚合反应。带搅拌装置的 U 形管式反应器适用于非均液相物料或液固相悬浮物料,如甲苯的连续硝化、萘的连续磺化等反应。

四、多管式反应器

通常按管式反应器管道的连接方式不同,多管式反应器分为多管串联管式反应器和多管并联管式反应器。多管串联结构的管式反应器,如图 6-5 所示,一般用于气相反应和气液相反应,例如烃类裂解反应和乙烯液相氧化制乙醛反应。多管并联结构的管式反应器,如图 6-6 所示,一般用于气固相反应,例如气相氯化氢和乙炔在多管并联装有固相催化剂中反应制氟乙烯,气相氮和氢混合物在多管并联装有固相铁催化剂中合成氨。

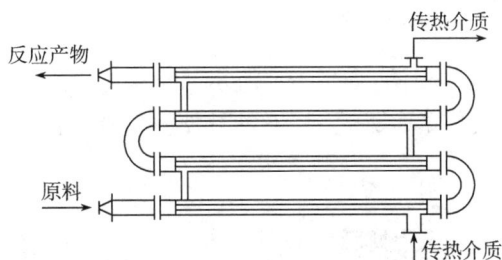

图 6-5　多管串联结构的管式反应器

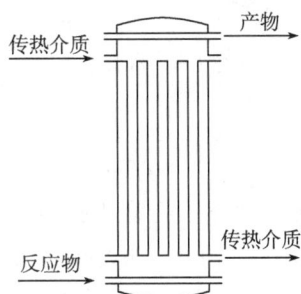

图 6-6　多管并联结构的管式反应器

知识点 2　管式反应器的结构

以套管式反应器为例介绍管式反应器的具体结构。

套管式反应器由长径比很大的细长管和密封环通过连接件的紧固串联安放在机架上而组成。它由直管、弯管、密封环、法兰及紧固件、温差补偿器、传热夹套、连接管和机架等多个结构组成。

一、直管

直管的结构,如图 6-7 所示。内管长 8 m,根据反应段的不同,内管内径通常也不同(如 $\varphi27$ mm 和 $\varphi34$ mm)。夹套管通过焊接与内管固定。夹套管上对称地安装一对不锈钢制成的 Ω 形补偿器,以消除开停车时因内外管线膨胀系数不同而附加在焊缝上的拉应力。

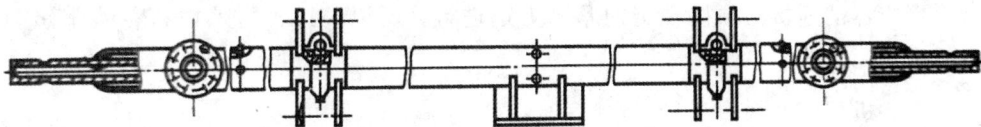

图 6-7　直管

反应器预热段夹套管内通蒸汽加热进行反应,同时反应段及冷却段通过通冷却水移去反应热。因此,在夹套管两端开孔,并装有连接法兰,以便和相邻夹套管相连通。为安装方便,在整管的中间部位装有支座。

二、弯管

弯管结构与直管基本相同,如图 6-8 所示。弯头半径 $R \geqslant 5D \pm 4\%$。弯管在机架上的安装允许其有足够的伸缩量,故不再另加补偿器。内管总长(包括弯头弧长)也是 8 m。

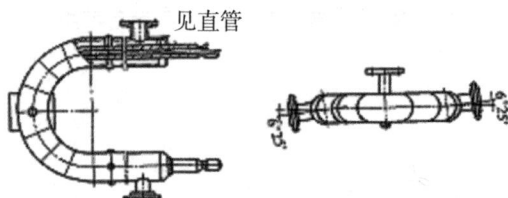

图 6-8　弯管

三、密封环

套管式反应器的密封环为透镜环。透镜环有两种形状:一种是圆柱形的;另一种是带接管的 T 形透镜环,如图 6-9 所示。圆柱形透镜环与反应器内管为同一材质制成。带接管的 T 形透镜环可安装测温、测压元件。

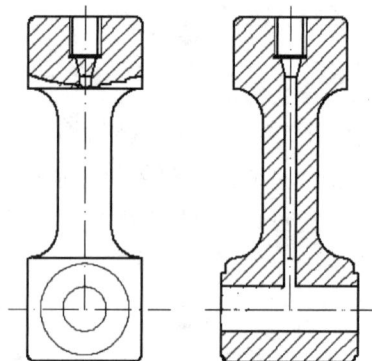

图 6-9　带接管 T 形透明环

四、法兰及紧固件

反应器的连接必须按规定的紧固力矩进行。所以,对法兰,螺柱和螺母都有一定要求。

五、机架

反应器机架用桥梁钢焊接成整体。地脚螺栓安放在基础桩的柱头上,安装管子支架部位装有托架,管子用抱箍与托架固定。

知识点 3　管式反应器的特点

(1)理想管式反应器内流体的流动状况符合理想置换流动,即所有流体粒子在反应器内停留时间相同。

（2）由于理想管式反应器流体的流动径向具有严格均匀的速度分布，也就是在径向上不存在浓度变化，所以反应速率随空间位置的变化只限于轴向。

（3）理想管式反应器的反应结果仅由化学反应动力学确定。

（4）管式反应器内的单位反应物具有较大的换热面积，特别适用于热效应较大的反应。

（5）由于反应物在管式反应器中返混小，反应速度快，流速快，所以它的生产能力大，适用于大型化和连续化的化工生产。

（6）管式反应器结构简单紧凑，强度高，抗腐蚀强，抗冲击性能好，使用寿命长，便于检修。

此外，管式反应器既适用于液相反应，又适用于气相反应。由于管式反应器能承受较高的压力，用于加压反应尤为合适，可实现分段温度控制。其主要缺点是，反应速率很低时所需管道过长，工业上不易实现。

思考练习题

（1）管式反应器的特点是什么？其基本结构有哪些？

（2）管式反应器适用于哪类化学反应过程？

任务二 管式反应器的操作

以环氧乙烷与水反应生成乙二醇为例进行管式反应器的操作与控制训练。

知识点 1 反应原理

在乙二醇反应器中，来自精制塔底的环氧乙烷和来自循环水排放物的水反应形成乙二醇水溶液。其反应式如下：

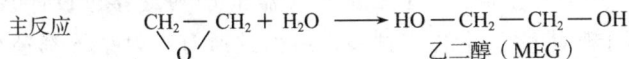

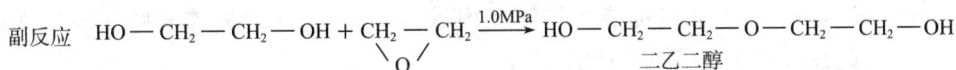

主反应

$$CH_2 \!-\! CH_2 + H_2O \longrightarrow HO \!-\! CH_2 \!-\! CH_2 \!-\! OH$$
$$\diagdown O \diagup \qquad\qquad\qquad 乙二醇（MEG）$$

副反应

$$HO \!-\! CH_2 \!-\! CH_2 \!-\! OH + CH_2 \!-\! CH_2 \xrightarrow{1.0MPa} HO \!-\! CH_2 \!-\! CH_2 \!-\! O \!-\! CH_2 \!-\! CH_2 \!-\! OH$$
$$\diagdown O \diagup \qquad\qquad\qquad\qquad 二乙二醇$$

知识点 2 工艺流程简述

环氧乙烷与水反应流程，如图 6-10 所示，精制塔塔底物料在流量的控制下同循环水排放物流以 1：22 的摩尔比混合，混合后通过在线混合器进入乙二醇反应器。反应为放热反应，反应温度为 200 ℃时，每生成 1 mol 乙二醇放出的热量为 8.315×10^4 J。来自循环水排放浓缩器的水，是在同精制塔塔底物料的流量比控制下进入乙二醇反应器反应器上游的在线混合器的。混合物流通过乙二醇反应器,在此反应,制得乙二醇。反应器的出口压力是通过维持背压来控制的。从乙二醇反应器流出的乙二醇-水物流进入干燥塔。

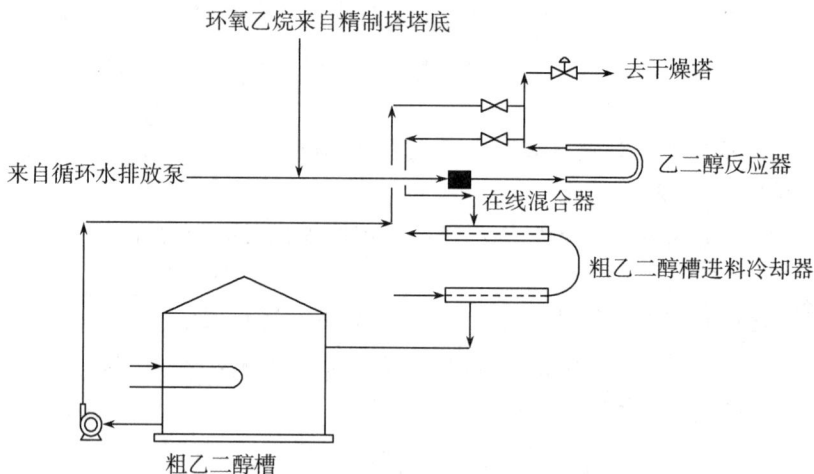

图 6-10　环氧乙烷与水反应流程图

知识点 3　水合反应器操作与控制

一、开车前的检查和准备

(1)把循环水排放流量控制器置于手动,开始由循环水排放浓缩器底部向反应器进水,在乙二醇反应器进口排放,直到循环水清洁为止。

(2)关闭进口倒淋阀并开始向反应器充水,打开出口倒淋阀,关闭乙二醇反应器压力控制阀。当反应器出口倒淋阀排水干净时关闭它。

(3)来自精制塔塔底泵的热水用泵通过在线混合器送到乙二醇反应器,各种联锁报警均应校验。

(4)当乙二醇反应器出口倒淋排放清洁时,把水送到干燥塔。

(5)运行乙二醇反应器压力控制器调节乙二醇反应器压力,使之接近设计条件。

(6)干燥塔在运行前,干燥塔喷射系统应试验。后面的所有喷射系统都遵循这个一般程序。为了在尽可能短的时间内进行试验,关闭冷凝器和喷射器之间的阀门,因此在试验期间塔不必排泄。

(7)检查所有喷射器的倒淋和插入热井底部水封的尾管,用水充满热井与所有喷射器、冷凝器,并密封管线。

(8)打开喷射器系统的冷却水流量。稍开高压蒸汽管线过滤器的倒淋阀,然后稍开到喷射泵的蒸汽阀。关闭倒淋阀,然后慢慢打开蒸汽阀。

(9)使喷射器运行,直到压力减少到正常操作压力。在这个试验期间,应切断塔的压力控制系统。隔离切断阀下游喷射系统和相关设备,在 24 h 内最大允许压力上升速度为 33.3 Pa/h。如果压力试验满足要求,则慢慢打开喷射系统进口管线上的切断阀,直到干燥塔冷凝器的冷却水流量稳定。

(10) 干燥塔压力控制系统和压力调节器设为自动状态(设计设定点)。到热井的冷凝液流量较少,允许在容器设定点溢流。

(11) 喷射系统已满足试验条件后,关闭入口切断阀并停止喷射泵。根据真空泄漏的下降程度确定塔严密性是否完好。如果系统不能达到要求的真空,应检查系统的泄漏位置并修理。

二、正常开车

(1) 启动乙二醇反应器控制器。

(2) 启动循环水排放泵。

(3) 通过乙二醇反应器在线混合器设定到乙二醇反应器的循环水排放量。

(4) 精制塔塔底的流体,从精制塔开始,经过乙二醇反应器在线混合器和循环水混合后,输送到乙二醇反应器进行反应。

(5) 设定并控制精制塔底物流的流量,控制循环水排放物流流量和精制塔底物流的流量,使之在一定的比例之下操作。如果需要,加入汽提塔底液位同循环水排入物流的串级控制。

三、正常停车

(1) 确定再吸收塔塔底的环氧乙烷耗尽,其表现为塔底温度将下降,通过再吸收塔的压差也将下降。

(2) 确定无环氧乙烷进入再吸收塔,在吸收塔和精馏塔继续运行,直到环氧乙烷含量为零。

(3) 关闭再吸收塔进水阀,停止塔底泵。

(4) 关闭精制塔塔底流体去乙二醇反应器的阀门。

(5) 当所有通过乙二醇反应器的环氧乙烷都被转化为乙二醇后,停止循环水排放流量。

如果停车持续时间超过 4 h,在系统中的所有环氧乙烷必须全部反应成乙二醇,这是很重要的。

四、正常操作

(1) 乙二醇反应器进料组成。

乙二醇反应器进料组成是通过控制循环水排放到混合器的流量和精制塔内环氧乙烷排放到混合器的流量的比例来实现的。通常该反应器进料中水与环氧乙烷摩尔比为 22:1。乙二醇反应器前的混合器的作用是稀释含有富醛的环氧乙烷排放物。如果不稀释,则乙二醇反应器中较高的环氧乙烷浓度容易形成二乙二醇、三乙二醇等高级醇。

(2) 乙二醇反应器温度。

对于每反应 1%(质量分数)的环氧乙烷,反应温度会升高约 5.5 ℃,因而乙二醇反应器内的温升(出口—进口)是精制塔塔底环氧乙烷浓度的良好测量方法。

正常乙二醇反应器进口温度应稳定在 110℃～130℃ 范围内,使出口温度在 165℃～180℃ 的范围内。如果乙二醇反应器进口混合流体的温度偏低,将会导致环氧乙烷不能完全反应,从而乙二醇反应器的出口温度也会偏低,产品中乙二醇的含量将会减小。

精制塔底部不含 CO_2 的环氧乙烷溶液质量分数为 10%。在该溶液被送进乙二醇反应器之前,先在反应器进料预热器中加热到 89℃,再输送到反应器一级进料加热器的管程,在 0.21 MPa 的低压蒸汽下加热至 114℃。再到反应器二级进料加热器的管程,由脱醛塔顶部来的脱醛蒸汽加热到 122℃。然后进入三段加热器中,被壳程中的 0.8 MPa 的蒸汽加热至 130℃,进入乙二醇反应器。乙二醇反应器是一个绝热式的 U 形管式反应器。反应是非催化的,停留时间约 18 min,工作压力 1.2 MPa,进口温度 130℃,设计负荷情况下出口温度 175℃,在这样的条件下,全部的环氧乙烷都转化成乙二醇,质量分数约为 12%。

因此,可以直接通过控制加热蒸汽的量来控制乙二醇反应器的进口温度。当然有时也可以通过控制环氧乙烷的流量来控制乙二醇反应器的出口温度,从而提高产品中乙二醇的含量。

(3)乙二醇反应器压力。

在压力一定的情况下,当温度高到一定程度时,环氧乙烷会气化,未反应的环氧乙烷会增多,反应器出口未转化成乙二醇的环氧乙烷的损失也相应增加。因此,反应器压力必须高到能足以防止这些问题的发生。通常要求维持在反应器的设计压力,以保证在乙二醇反应器的出口设计温度下无气化现象。

通常情况下,乙二醇反应器的压力是通过该反应器上压力记录控制仪表来控制的,并将该仪表设定为自动控制。反应器内设计压力为 1 250 kPa,压力控制范围为 1 100～1 400 kPa。

知识点 4　水合反应器常见异常现象的原因及处理方法

乙二醇生产过程中反应器常见异常现象及处理方法,见表 6-1。

表 6-1　乙二醇生产过程中常见的异常现象及处理方法

序号	异常现象	原因分析	操作处理方法
1	所有泵停止	电源故障	① 立即切断通入乙二醇进料汽提塔、反应器进料加热器以及至所有再沸器的蒸汽;② 重新调整所有其他的流量控制器,使其流量为零;③ 电源一恢复,反应系统一般应按"正常开车"中所述进行再启动。在蒸发器完全恢复前,来自再吸收塔的环氧乙烷水的流量应很小;④ 乙二醇蒸发系统应按"正常开车"中的方法重新投入使用

续表

序号	异常现象	原因分析	操作处理方法
2	反应器温度达不到要求	蒸汽故障	① 精制工段必须立即停车;② 立即关掉干燥塔、一乙二醇塔、一乙二醇分离塔、二乙二醇塔和三乙二醇塔喷射泵系统上游的切断阀或手控阀,以防止蒸汽或空气返回到任何塔中
3	反应温度过高	冷却水故障	① 停止到蒸发器和所有塔的蒸汽;② 停止各塔和各蒸发器的回流;③ 将调节器给定点调到零位流量;④ 当冷却水流量恢复后,按"正常开车"中所述的启动
4	反应器压力不正常	真空喷射泵故障	① 关闭特殊喷射器的工艺蒸汽进口处的切断阀;② 停止到喷射器塔的蒸汽、回流和进料;③ 用氮气来消除塔中的真空,然后遵循相应的"正常停车"步骤,停乙二醇装置的其余设备。
5	反应流体不能输送	泵卡	① 启动备用泵;② 如果备用泵不能投入使用,蒸发系列必须停车;③ 乙二醇精制系统可以运行以处理存量或全回流或停车

知识点 5　管式反应器常见故障与维护要点

一、常见故障及处理方法

连续操作管式反应器的常见故障及处理方法,见表 6-2。

表 6-2　连续操作管式反应器的常见故障及处理方法

序号	故障	故障原因	处理方法
1	密封泄漏	① 安装密封面受力不均;② 振动引起紧固件松动;③ 滑动部件受阻造成热胀冷缩局部不均匀;④ 密封环材料处理不符合要求	停车修理: ① 按规范要求重新安装;② 紧固螺栓;③ 检查、修正相对活动部位;④ 更换密封环
2	放出阀泄漏	① 阀杆弯曲度超过规定值;② 阀芯、阀座密封面受伤;③ 装配不当,使油缸行程不足;阀杆与油缸锁紧螺母不紧;密封面光洁度差;装配前清洗不够;④ 阀体与阀杆相对密封面过大,密封比压减小;⑤ 油压系统故障造成油压降低;⑥ 填料压盖螺母松动	停车修理: ① 更换阀杆;② 阀座密封面研磨;③ 解体检查重装,并作动作试验;④ 更换阀门;⑤ 检查并修理油压系统;⑥ 紧螺母或更换

续表

序号	故障	故障原因	处理方法
3	爆破片爆破	① 膜片存在缺陷;② 爆破片疲劳破坏;③ 油压放出阀连续失灵,造成压力过高;④ 运行中超温超压,发生分解反应	① 注意安装前爆破片的检验;② 按规定定期更换;③ 查油压放出阀连锁系统;④ 分解反应爆破后,应作下列各项检查。接头箱超声波探伤,相接邻近超高压配管超声波探伤;经检查不合格接头箱及高压配管应更新
4	反应管胀缩卡死	① 安装不当使弹簧压缩量大,调整垫板厚度不当;② 机架支托滑动面相对运动受阻;③ 支承点固定螺栓与机架上长孔位置不正	① 重新安装;控制碟形弹簧压缩量,选用适当厚度的调整垫板;② 检查清理滑动面;③ 调整反应管位置或修正机架孔
5	套管泄漏	① 套管进出口因管径变化引起气蚀,穿孔套管定心柱处冲刷磨损穿孔;② 套管进出接管结构不合理;③ 套管材料较差;④ 接口及焊接存在缺陷;⑤ 连接管法兰紧固不均匀	① 停车局部修理;② 改造套管进出接管结构;③ 选用合适的套管材料;④ 焊口按规范修补;⑤ 重新安装连接管,更换垫片

二、管式反应器维护要点

管式反应器与釜式反应器相比较,由于没有搅拌器等可转动部件,故具有密封好,振动小,管理、维护、保养简便的特点。但是,经常性的巡回检查仍是不可少的。运行中出现故障时,必须及时处理,决不能马虎了事。管式反应器的维护要点如下。

① 反应器的振动通常有两个来源:一是超高压压缩机的往复运动造成的压力脉动的传递;二是反应器末端压力调节阀频繁动作而引起的压力脉动。振幅较大时要检查反应器入口、出口配管接头箱固定螺栓及本体抱箍是否有松动,若有松动应及时紧固。但接头箱紧固紧栓只能在停车后才能进行调整。同时要注意碟形弹簧垫圈的压缩量,一般允许为压缩量的 50%,以保证管子热膨胀时的伸缩自由。反应器振幅控制在 0.1 mm 以下。

② 要经常检查钢结构地脚螺栓是否有松动,焊缝部分是否有裂纹等。

③ 开停车时要检查管子伸缩是否受到约束,位移是否正常。除直管支架处碟形弹簧垫圈不应卡死外,弯管支座的固定螺栓也不应该压紧,以防止反应器伸缩时的正常位移受到阻碍。

思考练习题

（1）管式反应器常见故障有哪些？产生的原因是什么？如何排除？

（2）管式反应器在操作时应注意哪些问题？

任务三　均相反应器的优化

本项目研究的目的是实现化学反应过程的优化。化学反应过程的优化包括设计计算优化和操作优化两种类型。设计计算优化是根据给定的生产能力确定反应器类型、结构和适宜的尺寸及操作条件。操作优化是指反应器的操作必须根据各种因素的变化对操作条件作出相应的调整，使反应器处于最优条件下运转，以达到优化的目标。

化学反应过程的技术目标有三个，分别是反应速率（涉及设备尺寸，亦即设备投资费用）、选择性（涉及生产过程的原料消耗费用）和能量消耗（生产过程操作费用的重要组成部分）。

由于能量消耗是从整个车间甚至整个工厂作为一个系统而加以考虑的，所以下面以反应速率（即反应器生产能力）和选择性两个目标加以讨论。对于简单反应过程，不存在选择性问题，唯一的目标是反应速率。对于复杂反应过程，选择性则是优化的主要目标。选择性决定了产品中原料的消耗程度。现代工业发展统计表明，原料费用在产品成本中占大部分比重，可达70%以上。而反应器设备和催化剂的成本则仅占很小份额，2%～5%。因此，对复杂反应过程选择性比反应速率重要得多，选择性是主要技术目标。选择性的本质是反应生成目的产物的主反应速率与生成副产物的副反应速率的相对比值，所以影响主、副反应速率的因素也是影响选择性的主要因素，同样取决于反应物浓度和反应温度。对于复杂反应，应根据选择性要求确定优化的反应温度和反应物浓度。

从工程角度看，优化就是如何进行反应器类型、操作方式和操作条件的选择并从工程上予以实施，以实现反应温度和反应物浓度的优化条件，提高反应过程的速率和选择性。反应器的型式包括管式和釜式反应器及返混特性；操作条件包括物料的初始浓度、转化率（或最终浓度）、反应温度或温度分布；操作方式则包括间歇操作、连续操作、半连续操作以及加料方式的分批或分段加料等。

本项目的核心是化学因素和工程因素的最优组合。化学因素包括反应类型及动力学特性。工程因素包括反应器类型、操作方式和操作条件。只有列出反应器内传递过程影响化学反应的各种因素，才能有效、正确地使用反应器特征，并和传递过程规律相结合，以解决反应过程的优化问题。

知识点 1　简单反应的反应器生产能力比较

简单反应是指只有一个方向的反应过程,其优化目标只需要考虑反应速率。而反应速率直接影响反应器的生产能力,即单位时间、单位体积反应器所能得到的产物量,以达到给定生产任务所需反应器体积最小为好。前面已讨论了三种基本反应器类型:间歇操作釜式反应器、连续操作釜式反应器和连续操作管式反应器。在三种不同类型反应器中进行简单反应时表现出不同的结果,尽管工业反应器结构千差万别,然而可以根据这三种基本反应器的返混特征进行分析。不同返混程度的反应器,在工程上总设法使其返混状态接近于返混极大或返混极小两种极端状态。间歇操作釜式反应器和连续操作管式反应器,在操作方式上虽然一个是间歇操作,另一个是连续操作,但它们具有相同的返混特征——不存在返混。对于确定的反应过程,在这类反应器中的反应结果仅由反应动力学确定。连续操作管式反应器和连续操作釜式反应器,虽然在操作方式上都是连续操作,但具有完全不同的返混特征。连续操作釜式反应器返混为最大,反应器中的物料浓度与反应器出口相同,即整个反应过程始终处于出口状态的浓度(或转化率)条件下操作。所以,对同一简单反应,在相同操作条件下,为达到相同转化率,连续操作管式反应器所需有效体积为最小,而连续操作釜式反应器所需有效体积为最大,前面例题的计算结果说明了这一点。换句话说,若反应器体积相同,则连续操作管式反应器所达到的转化率比连续操作釜式反应器要高。

一、单个反应器

对于同一恒容反应,若初始浓度和反应温度都相同,$x_{A0}=0$,则达到相同的反应转化率 x_{Af} 时,反应时间或反应体积的比较如下。

1. 间歇操作釜式反应器和连续操作管式反应器的比较

对间歇操作反应器,其反应时间为

$$\tau_m = c_{A0} \int_0^{x_{Af}} \frac{\mathrm{d}x_A}{(-r_A)} \qquad (6\text{-}1)$$

式中,τ_m 为间歇操作釜式反应器的反应时间,h。

对连续操作管式反应器

$$\tau_p = \frac{V_{Rp}}{V_0} = c_{A0} \int_0^{x_{Af}} \frac{\mathrm{d}x_A}{(-r_A)} \qquad (6\text{-}2)$$

式中,τ_p 为连续操作管式反应器的反应时间,h;V_{Rp} 为连续操作管式反应器有效体积,m^3。

由式(6-1)和式(6-2)可知,$\tau_m = \tau_p$。仅从反应时间而言,在间歇操作釜式反应器和连续操作管式反应器中进行时,所需反应时间是相同的。但由于间歇操作需要辅助时间,所以实际计算时不能以反应时间为准,而以操作周期 $\tau_m + \tau_{辅}$ 为准,需要的反应器体积比连续操作管式反应器的体积要大。连续操作管式反应器不存在辅助时间,也没有装料系数问题。

2. 连续操作釜式反应器和连续操作管式反应器的比较

对连续操作釜式反应器

$$V_{Rc} = \frac{V_0 c_{A0} x_{Af}}{(-r_A)} = \frac{F_{A0} x_{Af}}{(-r_A)} \text{或} \tau_c = \frac{V_{Rc}}{V_0} = \frac{V_{Rc} c_{A0}}{F_{A0}} = \frac{c_{A0} x_{Af}}{(-r_A)} \tag{6-3}$$

则

$$\frac{\tau_c}{\tau_p} = \frac{V_{Rc}}{V_{Rp}} = \frac{\dfrac{x_{Af}}{(-r_A)}}{\displaystyle\int_0^{x_{Af}} \frac{\mathrm{d}x_A}{(-r_A)}} \tag{6-4}$$

式中,V_{Rc} 为连续操作釜式反应器的有效体积,m^3;τ_c 为连续操作釜式反应器的反应时间,h。

将反应速率和具体操作条件代入式(6-4)便可计算两种类型反应器有效体积。如恒容恒温过程的幂指数型动力学方程为$(-r_A) = k c_A^n$,有

$$\frac{\tau_c}{\tau_p} = \frac{V_{Rc}}{V_{Rp}} = \frac{(n-1) x_{Af}}{(1 - x_{Af}) - (1 - x_{Af})^n} (n \neq 1) \tag{6-5}$$

或

$$\frac{\tau_c}{\tau_p} = \frac{V_{Rc}}{V_{Rp}} = \frac{\dfrac{x_{Af}}{(1 - x_{Af})}}{-\ln(1 - x_{Af})} = \frac{x_{Af}}{(x_{Af} - 1) \ln(1 - x_{Af})} (n = 1) \tag{6-6}$$

以式(6-5)和式(6-6)用对比时间和对比体积对 n、x_{Af} 作图,即可看到有效体积比随着不同反应达到不同转化率时的变化关系,如图 6-11 所示。

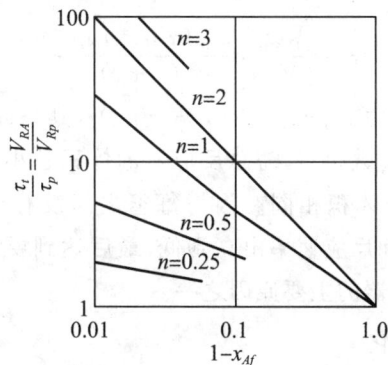

图 6-11　n 级反应在恒温恒容单个反应器中的性能比较

由图 6-11 可以看出,当转化率很小时,反应器的性能受流动状态的影响较小。当转化率趋于 0 时,连续操作釜式反应器与连续操作管式反应器体积比等于 1,即 $V_{Rc} = V_{Rp}$,$\tau_c = \tau_p$。而随着转化率的增加,两者体积比相差愈来愈显著。由此得出这样的结论:过程要求进行的程度(转化率)越高,返混影响就越大。因此,对高转化率的反应,宜采用连续操作管式反应器。

二、多只串联连续操作釜式反应器

从连续操作釜式反应器和连续操作管式反应的计算公式出发，对同一反应达到同样的转化率，可以用图 6-12 的形式表明两种反应器的体积比。

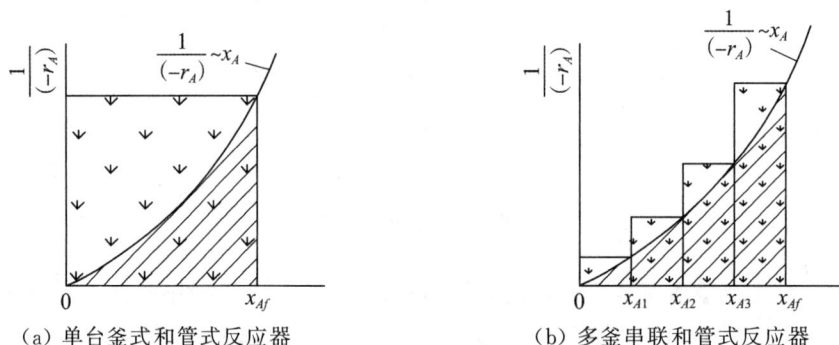

（a）单台釜式和管式反应器　　　（b）多釜串联和管式反应器

图 6-12　理想混合反应器和理想排挤反应器体积比较

$$\tau_p = \frac{V_{Rp}}{V_0} = c_{A0}\int_0^{x_{Af}} \frac{\mathrm{d}x_A}{(-r_A)} \text{和} \tau_{ci} = \frac{V_{Rci}}{V_0} = \frac{c_{A0}(x_{Ai}-x_{Ai-1})}{(-r_A)_i}$$

图 6-12(a)为单台釜式反应器和管式反应器体积之比的关系，图中矩形面积为 τ_c/c_{A0}，曲线下面的积分面积为 τ_p/c_{A0}。很显然，$\tau_c > \tau_p$，即 $V_{Rc} > V_{Rp}$，即单台连续操作釜式反应器的体积大于连续操作管式反应器的有效体积。

图 6-12(b)为同一反应达到同样的转化率使用多台串联连续操作釜式反应器和连续操作管式反应器的比较。

$$\tau_{ci} = \frac{V_{Rci}}{V_0} = \frac{c_{A0}(x_{Ai}-x_{Ai-1})}{(-r_A)_i} \tag{6-7}$$

可得各个小矩形面积为 $\tau_{ci}/c_{A0} = \Delta x_{Ai}/(-r_A)_i$，其总面积之和要比单釜时的大矩形面积小得多，且串联釜数越多，需总反应器的体积越小。当串联釜数无限多时，则和连续操作管式反应器体积相同。因为每釜之间没有返混，从最前面第一釜开始，各釜中的反应物浓度和反应速率由高到低，最后达到要求的转化率，这就是生产中为何采用多釜串联反应器的主要原因之一。

三、组合反应器的优化

前面介绍了在多台体积相同的车续操作釜式反应器串联时，完成同一个反应的 τ_c/τ_p 值随釜数的增加而减少，即总有效体积 V_{Rc} 变小。如果使用同样的釜数串联，达到相同的最终转化率，在各釜大小不同时，则其总需有效体积是不同的，因此有必要讨论有关多釜串联连续操作釜式反应器组合的优化问题。

1. 多釜串联连续操作釜式反应器组合的优化

不同大小的多只连续操作釜式反应器串联操作时，若最终转化率已经给定，如何确定最优组合？先介绍只有两只反应釜串联的情况。

图 6-13 表示的关系是两个反应器的交替排列,两者都达到相同的最终转化率,设法使体积最小,应选最优的 x_{A1},也就是确定图上 B 点的位置,使矩形 $ABCD$ 的面积最大。只有当 B 点正好处于曲线上斜率等于矩形对角线 AC 的斜率时,矩形面积最大。一般来说,对于 $n>0$ 的幂指数函数的动力学,总是正好有一个"最优点",如图 6-14 所示。

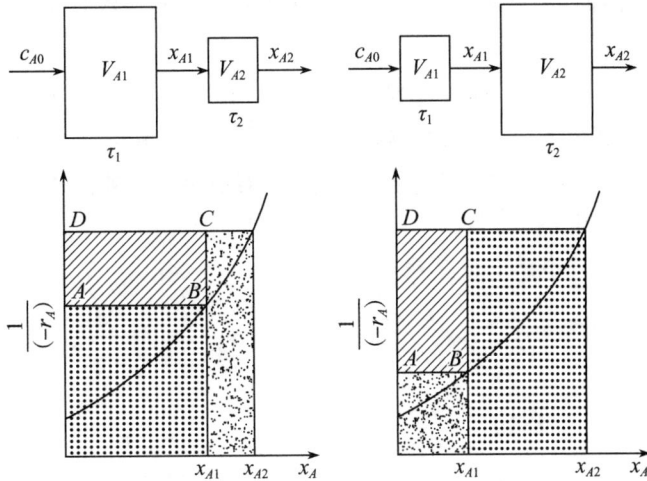

图 6-13　不同大小双釜串联比较

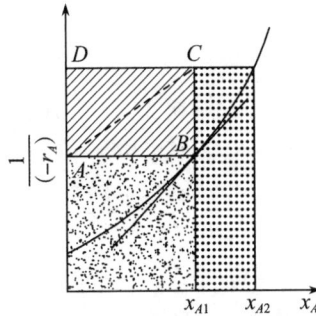

图 6-14　矩形面积法求最优化中间转化率

对于"最优点" x_{A1},也可用计算法直接求取。按多只串联连续操作釜式反应器计算公式得

$$\tau_1 = \frac{c_{A0} x_{A1}}{(-r_A)_1}$$

$$\tau_2 = \frac{c_{A0}(x_{A2} - x_{A1})}{(-r_A)_2}$$

当两釜串联时,两釜中的总停留时间等于两釜各自停留时间之和,即

$$\tau = \tau_1 + \tau_2 = \frac{c_{A0} x_{A1}}{(-r_A)_1} + \frac{c_{A0}(x_{A2} - x_{A1})}{(-r_A)_2} = \frac{c_{A0} x_{A1}}{k_1 f(x_{A1})} + \frac{c_{A0}(x_{A2} - x_{A1})}{k_2 f(x_{A2})}$$

对于两釜串联中进行一级不可逆反应,且两釜反应器温度相同时,令 $\dfrac{\mathrm{d}\tau}{\mathrm{d}x_{A1}}=0$,得

$$x_{A1}=1-(1-x_{A2})^{1/2}$$

可见,对于一级反应,各釜大小相同时是最优的。对于反应级数 $n\neq1$,$n>0$ 时较小的反应器在前面,而对于 $n<0$ 应先用较大的反应器。不同的情况应具体分析计算。

【例 6-1】 在两台串联的连续操作签式反应器中进行二级不可逆恒温液相反应:A→P,反应速率方程为 $(-r_A)=kc_A^2$,$k=9.92\ \mathrm{m^3/(kmol\cdot s)}$,$V_0=0.287\ \mathrm{m^3/s}$,$c_{A0}=0.08\ \mathrm{kmol/m^3}$,$x_{A2}=0.875$。求:(1) 反应器最小总有效体积;(2) 两釜体积大小相等时总有效体积。

解:(1) 反应器最小总有效体积

$$由\ \tau=\tau_1+\tau_2=\frac{c_{A0}x_{A1}}{kc_{A0}^2(1-x_{A1})^2}+\frac{c_{A0}(x_{A2}-x_{A1})}{kc_{A0}^2(1-x_{A2})^2}$$

$$取\frac{\mathrm{d}\tau}{\mathrm{d}x_{A1}}=0,得\frac{1+x_{A1}}{(1-x_{A1})^3}=\frac{1}{(1-x_{A2})^2}$$

以 $x_{A2}=0.875$ 代入上式,化简得 $x_{A1}=1-\left(\dfrac{1+x_{A1}}{64}\right)^{1/3}$

用迭代法求得 $x_{A1}=0.7015$

则

$$V_{R1}=\frac{V_0x_{A1}}{kc_{A0}(1-x_{A1})^2}=\frac{0.278\times0.7015}{9.92\times0.08\times(1-7015)^2}=2.76\ \mathrm{m^3}$$

$$V_{R2}=\frac{V_0(x_{A2}-x_{A1})}{kc_{A0}(1-x_{A2})^2}=\frac{0.278\times(0.875-0.7015)}{9.92\times0.08\times(1-0.875)^2}=3.89\ \mathrm{m^3}$$

$$V_{Rc}=V_{R1}+V_{R2}=6.65\ \mathrm{m^3}$$

(2) 两釜体积大小相等时,有 $V_{R1}=V_{R2}$

$$则有\frac{V_0x_{A1}}{kc_{A0}(1-x_{A1})^2}=\frac{V_0(x_{A2}-x_{A1})}{kc_{A0}(1-x_{A2})^2}$$

用试差法解得 $x_{A1}=0.725$ $\qquad V_{R1}=V_{R2}=3.36\ \mathrm{m^3}$

$$V_{Rc}=V_{R1}+V_{R2}=6.72\ \mathrm{m^3}$$

上面两种情况计算结果比较,总需体积相差很小,取两釜体积相等为宜,即每釜都为 $3.36\ \mathrm{m^3}$。

2. 自催化反应过程的优化

自催化反应是指反应产物本身具有催化作用,能加速反应速率的反应过程。如生化反应的发酵、废水生化处理都具有自催化反应特征。自催化反应表示为 A+P →P+P,其反应速率方程为

$$(-r_A) = kc_A c_P \tag{6-8}$$

严格地讲,对于自催化反应,如果原料中一点也不存在产物时,反应速率应为零,反应不能进行,通常情况下则将少量反应物加入原料中。

在反应初期,虽然反应物 A 的浓度高,但此时作为催化剂的反应产物 P 的浓度很低,所以反应速率较低。随着反应的进行,反应产物 P 的浓度逐渐增加,反应速率加快。在反应后期,虽然产物 P 的浓度很高,但因反应物 A 的消耗,其浓度大大降低,此时反应速率又下降。由此可见,自催化反应过程的基本规律是存在一个最大反应速率点,如图 6-15 所示。自催化反应虽然有独特的反应速率特征,但它在反应器中反应结果仍然可以用简单反应的处理方法进行计算。

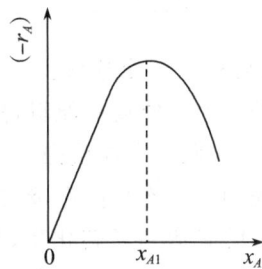

图 6-15　自催化反应速率规律示意图

根据自催化反应存在最大反应速率点的特征,以及不同转化率的要求选用不同的反应器及其组合类型,以减小反应器体积。下面以图解法进行讨论。如图 6-16 所示,以 x_A 对 $1/(-r_A)$ 作图。如果自催化反应所要求转化率小于或等于 x_{A1},如图 6-16(c)所示,为达到相同转化率,连续操作釜式反应器显然比连续操作管式反应器体积小,表明返混是有利因素,因为返混导致反应器内产物和原料相混合,使低转化率时反应器内有较高的产物浓度,得到较高的反应速率。相反,当要求最终转化率较高时,如图 6-16(a)所示,返混则导致整个反应器处于低的原料浓度,反应速率很低。所以,为达到相同转化率,连续操作釜式反应器所需体积将大于连续操作管式反应器。当反应处于中等转化率时。如图 6-16(b)所示,两类反应器无多大差别。

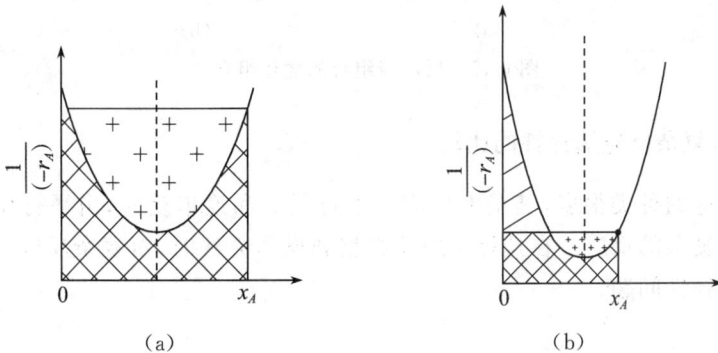

（a）　　　　　　　　　　　（b）

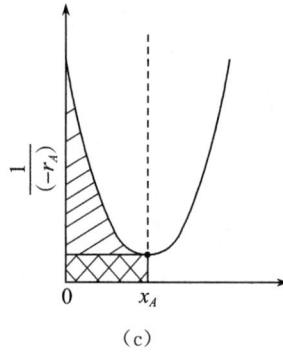

（c）

图 6-16　连续操作釜式反应器和连续操作管式反应器用于自催化反应性能的比较

　　为了使反应器总体积最小，可选用一个连续操作釜式反应器，使反应器保持在最高速率点处进行反应是有利的。为了使反应原料得到充分利用，达到较高的转化率，可以在连续操作釜式反应器后串联一个连续操作管式反应器来达到高转化率要求。这里的最优反应器组合是先用一个连续操作釜式反应器，控制在最大速率点处操作，然后接一个连续操作管式反应达到高转化率，以充分利用原料，其组合如图 6-17（a）所示；也可以在连续操作釜式反应器出口接一个分离装置，将反应器出口物料分离产物后原料返回反应器。其最优组合为一连续操作釜式反应器后接一个分离装置，连续操作釜式反应器控制在最大速率点处操作，如图 6-17（b）所示。

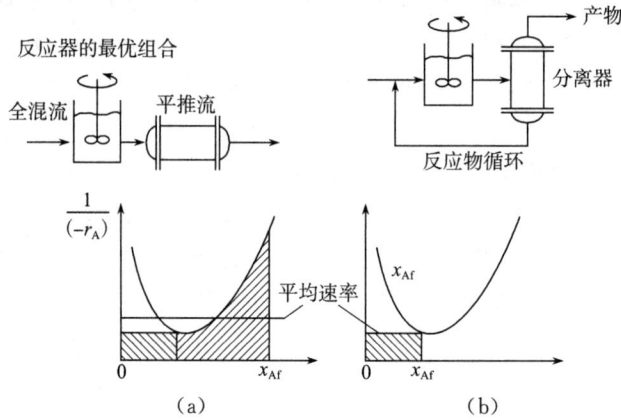

图 6-17　反应器组合的优化组合

知识点 2　复杂反应选择性的比较

　　复杂反应的种类很多，其基本反应是平行反应和连串反应，由平行反应和连串反应形成更复杂的反应。在选择反应器类型和操作方法时，对复杂反应过程必须考虑反应的选择性问题。

一、平行反应

1. 反应为一种反应物生成一种主产物和一种副产物

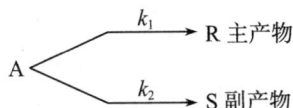

$$A \diagdown \begin{matrix} \xrightarrow{k_1} R \text{ 主产物} \\ \xrightarrow{k_2} S \text{ 副产物} \end{matrix}$$

此类平行反应得到较多目的产物 R 所应采用的反应器类型和操作方式,可通过动力学分析。它们的反应动力学方程为

$$r_R = \frac{\mathrm{d}c_R}{\mathrm{d}\tau} = k_1 c_A^{\alpha 1} \quad , \quad r_s = \frac{\mathrm{d}c_s}{\mathrm{d}\tau} = k_2 c_A^{\alpha 2}$$

定义选择性 $\qquad\qquad S_P = \dfrac{r_R}{r_s} = \dfrac{k_1}{k_2} c_A^{\alpha 1 - \alpha 2}$ (6-9)

可见,增大 r_R/r_s 可以增大反应的选择性,亦即得到较多的 R。因为在一定反应系统和温度时 k_1、k_2、α_1、α_2 均为常数,故只要调节反应物浓度 c_A,就可得到较大的 r_R/r_s 值。由式(6-9)可得以下结论。

① 当 $\alpha_1 > \alpha_2$ 时,提高反应物浓度 c_A 则可使 r_R/r_s 增大。因为连续操作管式反应器内反应物的浓度较连续操作釜式反应器为高,故适宜于采用连续操作管式反应器,其次则采用间歇釜式反应器或连续操作多釜串联反应器。

② 当 $\alpha_1 < \alpha_2$ 时,降低反应物浓度 c_A 则可使 r_R/r_s 增大。为此,适宜于采用连续操作釜式反应器。但在完成相同生产任务时所需釜式反应器体积较大,故需全面分析,再作选择。

③ $\alpha_1 = \alpha_2$ 时,$S_P = \dfrac{r_R}{r_s} = \dfrac{k_1}{k_2} =$ 常数,则反应物浓度的改变对选择性无影响。

2. 反应为两种反应物生成一种主产物和一种副产物

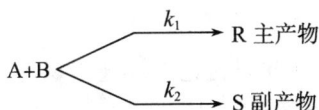

$$A+B \diagdown \begin{matrix} \xrightarrow{k_1} R \text{ 主产物} \\ \xrightarrow{k_2} S \text{ 副产物} \end{matrix}$$

它们的动力学方程分别为

$$r_R = k_1 c_A^{\alpha 1} c_B^{\beta 1} \quad , \quad r_S = k_2 c_A^{\alpha 2} c_B^{\beta 2}$$

则反应的选择性 S_P 为

$$S_P = \frac{r_R}{r_S} = \frac{k_1}{k_2} c_A^{\alpha_1 - \alpha_2} c_B^{\beta_1 - \beta_2}$$ (6-20)

为了使选择性亦即 r_R/r_s 比值为最大,对各种所希望的反应物浓度的高、低或高—低结合完全取决于竞争反应的动力学。这些浓度的控制可以按进料方式和反应器类型调整。表 6-3 和表 6-4 表示了存在两个反应物的平行反应在间歇和连续操作时保持竞争浓度使之适应竞争反应动力学要求的情况。

表 6-3 间歇操作时不同竞争反应动力学下的操作方式

动力学特点	$\alpha_1>\alpha_2,\beta_1>\beta_2$	$\alpha_1<\alpha_2,\beta_1<\beta_2$	$\alpha_1>\alpha_2,\beta_1<\beta_2$
控制浓度要求	应使 c_A、c_B 都高	应使 c_A、c_B 都低	应使 c_A 高、c_B 低
操作示意图			
加料方法	瞬间加入所有的 A 和 B	缓缓加入 A 和 B	先把全部 A 加入,然后缓缓加 B

表 6-4 连续操作时不同竞争反应动力学下的操作方式其浓度分布

动力学特点	$\alpha_1>\alpha_2,\beta_1>\beta_2$	$\alpha_1<\alpha_2,\beta_1<\beta_2$	$\alpha_1>\alpha_2,\beta_1<\beta_2$
控制浓度要求	应使 c_A、c_B 都高	应使 c_A、c_B 都低	应使 c_A 高、c_B 低
操作示意图			
浓度分布图			

二、连串反应

连串反应情况更为复杂,在此只讨论一级连串反应。对于连串反应:

$$A \xrightarrow{k_1} R \xrightarrow{k_2} S$$

它们的动力学方程为

$$r_R = \frac{dc_R}{d\tau} = k_1 c_A - k_2 c_R$$

$$r_S = \frac{dc_s}{d\tau} = k_2 c_R$$

则反应的选择性 S_P 为

$$S_P = \frac{r_R}{r_S} = \frac{k_1 c_A - k_2 c_R}{k_2 c_R} \tag{6-21}$$

由式(6-21)可知:如 R 为目的产物,当 k_1、k_2 一定时,为使选择性 S_p 提高,即为使 r_R/r_S 比值增大,应使 c_A 高 c_R 低,适宜于采用连续操作管式反应器、间歇操作釜式反应器和连续多釜串联反应器；反之，若 S 为目的产物，则应 c_A 低 c_R 高，适宜于采用连续操作釜式反应器。但应注意：连串反应 R 生成的增加有利于 S 的生成（特别是 $k_1 \ll k_2$ 时）的特点，故以 R 为目的产物时，应保持较低的单程转化率。当 $k_1 \gg k_2$ 时，可保持较高的反应转化率，这样可使选择性降低得较少，但反应后的分离负荷却可以大为减轻，如图 6-18 所示。

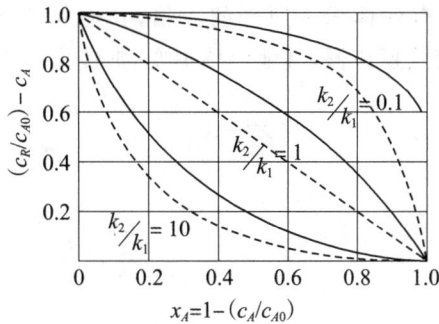

图 6-18　连续操作管式和釜式反应器选择性比较

由图 6-18 可以看出：

① 连续操作管式反应的选择性高于连续操作釜式反应器；

② 连串反应的选择性随反应转化率的增大而下降；

③ 选择性与速率常数比值 k_2/k_1 密切相关，比值 k_2/k_1 越大，其选择性随转化率的增加而下降的趋势越严重。

根据以上分析可以知道，连串反应转化率的控制十分重要，不能盲目追求反应的高转化率。在工业生产上经常使反应在低转化率下操作，以获得较高的选择性。而把未反应的原料经分离后返回反应器循环使用，此时应以反应-分离系统的优化经济目标来确定最适宜的反应转化率。

三、复合复杂反应

复合复杂反应如下所示：

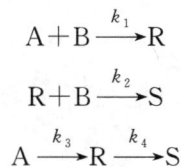

$$A + B \xrightarrow{k_1} R$$

$$R + B \xrightarrow{k_2} S$$

$$A \xrightarrow{k_3} R \xrightarrow{k_4} S$$

上式即为典型的复合复杂反应。此反应中，对 B 而言是平行反应，对 A、R、S 而言则为连串反应。在处理复合复杂反应时，应根据具体情况分别处理。如果以解决 B 的转化率为主时，把复合复杂反应以平行反应处理；如果以解决 A 的转化率为主时，以连串反应处理。

思考练习题

（1）三种基本反应器的返混特征分别是什么？单一反应器的生产能力比较结论是什么？

（2）在连续操作釜式反应器中进行一均相液相反应 $A \rightarrow P$，$(-rA) = kc^2_A$，转化率为 50%。

求：① 如果反应器有效体积为原来的 6 倍，其他保持不变，则转化率为多少？② 如果是体积相同的管式反应器，其他保持不变，则转化率为多少？

项目七
新型反应器的操作与控制

知识目标

☞ 了解新型反应器的特点；

☞ 了解新型反应器部件结构及分类；

☞ 掌握操作新型反应器工艺设计原理；

☞ 理解新型反应器操作工艺参数的控制方案；

☞ 掌握新型反应器的使用要求及反应操作条件的优化方法。

技能目标

☞ 能通过查阅资料，获取新型反应器的知识，并进行归纳整理；

☞ 能够发现反应器的现存问题，并能分析和解决这些问题；

☞ 能够独立完成某一新型反应器的工艺及技术分析。

态度目标

☞ 培养工程学习思维和思辨能力；

☞ 培养工程的创新性思维和创新能力；

☞ 培养团队协作能力。

任务一　新型反应器的认知

随着现代科学技术和各行业的迅猛发展，绿色、安全、高效成为化工行业发展的重要方向，新型反应器的研发与生产技术得到了长足的发展。目前，新型反应器主要有微通道反应器、光催化反应器和超临界反应器等类型。

知识点 1 新型反应器的类型

一、新型反应器的分类

(一) 微通道反应器

近年来,设备微型化、过程集成化成为未来科学技术发展方向,因此微化工技术受到国内外的广泛关注。微化工工程主要通过微结构单元使反应空间限制在微尺度的范围($10\sim500~\mu m$)。相对于传统化工生产工艺,微化工技术具有比表面积大、体积减小、快速放大、弹性生产、独特的流动行为等特点,能够很好地解决强腐蚀、高污染、高能耗、易燃、易爆等诸多化工难题,在多个领域中均体现了其独特优势。

微反应器、微混合器、微换热器、微控制器等微通道化工设备统称为"微通道反应器",也可简称为"微反应器",是以反应为主要目的,以一个或多个微反应器为主,同时还可能包括有微混合、微换热、微分离、微萃取等辅助装置以及微传感和微执行器等关键组件的一个微反应器系统,是一种经微加工、精密加工等技术制造的有特定微结构的反应设备,其特征尺寸通常介于 $10\sim1~000~\mu m$ 之间。微通道反应器的"微"主要体现在流体通道在微米或毫米级别,根据其应用目的、不同需求,可设置不同的规模,有的可含有多至数百万的微型通道,实现高产量。图 7-1 为简单的微反应器系统。

图 7-1 简单的微反应器系统

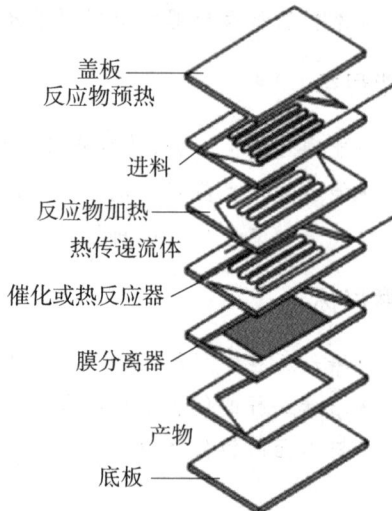

盖板
反应物预热
进料
反应物加热
热传递流体
催化或热反应器
膜分离器
产物
底板

图 7-2 复杂的微反应器系统

微反应器有多种类型,按照反应器形式,可分为反相胶束微反应器、聚合物微反应器、固体模板微反应器、微条纹反应器和微聚合反应器等。按照反应相态不同,可以分为气固相微反应器、液液相微反应器、气液相微反应器和气液固相微反应器;按照操作方式不同,分为连续微反应器、半连续微反应器和间歇微反应器;按照应用领域的不同,分为化学和生物中应用的微反应器以及化学工程和化学中应用的微反应器;按照用途不同,分为生产用微反应器和实验用微反应器。本文重点介绍几种不同反应相态的微反应器。

1. 气固相微反应器

较为简单的气固相催化微反应器是在其壁面固定催化剂的微通道反应器。相对复杂的气固相催化微反应器通常集聚了混合、换热、传感和分离等某一项功能或多项功能,如图 7-3 所示。较有代表性的是由麻省理工学院 RaviSrinivason 等设计制造的 T 形薄壁微反应器。该反应器用于氨的氧化反应,氨气和氧气分别从 T 形反应器的两个通道进入,通过流量传感器,在正下方通道进口处混合,在正下方的通道壁外侧设置温度传感器和加热器,T 形反应器的薄壁结构本身就是一个热交换器。通过材料改变热导率和调整壁厚度,可以控制反应热量的转移,从而适合放热量不同的化学反应。另外,Franz 等设计制造了一种可用于脱氢/氢化反应的微膜反应器,将其与膜分离的功能相结合,令反应物与产物在反应过程中分离,使平衡转化率不断提高,产物收率也随之提高。

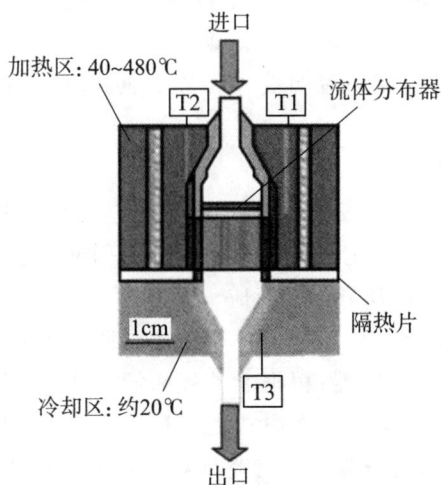

图 7-3 反应、加热、冷却三种功能的气固相微反应器

由于微反应器的特点适合于气固相催化反应,迄今为止微反应器的研究主要集中在气固相催化反应,因而气固相催化微反应器的种类最多。最简单的气固相催化微反应器莫过于壁面固定有催化剂的微通道。复杂的气固相催化微反应器一般都耦合了混合、换热、传感和分离等某一功能或多项功能。目前,生产中运用较为广泛的是甲苯气固催化氧化。

2. 液液相微反应器

到目前为止,与气固相催化微反应器相比较,液相微反应器的种类非常少。液液相反应的一个关键影响因素是充分混合,因而液液相微反应器或者与微混合器耦合在一起,或者本身就是一个微混合器。目前,专为液液相反应而设计的与微混合器等其他功能单元耦合在一起的微反应器案例为数不多,主要有 BASF 设计的维生素前体合成微反应器和麻省理工学院设计的用于完成 Dushman 化学反应的微反应器。

3. 气液相微反应器

气液相微反应器按照气液接触的方式可分为两类：一类是气液分别从两根微通道汇流进一根微通道，整个结构呈 T 字形。由于在气液两相中，流体的流动状态与泡罩塔类似，随着气体和液体的流速变化出现了气泡流、节涌流、环状流和喷射流等典型的流型，这一类气液相微反应器被称作微泡罩塔。另一类是沉降膜式微反应器，液相自上而下呈膜状流动，气液两相在膜表面充分接触。气液反应的速率和转化率等往往取决于气液两相的接触面积。这两类气液相反应器气液相接触面积都非常大，其内表面积均接近 20 000 m²，比传统的气液相反应器大一个数量级。

4. 气液固相微反应器

气液固三相反应在化学反应中也比较常见，种类较多，在大多数情况下固体为催化剂，气体和液体为反应物或产物。美国麻省理工学院发展了一种用于气液固三相催化反应的微填充床反应器，其结构类似于固定床反应器，在反应室（微通道）中填充了催化剂固定颗粒，气相和液相被分成若干流股，再经管汇到反应室中混合进行催化反应。

（二）光催化反应器

光化学是化学学科领域中发展较快的一个分支，光化学的研究是从有机化合物的光化学反应开始，主要研究光与物质相互作用所引起的物理变化和化学变化，涉及由可见光和紫外线引发的所有化学反应。

目前，光催化反应器研究越来越多。根据光源照射方式的不同，可以分为聚光式光反应器和非聚光式光反应器；根据紫外线来源的不同，可分为太阳光源反应器和人造光源反应器；根据催化剂分布方式的不同，可分为沉没式反应器和外置式反应器；根据研究目的不同，可分为机理研究型和应用型两种光催化剂反应器。通常，聚光式光反应器和非聚光式光反应器两大类较为常见。

1. 聚光式反应器

聚光式反应器一般是将光源置于反应器的中央，要求具有高光学精密度的反射镜，费用相对昂贵，设计复杂，并且它仅利用了紫外光（UV）照射的直射光部分。反应器成环状，该反应器多以人工光源作为光源，光效率较高，但因光催化反应较缓慢，因此耗电量巨大。非聚光式反应器的光源可来自于人工和自然光，一般为垂直反应面进行照射，因此反应面积较聚光式反应器大得多。而非聚光式反应器既利用了 UV 照射的直射光又利用了散射光，同时，不需要昂贵的反射镜，结构简单，因此具有更大的发展潜力。复合抛物线形聚光器（Compound Parabolic Collector，CPC）是使反应管的表面不但具有均匀的镜面反射，而且还具有扩散辐射，因此能够最大限度地利用照射在上面的太阳光。

接下来介绍一种光学纤维束光催化反应器。

　　该光化学应器基本上是由光源(氙灯紫外灯)、过滤器、聚焦透镜、圆柱形反应容器组成的。美国的 Peill 设计的反应容器内有 1.2 m 长的光学纤维束,它包含 72 根直径 1 mm 的石英光学纤维,每根光学纤维表面都负载一层膜,用透镜将光源汇聚,再用未负载的光导纤维将光传导至催化剂,反应液在催化剂外部流动并与催化剂作用实现光催化降解的目的。从其结构可以看出,该反应器的光、水、催化剂三相接触面积是很大的,因而反应效率很高;而且可以根据实际需要通过增加光学纤维的数量来进一步提高反应器的三相接触面积,避免了其他反应器所具有的诸如占地面积大、有效反应体积小等缺点,可以连续操作。K Hofstadler 等设计的光导纤维化学反应器,如图 7-4 所示,将光纤表面负载上 TiO_2,然后按一定密集度分散封闭在反应室内,UV 光从光纤一端导入在光纤内发生折射照射 TiO_2 层,催化反应进行,反应室外层装冷却套,其光的利用率很高。但是光学纤维及其辅助设备的造价过高,光导纤维涂膜和反应器制作过程中操作不便,易发生断裂,限制了该反应器的推广。如果能解决这些问题,进一步提高反应效率,光学纤维束光催化反应器在水处理领域具有较好的应用前景。

　　该反应器的特点是:可连续操作,中间不必停工;直接将光传导至催化剂,减小了反应器和反应液对光的吸收和散射;通过光导纤维传导光,减小了光到暴露催化剂的误差,因而提高了光化学转换的量子产率;可以进行远程传递处理环境中的有毒物质;单位体积反应液内可被照射的催化剂面积大;包覆纤维使反应器内的光催化剂分散更好,减少了传质的限制。该反应器的缺点是:光导纤维过细,涂膜和反应器制作过程中操作不便,易发生断裂且不易做得过长,因此不宜制作大规模的反应器,导致实际应用上的困难。

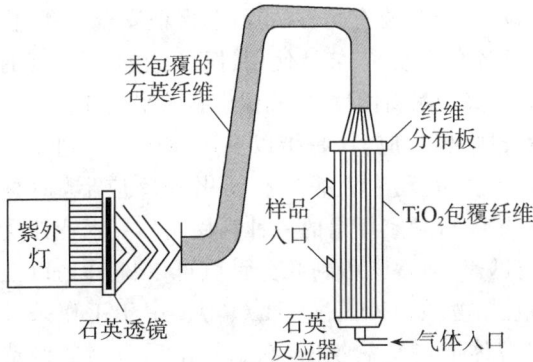

图 7-4　光导纤维化学反应器　　　　图 7-5　平板型光催化反应器

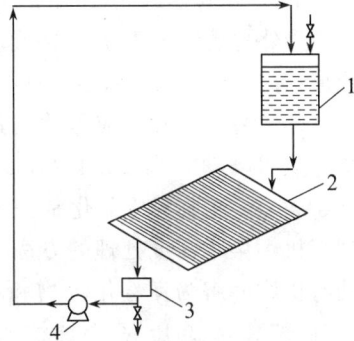

2. 非聚光式反应器

　　根据非聚光式反应器的形式,可分为箱式反应器、平板型反应器(图 7-5)、方形板反应器、浅池型反应器、双薄层反应器、涡流反应器等。对于流化床光催化反应器,可分为液固相流化床光催化反应器、气固相流化床光催化反应器、三相流化床光催化反应器。与传统的光催化反应器相比,三相流化床光催化反应器具有固相催化剂易分离、更适合于光催化反应所要求的高比表面积与体积的比率、紫外光能利用率高和有效光照面积大、转化条件易于控制和改善、适于工业规模应用等特点。常见的两种三相流化床光反应器,如图 7-6、7-7 所示。

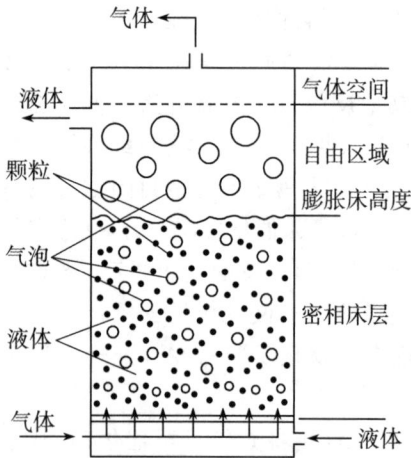

图 7-6　三相流化床反应器

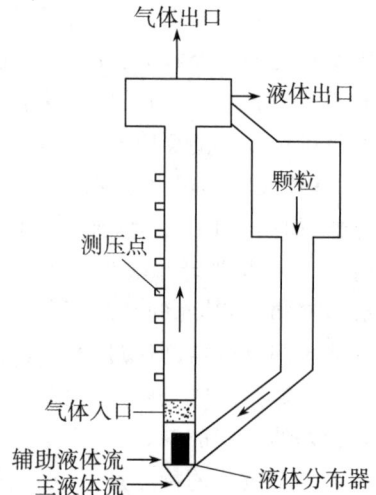

图 7-7　三相循环流化床反应器

(三) 超临界反应器

超临界化学反应是指反应物处于超临界状态或者反应在超临界介质中进行。与一般的化学反应相比,超临界反应具有压力敏感性高、均相反应速率快、降低反应温度和抑制或减轻热解反应中的积炭现象、促使目的产物方向更好进行、可能会复活催化剂部分活性等特点,因此,超临界反应器的设计要求:要有足够的强度,保证安全,并防止设备受外力遭到破坏;足够的硬度,防止设备在运输、安装及使用过程发生不同程度的变形;有良好的密封性,防止物料外泄;有良好的耐腐蚀性,以确保设备的耐用性。

超临界水氧化反应器就是其中一种超临界反应器,是指以温度和压力分别超过临界点 374.3℃ 和 22.1 MPa 的超临界水为反应媒介发生氧化的反应器,简称 (SCWO)。超临界水氧化是 20 世纪 80 年代科学家提出的一种利用超临界水特性实现有机污染物深度处理的方法。其反应迅速,通常几秒到几分钟就可以将 99% 以上的有机物降解为良性化合物和小分子化合物,如 CO_2、N_2、H_2O 等。由于工作条件苛刻,如高温、高压、高腐蚀性的超临界流体或者富氧氛围,超临界水反应器的制造成本通常较高,在运行过程种会产生堵塞和腐蚀问题。

1. SCWO 反应器的分类

(1) 按照操作方式,SCWO 反应器可分为间歇式和连续式两种。

① 间歇式反应器。

此类反应器需将物料一次性装入反应器中,经过一定的反应时间后,再将物料从反应器中取出。反应器一般分为两部分,上部保持在超临界状态,下部为亚临界状态。这种反应器可通过控制反应条件和反应时间考察反应的中间过程,多用于试验研究。间歇式反应器的辅助时间(装料与卸料)占比较大,且受反应器容积的限制,其处理能力较小,无法满足工业化应用的要求。

② 连续式反应器。

连续式反应器的特点是有机废弃物和氧气分别经加压、预热后进入反应器,有机物被快速氧化分解后经冷却、减压进入分离器,分离后的水、气分别进行排放,整个装置连续运行,其温度、流速、压力均为自动化控制和监测。与间歇式反应器相比,连续式反应器具有密闭运行、处理能力大、无二次污染等优点,是实现 SCWO 技术工业化应用的主要装置,因此受到了国内外的广泛关注。

(2) SCWO 反应器,主要包括管式反应器、蒸发壁反应器(TWR)、搅拌反应器、MODAR 反应器/逆流反应器、SUWOX 反应器、Y 形活塞流反应器、离心式反应器、固体流态化反应器及新型射流式反应器等。

① 管式反应器。

管式反应器又包括了盘管反应器、双壳反应器、逆流管式反应器等。其规模小、能耗大,在工业化生产及长周期运行过程中依然存在材料腐蚀、盐沉积及堵塞等问题。

② 蒸发壁反应器(TWR)。

蒸发壁反应器(TWR)于 1995 年发明,其特点是水穿过衬里层板孔道在反应器管内表面形成一层薄而均匀的保护水膜,可防止腐蚀和盐沉积,延长反应器寿命。随着国内外学者对此类反应器的不断研究,蒸发器壁反应器的结构、性能等陆续得到不同程度的改进,在解决腐蚀和盐积问题上实现突破。目前各国蒸发壁反应器基本处于实验室规模或中试规模,设备大型化、大容量、工业化生产、长周期可靠运行问题仍需花大力气解决。

③ 搅拌反应器。

由 CALZAVARA 等开发的搅拌反应器添加了搅拌器,该设计主要是为了解决反应器面临的腐蚀和盐积堵塞问题。搅拌器的搅拌作用不但可以防止盐沉降,而且可以防止盐在器壁表面积累。

④ MODAR 反应器/逆流反应器。

此类反应器克服了管式反应器结构尺寸过长、不适合处理含盐原料、易堵塞等缺点。然而,由于小颗粒盐的沉降速率较低,且垂直方向存在扰动,故超临界区的内表面容易发生盐沉积。另外,其内表面直接接触腐蚀性反应液,可能发生严重的腐蚀。

⑤ SUWOX 反应器。

SUWOX 反应器的设计初衷是解决腐蚀问题。该设计将清洁水流注入内部壳体和外壁之间的环形空间,是为了平衡内外壳之间的压力,对垂直反应区进行冷却(逆流换热冷却),同时稀释中和超临界水氧化后的流体,去除其反应过程中形成的酸,使反应最终产物溶盐等经分离设备分离。

⑥ Y 形活塞流反应器。

中科院重庆绿色与智能科技研究院等研究团队在综合 MODAR 反应器和搅拌反应器特点的基础上,开发了 Y 形活塞流反应器。Y 形活塞流反应器集合了之前多种反应器的优点,解决了 SCWO 技术处理废弃物特别是处理半固态废弃物时存在的问题,且未发现逆流现象。该反应器实现了固体的有效分离,但堵塞问题、材料腐蚀问题、大型化及工业化生产问题仍亟需解决。

⑦ 离心式反应器。

离心式反应器,属于间歇式反应器,它具有高速旋转的腔体。反应物料(有机有害物质、水、氧化剂等)在腔体中达到超临界压力和温度后,有机物料发生 SCWO 反应降解。在反应过程中,借助离心原理,无机盐等可以分离出来。

⑧ 固体流化床反应器。

固体流化床反应器的特点:当待处理的有机废物、SCW 及氧化剂进入流化床时将与碳酸钠及氧化剂中的氧发生反应。由于碳酸钠流化床的比表面积远大于反应器的面积,SCWO 反应中析出的盐类物质更容易吸附在碳酸钠表面,从而控制无机盐的沉积结垢问题。但是碳酸钠盐会结块,导致其有效吸附表面积下降,从而影响水热氧化工艺。如果将操作压力控制在亚临界状态,并增加搅拌,可以有效消除碳酸钠盐结块,保持水热氧化高效运转。

⑨ 新型射流式 SCWO 反应器。

南京工业大学廖传华研究团队开发出一种新型射流式 SCWO 反应器,特点是氧化剂与 SCW 充分融合,反应完全、彻底,并且可以有效节约氧化剂,降低运行成本。运行时,氧化剂经高压泵/压缩机加压至规定压力,从氧化剂进口压入反应器,经射流盘管分配进入射流列管上的射流孔后射入反应器。氧化剂经射流列管上的射流孔以射流方式进入待处理的超临界废水时,具有一定的速度,使得超临界废水与氧化剂互混、扰动,产生良好的搅拌效应。这种设计一方面有效提高了超临界废水与氧化剂间的传热传质,提高了反应效率,另一方面可以有效防止无机盐在反应器壁与射流列管上产生沉积。反应器的顶部设有控压阀和安全阀,确保反应器内的压力不超过反应器的最高设计工作压力和设计压力,避免因压力过大而发生事故。

知识点 2 新型反应器的结构

一、微通道反应器的结构

微通道反应器从本质上讲,是一种连续流动的管道式反应器。它包括化工单元所需的混合器、换热器、反应器控制器等。目前,微通道反应器总体构造可分为两种:一种是整体结构,这种方式以错流或逆流热交换器的形式体现,可在单位体积中进行高通量操作。在整体结构中只能同时进行一种操作步骤,最后由这些相应的装置连接起来构成复杂的系统。另一种是层状结构,这类体系由一叠不同功能的模块构成,在一层模块中进行一种操作,而在另一层模块中进行另一种操作。流体在各层模块中的流动可由智能分流装置控制更高的通量,某些微通道反应器或体系通常以并联方式进行操作。根据流体加入方式的不同,分为 T 形、同轴环管型、水力学聚焦型、几何结构破碎型等类型。

二、光催化反应器的结构

光催化反应器按照反应器的结构和形状,可以大致分为平板型反应器、管式反应器、环形光催化反应器(或圆筒形反应器),除此之外,还有一些其他类型的光催化反应器。

1. 平板型反应器

该反应器将催化剂固定在平板上,在光照的条件下,将污染物液体或者气体缓慢的通过催化剂表面降解,属于层流型反应器。这种反应器的好处在于制造简单,待降解物经过催化剂的时候光照时间和光照强度基本一致,并很容易控制流动速度。当流速放慢的时候可提高反应物的降解程度,但是所需时间也就相应增加;当加快流速的时候虽然降解的程度不如流速慢的情况,但是所需时间较少。这种平板反应器可以根据不同的降解需求,调整流速,达到相应的效果。平板型的反应器还有另一个其他反应器不具备优点,由于催化剂是固定在平板上的,不会随着待降解物的流动而流动,也就省去了后续催化剂分离的步骤。但是也由于催化剂固定的原因,在降解一定时间后,催化剂的催化效率会降低,而更换催化剂比较困难,并且光的损失也比较严重,因为光源发出的光最多只有 50% 被利用,即使加装了反射壁,也会有大量的光损失掉。鉴于平板型反应器的造价低,易于控制的优点,很多实验室都运用平板反应器来进行一系列的光催化研究。

2. 管式反应器

管式反应器:这是类型最多的一种反应器,外观多为圆筒形,中心轴为催化光源,轴四周为循环管道,管道内壁附着催化剂,其反应都是在以透光性能较好的材料制成的玻璃管或塑料管中进行。

美国专利中 James 发明的另一种类似的反应器可用于处理甲醛。它有 148 个翅片,每个翅片的大小为 9.42 cm×10 cm×0.024 cm。由于电光源的反应器运行费用过高而太阳光的反应器则速率较慢,人们又设计了聚光系统。一般采用抛物槽或抛物面聚集太阳光并辐射在能透过紫外线的中心管上。美国的 Sandia 国家实验室和 Lawrence Livemore 实验室已分别建立了抛物槽反应器的示范工程。许多研究者认为,这种聚焦式反应器只能利用太阳光的直射部分,然而太阳光的散射部分对催化作用也相当重要。因此 Herrmann 等设计了一种称为 CPC 管式反应器的装置来研究降解有机废水。该反应器由一系列抛物面捕集器组成,每个 CPC 由 8 个平行的能透过紫外线的含氟聚合物管构成,每根管都带有特殊的抛物状反射装置。该反应器能利用直射和反射两种紫外线,因而与聚焦的光反应器相比有较高的光效率。

3. 环形光催化反应器

环形光催化反应器目前应用较为广泛,主体是以一个或多个同轴圆柱形容器组成,使用电光源,大多置于圆柱形容器的中心位置,催化剂以悬浮或固定态存在。这种反应器主要用于在室内进行的多相光催化氧化有机物的研究。

流化床光反应器,一个 400 W 的中压 Hg 灯置于圆筒形光反应器中心,中层为

0.01 m 的用硼硅酸玻璃制造的冷却水层,外层为流化床层,厚 5×10^{-3} m,最外面包以铝箔。以蠕动泵作为循环流动的动力,外围辅以温度、pH、O_2 溶度调节装置。用浸渍提拉法将 TiO_2 薄膜固定在 6 W 的紫外灯(254 nm)上,用浸入式多光源反应器降解中等毒性的除草剂—百草枯溶液。反应器是 2 000 mL 的圆筒,空气以 500 mL/min 的流速鼓入反应器,在 15 h 后,100 ppm 的百草枯溶液的转化率达到了 95% 以上。

环形光催化反应器,反应器为三层环形套筒式,内腔中心置光源,中腔是反应室,中腔内壁上负载 TiO_2 膜,外腔为冷却室,用于防止光源释放能量导致温度过高,如图 7-8 所示。

一些研究者认为,通过可控的周期性的照射,光催化反应的光效率是可以提高的,正是基于这一思想泰勒涡旋光反应器(Taylor vortex reactor,TVR)。它由内外 2 个同轴的圆柱体构成,催化剂固定在内筒的外表面或以悬浮态存在,荧光灯泡置于小圆柱体内作为光源,反应在两圆柱体之间环形圆筒内进行,使用时外筒不动,内筒旋转。该反应器的最大特色在于小圆柱体旋转,使溶液内形成了泰勒旋涡,从而带动催化剂不断经历光反应和暗反应阶段,利用流体动态不稳定性和圆柱间环形尺寸的离心不稳定性,提高了反应的效率。TVR 反应器的降解效率比普通的管式光反应器和多管式反应器的效率分别提高 60% 和 125%。泰勒涡旋光反应器,如图 7-9 所示。

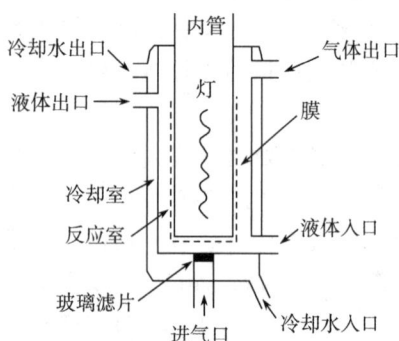

图 7-8　环形光反应器示意图

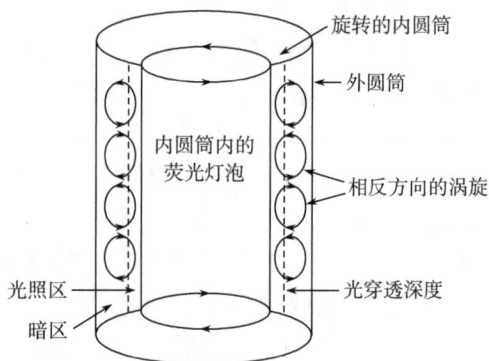

图 7-9　泰勒涡旋光反应器示意图

间歇式悬浮态光电催化(photoelectrocatalysis,简写为 PEC)反应器,它由一个外径为 55 mm 的圆形硬质玻璃外套及一个带有 PVC 板做成底座的气体分布器(布气板为孔径小于 40 μm 的微孔钛板)所组成,用带多孔钛金属做阴阳极,施加一定的电压进行光电催化,如图 7-10 所示。尽管在钛板上施加一个较高的电压时,它可能会发生一定程度的氧化反应生成 TiO_2,然而钛板表面的 TiO_2 也会参与光电催化反应,从而进一步增强光电催化反应。安太成等对该光电催化反应器进行了表征,探讨了该光电催化反应器中电压、光催化剂浓度和空气流量等因素对光电催化降解甲酸的影响。

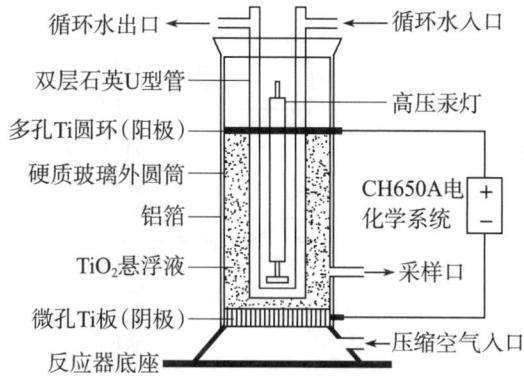

图 7-10 悬浮催化剂光电催化反应器

环形固定膜式光电催化反应器,实验装置的核心部分是由石英玻璃制成的双套管反应器,使用 125 W 中压汞灯为光源。光催化膜是采用活性碳为主要载体,金属网为支撑基体的 TiO_2 导电光催化复合膜,固定在反应器外套管的内壁上。该装置也可以应用于光电催化体系中,在反应器内套管上缠绕了 Pt 丝作为对电极,光催化膜作为工作电极,可以通过电力供应提供适当的偏压来提高反应速率。

三、超临界反应器的结构

对于超临界反应器的结构设计,如图 7-11 所示。在反应器形式及主要尺寸已定的基础上,必须遵循有关规范、标准,参照各种设备常用结构,参考有关资料,选择各种构件的材料;进行强度计算;详细设计设备各零件部件的结构尺寸及设备内件和管口方位;绘制设备总装配图及零件图;提出设备制造与检验技术要求。

对反应器结构设计的要求需具备以下几点:一是要有足够的强度,保证安全,防止设备受外力而破坏;二是有足够的刚度,防止设备在运输、安装及使用过程中发生较大变形;三是有良好的密封性,防止物料外泄;四是有良好的耐腐性,针对有腐蚀性的物料应正确选材或采用适当的措施以保证设备的耐久性。

凡是设计压力大于等于 0.1 MPa 或真空度高于或等于 0.02 MPa,内直径大于或等于 150 mm 的各类容器及设备均属于压力容器,其设计、制造、检验和验收都必须遵循国家标准 GB150《钢制压力容器》中的规定,接受安全监察机构的监督。设计单位应持有压力容器设计资质,制造单位应持有压力容器制造许可证。换热器的设计、制造、检验和验收除必须遵循上述规定外,还必须遵循国家标准 GB151《管壳式换热器》中的规定。确定过程设备的结构形式后,还需对各主要部件进行计算。超临界反应器一般工作要求在 32 MPa 及以上的高压下,又需经常拆卸,属于高压压力容器,因此,其强度设计是整个超临界设备强度设计的核心和关键。

对于固体物料超临界流体反应高压容器还需要满足如下特殊要求:具有快速开关盖装置;抗疲劳性能好;容易控制温度;结构紧凑、成本低;密封性好等。

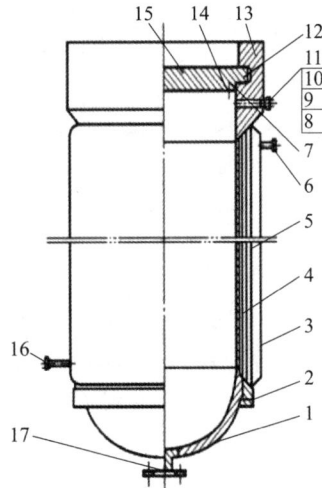

1—半球形封头；2—加强箍；3—夹套；4—内筒；5—外筒；6—循环水出口管；
7—O形环；8—螺纹法兰；9—透镜垫；10—螺栓；11—螺母；12—防挤环；
13—端部法兰；14—托环；15—顶盖；16—循环水进口管；17—超临界流体进口管

图 7-11　超临界反应器结构

知识点 3　微通道反应器的原理

微化工技术思想源自于常规尺度的传热机理。对于圆管内层流流动,管壁温度维持恒定时,由公式(7-1)可见,传热系数 h 与管径 d 成反比,即管径越小,传热系数越大;对于圆管内层流流动,组分 A 在管壁处的浓度维持恒定时,传质系数 kc 与管径成反比[公式(7-2)],即管径越小,传质系数越大。由于微通道内流动多属层流流动,主要依靠分子扩散实现流体间混合,由[公式(7-3)]可知,混合时间 t 与通道尺度平方成正比。通道特征尺寸减小不仅能大大提高比表面积,而且能大大强化过程的传递特性。

$$Nu = hd/k = 3.66 \tag{7-1}$$
$$Sh = kc/DAB = 3.66 \tag{7-2}$$
$$t = d^2/DAB \tag{7-3}$$

式中,Nu 为努塞尔数、Sh 为谢伍德数、D 为扩散系数。

化工过程中进行的化学反应受传递速率或本征反应动力学控制或两者共同控制。就瞬时和快速反应而论,在传统尺度反应设备内进行时,受传递速度控制,而微尺度反应系统内由于传递速率呈数量级提高,因此这类反应过程速率将会大幅度提高;如氧碘化学激光器中的激发态氧发生器(氯气用双氧水碱溶液反应)、烃类直接氟化。

慢反应主要受本征反应动力学控制,其实现过程强化的关键手段之一在于如何提高本征反应速率,通常可采用提高反应温度、改变工艺操作条件等措施;而中速反应则由传递和反应速率共同作用,也可采取与慢反应过程类似的措施。目前工业应用的烃类硝化反应大多属于中慢速反应过程,反应时间在数十分钟至数小时,在微反应器内可采用绝热硝化并同时改变工艺条件可使反应时间缩短至数秒。因此,从理论上分析几乎所有反应现状过程皆可实现过程强化。

知识点 4　新型反应器的应用范围及发展趋势

一、微通道反应器的应用范围及发展趋势

近年来,微反应器技术发展迅速,通过对通道形状的设计,通道尺寸已经延展到毫米级,且能保持微反应器特性以满足工业化生产的需求,同时实现"尺寸放大"和"数增放大"结合,尤其适用多相难混合、强放热、难控制的快及中反应、间体不稳定、易燃易爆反应,适用于化工、制药、染料等领域。

微通道反应器固然有诸多优点,当然也存在一定的局限性和适用范围。首先严格来说,目前很难界定哪些反应适用于微通道反应器,因为每个反应的特性不同,同时微通道反应器装置的种类也非常多。但一般认为,现有的合成反应有 20%～30% 可以通过微通道反应器进行技改。同时利用微通道反应器,我们可以将 20%～30% 过去认为是危险的工艺流程进行实现。也就是说目前来看有接近 30%～50% 的化工工艺可以通过微通道反应器进行技改。

从结构特点上来说,目前微通道反应器可以用于以下几种类型反应:

(1)反应本身速度很快,但受制于传递过程的,整体反应速度偏低的反应这类反应主要为液液多相反应,也包括液液萃取等物理过程。这种过程的特点就在于:反应本身速度快,但是由于底物要在液相间扩散导致反应整体速率偏低。在传统的反应釜内部一般采用搅拌器进行反应,效率较低,无法充分实现两个液相间的混合,因此反应效率低下。而在微通道反应器内由于通道尺寸小带来的扩散尺度减小,导致这类反应可以快速进行。

(2)反应本身速度快,但反应剧烈,强放热,产物容易破坏的反应这类反应主要有硝化,重氮化以及部分水解与烷基化反应。硝化以及重氮化反应本身是非常快速而剧烈的,但是实际工厂操作的时候往往反应时间是以小时计的。这是因为反应釜传热能力有限,为了防止体系内温度过高不可控制,需要一点一点的滴加试剂。可以说反应速度完全由移热能力确定。如果使用移热能力强的微通道反应器就可以快速通入试剂并维持反应平稳进行。可以说这一类反应最具有工业化前景,是应当优先考虑的过程。

(3)需要严格控制反应器内部流型的反应。

这种反应主要为纳米颗粒的合成等,这类过程在之前已经介绍过了,主要利用微通道内部的流动规律性制备颗粒分布窄的材料,提高产品附加值。这类反应一般产品产量低,附加值很大,有的时候几块实验装置结合就能成为生产装置,应用前景也较为广阔。

(4)部分气液反应从机理上可以采用微通道反应器,但是目前尚未出现好的气液反应器结构最明显的就是加氢,加氢当然有很多种类,部分加氢反应反应速率高,

但受到氢气向液相扩散的限制，导致整体反应速率较低。在这种状况下，当然可以利用微通道的反应器的混合特性进行反应，类似于第一类反应，不过这里加强的是气液传质过程。但是气液过程有其特殊性，主要是在流体分配与控制方面，这导致适宜放大的气液微通道反应器还不存在。因此这方面实验研究非常活跃，工业应用上除非产量小可以直接使用实验装置否则没有可行性。

（5）颗粒尺度达到微通道特征尺度的 10％以上，固含量超过 5％的含有固体的反应不使用微通道反应器。

二、光催化反应器的应用范围及发展趋势

光化学反应对人类的生存和发展起着不可或缺的作用，作为最基本的物理化学反应之一，光化学与许多生命过程都息息相关，并在有机合成、环境保护、新材料、新能源等领域内发挥着重要的作用。光化学反应因具有清洁能源，高能量利用率，高选择性，高原子经济性，反应条件和可控等诸多优势，而光催化反应器拥有透光率高、耐高温、耐高压、光强度大、光源纯净、控温精准、无放大效应，主要用于研究气相、液相、固相流动体系在模拟紫外光、可见光以及特种光照射下，负载光催化剂等条件下的光化学反应。

目前，光催化反应器的研究在原有单一设计类型的基础上，逐渐向多技术耦合的方向发展，以弥补单一设计的不足；同时，越来越注重催化反应器内部结构的研究，以增大催化剂的铺盖表面积与光能利用率，且越来越趋向于节能高效能源的利用。如设计出了复合抛物面光催化反应器，以增大对太阳光能的利用率，设计出了更有利于光源利用的 LED 灯等。今后的研究将聚焦如何推进反应器与反应工艺的应用化程度，进一步深入研究燃料及其中间产物的光化学反应行为，提高反应器的处理效率。对光催化反应器内部精密结构的研究，可尝试与 3D 打印技术结合，一定程度上降低成本。另外，光催化联用技术的发展，可使各类型的光催化反应器优势互补，取长补短，在未来具有较好的发展前景。高效光催化反应器在处理大量含难降解污染物的工业废水方面，将发挥重要的作用，对于节能降耗、生态保护、可持续发展等方面具有重要意义。

三、超临界反应器的应用范围及发展趋势

因超临界流体具有独特的性质，如密度溶解能力接近液体，扩散系数和粘度接近气体，作为萃取溶剂广泛应用于天然产物、医药、化妆品、食品等领域，用于萃取天然活性物质、药品化妆品中活性成分、各类挥发油、香精、天然色素等。目前超临界二氧化碳萃取已经广泛应用，随着应用的不断扩展，发现超临界流体也可以用于化学反应。超临界流体中的化学反应可分为两大类，即超临界流体作为反应介质的反应和超临界流体作为反应原料。其中，酶催化反应、超临界水氧化、金属有机反应、高分子合成等反应属于以超临界流体为反应介质的反应，应用最多。以超临界流体作为反应原料的反应有超临界二氧化碳的加氢反应，在此反应条件下，二氧化碳即使反应物也是溶剂，利用二氧化碳对氢气具有非常高溶解度的特点。

任务二 新型反应器的生产应用案例

一、微通道反应器的生产案例

近年来,微通道反应器在化工、环保等领域应用于工业生产的案例越来越多。生产案例1:2-氯-5-甲基吡啶(简称"一氯")是农药、医药的重要中间体,但传统生产工艺面临着较大的安全风险和环境风险,且生产成本较高。江苏扬农集团自主研发了吗啉丙醛法制一氯工艺,以吗啉、丙醛为起始原料,经微通道反应器合成烯胺,再与丙烯酸甲酯环合反应合成环丁物,环丁物氨解反应生成吡啶酮,吡啶酮再经过氯化生成"一氯"。该工艺代替传统釜式反应器,首次采用了微通道反应器,以及高效氨解助剂和绿色氯化试剂,大幅降低了能耗和操作难度,反应停留时间缩短至原工艺的千分之一,单步能耗降低95%,反应设备少,自动化水平高,提高了反应效率和本质安全水平。2019年5月,"2 000吨/年吡虫啉及其关键中间体2-氯-5-甲基吡啶清洁生产技术"经中国石油和化学工业联合会鉴定为"整体技术处于国际先进水平"。目前,该工艺主要应用于扬农集团,产能为4 000吨/年。

生产案例2:目前微通道反应器生产研发企业持续开发了不同种类、不同功能和作用的微通道反应器,如图7-12至7-16所示。

图7-12 某企业液液相微通道反应器系列产品1

(材质SIC,持液量单片10-180 mL,通量10-4 000 T/a,特点可拆卸、性价比高、超强耐腐蚀性)

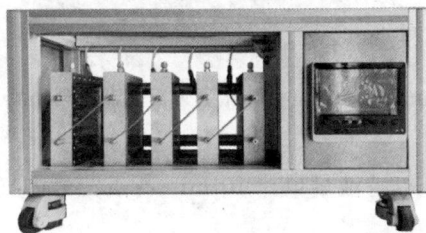

图7-13 某企业液液相微通道反应器系列产品2

（材质 316L HC－276 钛锆钽，持液量单片 10－280 mL，通量 10－10 000 T/a，特点双面换热通道、耐压性强、使用安全）

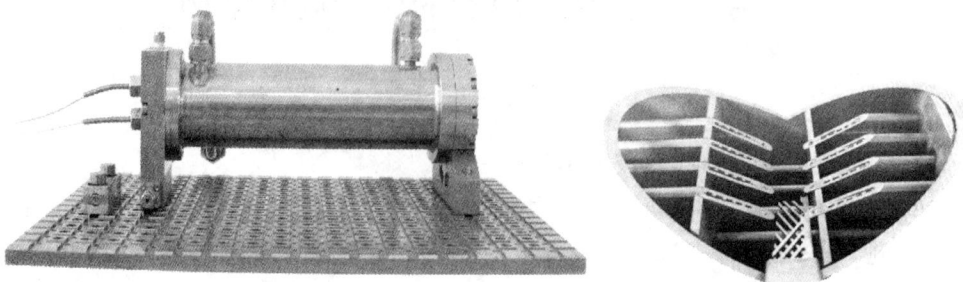

图 7-14　某企业液液相微通道反应器系列产品 3

（材质 316L HC－276 钛锆钽，持液量单片 30/60 mL，流量 10－250 ml/min，特点混合结构可更换极高传质效率和换热效率）

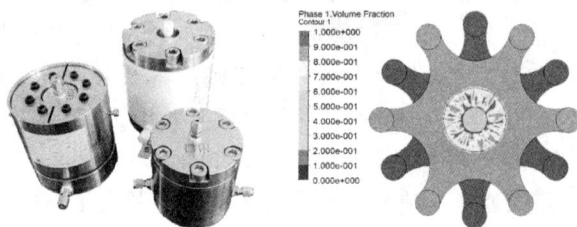

图 7-15　某企业液液相微通道反应器系列产品 4

（材质 316L HC－276，持液量单片 10－800 mL，流量 10 L/h～2 000 L/h，特点液液预混效果好，易放大、通量大）

图 7-16　某企业气液相微通道反应器系列产品 1

（材质 316L HC－276，持液量单片 10 mL，特点充分的气液混合停留时间可调、换热效果好）

图 7-17　某企业气液相微通道反应器系列产品 1

（材质 316L HC－276,反应模块直径 50 mm(小试),通量 7 200/(m³/a)(小试)
400 000/(m³/a)(工业化);特点气液混合效果好,可以形成纳米级气泡通量大)

二、光催化反应器生产案例

光催化技术在污水处理领域的广泛应用,促使光催化反应器的设计及研发日趋
加快。目前,绝大多数光催化废水处理技术研究处于间歇或小规模实验室研究阶
段,需要尽快开展连续、放大规模实验研究,在此基础上开发适合工业应用的反应器
形式;需要有效解决实际应用中光催化反应器中 TiO_2 的分离、回收和再利用等技术
难题。

三、超临界反应器生产案例

超临界反应器中关于超临界水氧化反应器的研究和应用较多,目前,SCWO 用
于工业废水处理还存在着设备腐蚀、反应器堵塞以及成本高等诸多问题。其中,盐
堵塞似乎是阻碍其工业化进程的最严重问题,对于其用于工业生产案例鲜有报道。

瑞士 SITEC 公司在世界范围供应多套超临界流体反应装置,如图 7-18 所示,但
对于其在国内企业应用的生产案例报道较少。

图 7-18　瑞士 SITEC 公司设计的催化高压反应装置(采用固定床催化反应器,可上流式、下六式、
串联或并联运行)

知识点 1　工艺技术分析

一、微通道反应器的工艺技术分析

(一)微通道反应器优势

微反应器主要是对质量和热量传递过程的强化及流体流动方式的改进,但基本
不改变反应机理和反应动力学特性。相比传统釜式反应器,其优点主要有六个方面:

1. 精确控制反应温度

大多数化工生产过程都伴随有强放热现象,传统釜式反应器由于受体积、混合及换热效率等因素影响,对于强放热反应控制能力不足,容易出现局部过热现象,降低产品收率和选择性。而微通道反应器由于反应尺寸较小,比表面积可达到 10 000 ~50 000 m^2/m^3,在热量传递的过程中,增大温度梯度,增强了推动力,其液相传热系数可以达到 10 000 $W/(m^2 \cdot K)$,使得在瞬间大量放热的反应过程中能够迅速地将热量传递开来,从而达到精准地控制反应温度的目的,避免局部过热、浓度差异大等异常现象,这对于精细化工中涉及中间产物和热不稳定产物的部分反应具有重大意义。

2. 精确控制反应时间

在传统的间歇釜式反应器中,为防止反应过于剧烈,往往采用逐渐滴加或分批加入反应物的方式,来促进反应平衡向产物移动,但这也容易引起部分反应物停留时间过长,产生较多的副产物的问题。在微通道反应器中,反应物作为一种连续流动的物料,在反应条件下的停留时间可以精确控制,一旦达到最佳反应时间就立即传递到下一步或终止反应,可以有效消除因反应时间过长而产生的副产物。

3. 无缝对接研发和生产

传统化工生产是通过反应器体积的增大来实现产能的扩大,但随之带来的是明显的放大效应,流动、传质和传热的"三传"问题很突出;而微化工技术是通过并行增加微反应器的数量进行放大。即所谓数增放大,所以小试最佳反应条件无须放大即可直接作为生产条件,既减少了操作费用,又节省了空间,完美实现研发到生产的无缝对接。同时,微化工技术还可以灵活根据市场变化情况,灵活增加或减少微反应器的数量,做到按时按地按需生产。

4. 可以实现生产的本质安全

微反应器控温能力好,制冷能力往往也很高,能量的减少可以降低爆炸的潜在危险性,有效保证系统的安全,而且微反应器中反应物的量属于微量级别,即使产物为有毒有害物质,也因为单位时间产生的产物量很少,在相当程度上降低了安全事故的危害性。因此微反应系统有望使化工生产摆脱高危险的桎梏,实现本质安全。

5. 可以实现按需生产

微反应系统是模块化的分布系统,可根据市场情况增减通道数和更换模块来调节生产,具有很高的操作弹性的同时也可在产品使用地分散加工并就地供应,从而克服运输和储存大批有害物质的安全难题。另外废弃物的处理系统也可以模块化、微型化,并同生产模块集成在一起,真正实现化工厂的小型化和便携化,并能按时按地按需进行生产。

6. 促进化工绿色智能发展

利用微加工技术可将微混合、微反应、微换热、微分离、微分析等单元操作和与之相匹配的微传感器、微阀门等器件集成到一块控制芯片上,实现单一反应芯片的多功能化操作,从而达到对微反应系统的实时监测和智能控制,提高反应速度,同时节省反应成本。例如可以将混合和停留时间功能与换热在同一区域进行集成,从而产生额外的反应性能。

(二)微通道反应器劣势

与传统釜式反应器相比,微通道反应器存在以下四个方面的问题:一是通道易堵塞问题,因微反应器微米级的通道尺寸以及较为复杂的内部结构,使得反应器通道极易堵塞,同时不易清理;二是泵的脉动问题,微通道反应器一般是通过机械泵驱动流体,但大部分机械泵都会产生脉动流,造成微反应器内流体的不稳定;三是设备腐蚀问题,由于微反应器大比表面积和小微通道特征尺寸,这就使得即使是极微小的腐蚀降解作用对于微反应器也会造成严重影响,容易出现设备腐蚀;四是工业化实现复杂,微反应器采用"数增放大"来扩大产能,虽然能有效降低放大成本,但处理能力也受到很大限制。其次,微反应器的放大看起来简单,但要实现却是一个巨大的挑战。当微反应器的数量大大增加时,微反应器监测和控制的复杂程度大大增加了,对于实际生产来说运行成本也大大提高了。

二、光催化反应器的工艺技术分析

影响光催化反应器效率的因素很多,如光源(光源强度、波段与光照方式)、催化剂性质(催化剂粒径、类型与载体)、废液的外加氧化剂(如 O_2,H_2O_2,O_3 等)、待处理废水性质(废液的初始浓度组成、pH 值、抑制物含量)、温度、废液的流动力学特征、停留时间等因素对反应器的最佳运行都有影响,反应器的整体设计要综合考虑这些因素。

1. 光源

用于光催化的光源有电光源和太阳光源。电光源有高压汞灯、荧光灯、黑光灯、氙灯等。光源的选择、布置及使用既要考虑效能又必须考虑经济性,因此,在设计光催化反应器时,要综合考虑各方面的影响因素。过去,更多研究放在电光源上,使用的光波多限于光谱紫外区。太阳光源是经济又环保的光源,开发出利用太阳能的光催化反应器一直是研究者追求的目标,但是由于在光催化反应中,太阳光的利用率很低,因此这类反应器的成功开发和真正实现工业应用,目前还有很大难度,需要解决催化剂改性等许多方面的技术问题。

光源波长、光强及光源几何位置对催化反应有至关重要的影响,一般情况下,光源波长越短,效率越高;在同等波长的条件下,光强越高,效率越高,但并非线性相关。一般在低光强时,有机物降解速度与光强呈线性关系,高光强时,降解速度与光强的平方根存在线性关系。

光线的照射方式可分为直接照射和直接—反光结合照射,后者的使用更能充分利用光能。光源与废水、催化剂的位置对光转化效果有重要的影响。研究结果表明,催化剂处在废水中时,在光源与催化剂之间的液层会吸收光、散射光,从而使催化剂的光吸收减弱。因此,浸在液体中的负载催化剂应尽量靠近液体的近光面,减少光吸收障碍。

2. 催化剂在应用中的存在形态

催化剂在光催化反应器中有两种存在形式,即悬浮态和固定态。在悬浮相光催化过程中,催化剂以悬浮态存在于水溶液中,与污染物接触面积大,但催化剂在溶液中容易凝聚且回收困难,不适合规模操作。催化剂以固定态存在时,负载在载体上,这样虽然可避免催化剂的分离和回收过程,但仅部分催化剂的面积有效地与液相接触,活性降低。催化剂制备或选择载体要考虑多种因素影响,应尽量满足吸光性能强;催化剂粒径小、比表面积大;不易中毒,能保持催化剂有高活性;吸附反应物及反应后易于固液分离;载体与催化剂结合牢固,抗冲击、耐腐蚀。

负载型催化剂所使用的载体要求透光性好,与催化剂结合较牢固,易于分散,不影响传质等。可选形状有颗粒型、管型、丝网、平板型和转盘型等。颗粒型载体一般有玻璃球、硅胶、砂石、活性炭、沸石等。

3. 光催化反应器材料

要保证光催化反应的顺利进行,最首要的条件之一是光催化反应器的材料必须透光性能好,尤其是对催化反应所需波长范围的光的透过率要好。一般光催化反应利用紫外光,所以要使用对紫外光不吸收或吸收很少的材料,很多人选用石英玻璃。石英玻璃是高纯单组分玻璃,具有优良的热、光、电和机械性能,耐腐蚀,对大多数物质是稳定的,包括除氢氟酸以外的大多数酸,可以长期应用在恶劣的环境中。而且,石英玻璃在紫外线到红外线的整个光谱波段都有优良的透过性能,和普通硅酸盐玻璃相比,在红外区光谱透过比普通玻璃大;在可见区,石英玻璃的透过率也是比较高的。特别是在紫外光谱区,光谱透过比其他玻璃好的多。能透过的最小波长可达 160 nm。

个别的光催化反应器也有使用石英以外的其他物质,如含氟聚合物,它对紫外光有很好的稳定性和透过率(T),波长在 300～400 nm 时,$0.735 \leqslant T \leqslant 0.846$。在非入射光经过的重要部位,选材的要求不高,可以使用软质玻璃、硬质玻璃或其它材料,如金属材料。由于玻璃制品容易加工成型,而且便于观察,所以在实验室的研究中多使用玻璃材质。

三、超临界反应器的工艺技术分析

超临界反应的操作压力一般为 7～34 MPa,有的可达 100 MPa 以上,但常承受交变载荷的作用,因此除应满足一般高压容器的要求外,固态物料超临界流体反应高压容器还需满足下述特殊要求。

(1)具有快速开关盖装置:间歇操作的超临界流体反应器需要经常进行物料更换操作,开关容器顶盖所需的时间很多,因此,采用快速开关装置可以缩短操作时间,提高生产效率。

(2)抗疲劳性能好:受压容器承受交变载荷时,容易在高应变区发生疲劳破坏。我国疲劳设计规范规定:容器整体部分承受交变载荷不超过 1 000 次,非整体部分不超过 400 次时,可以不需做疲劳分析。间歇操作的超临界流体反应器,每次反应周期一般为 2～3 h,一年以 300 天计算,需要升降压 2 400 次,如以 15 年的寿命计,反应器承受交变载荷为 36 000 次,早已超过上述规定。因此,要求反应器具有良好的抗疲劳性能。

(3)温度控制容易:操作温度对超临界流体的溶解度影响较大,而在反应过程中又常发生吸热或放热现象,破坏反应器中的温度平衡,因此在超临界流体反应器中要求温度控制得好。

(4)结构紧凑、成本低:设计反应器时,应在满足强度的前提下,尽量使容器结构紧凑、制造简便、生产成本低。如采用半球形封头与简体等厚连接,既浪费材料又显笨重。如果采用不等厚连接,则可以节省钢材,降低制造成本,但需要解决连接处结构不连续产生的应力集中等问题。

(5)密封性较好:反应器的密封性是决定其能否正常连续运行的关键。超临界反应器在运行过程中发生泄漏的原因主要有三方面:一是密封面上有间隙;二是密封面两侧有压力差;三是介质穿过密封元件而产生渗漏。当介质通过密封面的压力降小于密封面两侧的压力差时,或者是介质穿过密封材料的微孔,介质就会产生泄漏,反应器就无法正常工作。因此要保证超临界萃取设备的正常运行,必须从上述产生泄漏的方面着手,设法减少泄漏通道和增加泄漏通道上的阻力,并使之大于由密封面两侧压差所产生的泄漏推动力,选用非渗透性或抗渗透性较佳的材料制作密封元件。

知识点 2 技术理论

一、微通道反应器技术要求

整体要求:在合成反应系统应包含可相互独立的反应物通道,独立的反应物通道数量根据实际要求而定。反应器支架可灵活配置反应模块的数量,含入料与收集接口和换热流体接口。反应器可通过两个恒温循环器与密封隔热板分隔实现两个温区,两个温区各自的控制区域可灵活设置。反应模块为三层结构,上层为底板,中间层为混合或反应通道,下层为换热通道。模块均采用碳化硅材质,成型工艺采用扩散焊接技术,整体成型,保证气密性和耐高压性能,为了避免金属溶出性污染,模块中间不得安装金属连接件。反应器包含多组碳化硅模块,包含混合模块及反应模块,可执行 A+B→P 或 A+B→P′+C→P,混合模块也可用作猝灭模块,用于反应停止或降温。反应通道结构设计能够在强化传质的同时减少返混,保证物料在反应器内停留时间的一致性,要求提供内部结构图。另外,热传导率≥100 W/mK(温度200℃范围内)。具有耐腐蚀性,反应器的触液材质能够耐反应器操作温度下的硫酸、氢氟酸、氢溴酸、强碱等物质。反应器的年损失率小,具备适宜的工艺测工作温度及压力范围、换热测温度及压力范围、测试压力,能够提供压力检测证书;具有适宜的通量、反应器内体积:0.95～13.5 mL,单板的最小持液量不大于 1 mL,单板的最大持液量不大于 4.8 mL。反应通道尺寸不大于 1.4 mm×1.4 mm,预热通道尺寸不大于 1 mm×1 mm。停留时间:2.7 s～60 min。反应器配件要求:进、出料管路及背压系统均采用抗腐蚀、耐压材质,保证气液反应、液液反应的进行。

二、光催化反应器的技术要求

光催化反应器设计思路:光照面积与溶液体积的比值(A/V)越大,光催化效率越高。

$$\frac{A}{V} = \frac{2R_1}{R_2^2 - R_1^2}$$

参数	反应区	沉降区	底部	反应器
R	50 mm	75 mm	50 mm	75 mm
H	275 mm	275 mm	50 mm	415 mm
V	1 375 mL	1 649 mL	425 mL	6 144 mL

思考练习题

(1)除了本文重点介绍的三种新型反应器外,还有哪些类型的新型反应器?

(2)查阅资料,超临界反应器还有哪些相关技术取得了较大进展?

(3)未来新型反应器的发展方向是什么?

参考文献

[1]郭靖怡. 浅析微化工技术在化学反应中的应用进展[J]. 化工管理,2013 (8):132.

[2]陈作雁,安兴才,刘刚等.多功能复合抛物面太阳能光催化反应器研制[J]. 太阳能学报,2015,36(2):447－451.

[3]薛冬冬,郭震宁,林介本等. 用于光催化反应器的双面出光 LED 光源设计 [J]. 照明工程学报,2019,30(1):32－37.

[4]Irshad M A,Nawaz R,Rehman M Z U,et al. Synthesis, characterization and advanced sustainable applications of titanium dioxide nanoparticles:A review [J]. Ecotoxicology and Environ- mental Safety,2021,212:111 978.

[5]Sacco O,Valano V,Sannino D. Main parameters influencing the design of photocatalytic reactors for wastewater treatment:A mini review[J]. Journal of Chemical Technology & Biotechnology,2020,95(10):2 608－2 618.